O. Becker

Beiträge zur phänomenologischen Begründung der Geometrie und ihrer physikalischen Anwendung

Beiträge zur phänomenologischen Begründung der Geometrie und ihrer physikalischen Anwendung

2., unveränderte Auflage

MAX NIEMEYER VERLAG TÜBINGEN
1973

Die erste Auflage erschien im
Jahrbuch für Philosophie und phänomenologische Forschung
herausgegeben von Edmund Husserl
Band VI, 1923

Die Paginierung der Erstauflage steht im Neudruck in eckigen Klammern

ISBN 3 484 70112-9

Einband von Heinr. Koch Tübingen

Inhalt.

Beiträge zur phänomenologischen Begründung der Geometrie und ihrer physikalischen Anwendungen.

Von Oskar Becker (Freiburg i. B.).

Einleitung.

I.

Die vorliegende Arbeit stellt sich die Aufgabe, mittels der phänomenologischen Methode die Grundlagen der Geometrie und besonders die in neuster Zeit in grundsätzlichen Punkten von dem bisherigen Gebrauch abweichende Anwendungsweise der Geometrie auf Probleme der Physik aufzuklären. Dies soll in radikaler Weise geschehen, nicht durch axiomatische Formulierungen, wie sie die eigene Grundlagenforschung der Mathematik und Physik vielfach angestellt hat (denn das wäre nichts anderes, als ein logisch sauberes Namhaftmachen der den Lehrsätzen zugrunde liegenden Voraussetzungen in ihrer logisch-formalen Verschlungenheit), sondern im Rückgang auf die ursprünglichen, die Räumlichkeit konstituierenden Phänomenschichten. Durch die phänomenologische Betrachtung soll der axiomatische Ansatz selbst erst begründet werden. (Falls sich eine Begründung als unmöglich erweist, ist der axiomatische Ansatz entsprechend zu modifizieren.) Es steht also ein Problem zur Untersuchung, das den Bezirk der der Mathematik immanenten Grundlagenforschung überschreitet, und das man deshalb als ein philosophisches bezeichnen darf, wenn es vielleicht auch nicht zu den zentralen philosophischen Problemen gehört.

Es ergab sich die Notwendigkeit, unter den mannigfachen mit der Räumlichkeit verknüpften Problemen, die zusammengenommen einen ganzen großen Problembezirk ausmachen, einige, im Grunde nur zwei, in den Vordergrund zu rücken. Rein inhaltlich betrachtet,

1) Diese Abhandlung wurde am 31. Januar 1922 der philosophischen Fakultät der Universität Freiburg i. B. als Habilitationsschrift eingereicht. In der vorliegenden Fassung sind an einigen Stellen Änderungen in der Form der Darstellung, nicht aber im Inhalt, vorgenommen worden.

sind es das Kontinuumproblem und das Problem der nichteuklidischen Geometrieen. Welche Funktion sie in der phänomenologischen Untersuchung des Raumes ausüben, wird später zur Klarheit kommen. Dann wird man sehen, daß sie nicht von ungefähr ausgewählt sind, sondern eine prinzipielle Bedeutung haben.

Aber auch abgesehen von dieser rein sachlichen Bedeutsamkeit erschien die Behandlung jener Probleme wegen unserer augenblicklichen philosophie- und wissenschaftsgeschichtlichen Lage erwünscht. Die beiden Probleme, das des Kontinuums und das der nichteuklidischen Geometrie (in ihrer von der Einsteinschen allgemeinen Relativitätstheorie vollzogenen Anwendung auf den physikalischen Raum), stehen im Vordergrund des Interesses der um ihre Grundlagen bekümmerten Mathematik und Physik. Ihrer Natur nach fordern sie den Versuch einer philosophischen Klärung heraus, der hier mit den weittragenden Mitteln der Phänomenologie unternommen werden soll. Die konstitutive (transzendental-phänomenologische) Analyse der Natur, insbesondere ihrer räumlichen Phänomenschicht, ist von Husserl in langjähriger, stiller Arbeit so weit gefördert worden,[1]) daß eine strenge, bis ins Konkrete gehende phänomenologische Begründung der Geometrie und eine volle Aufklärung jener Probleme möglich ist. Der Verfasser, dem wesentliche Teile jener Husserlschen Forschungen (in Vorlesungen, Übungen, Manuskripten, persönlichen Unterredungen) zur Verfügung gestellt wurden, setzte sich die Aufgabe, jene Begründung und Aufklärung in ihren Grundzügen zu leisten und damit eine Brücke von der Phänomenologie zur heutigen Mathematik und Physik zu schlagen.

Diese Arbeit ist also in ihrer Eigenart am kürzesten durch diese, Phänomenologie und exakte Wissenschaft verbindende, Tendenz zu charakterisieren. Daraus ergeben sich aber auch zwei nicht zu vermeidende Mängel der vorliegenden Darstellung: nämlich einerseits die mangelnde Tiefe und Genauigkeit der phänomenologischen Analysen (die, wenn sie allen Anforderungen hätten genügen sollen,

---

1) Husserl selbst hat darüber nichts veröffentlicht. Aber die folgenden, aus seinem Ideenkreis entsprungenen, obgleich selbständigen und in mancher Hinsicht von ihm abweichenden Arbeiten können ein ungefähres Bild seiner Forschungsrichtung geben: Wilhelm Schapp, Beiträge zur Phänomenologie der Wahrnehmung. Halle 1910. Heinrich Hofmann, Untersuchungen über den Empfindungsbegriff (philos. Dissertation, Göttingen 1912). Edith Stein, Zum Problem der Einfühlung (philos. Dissertation, Freiburg i. B. 1917). Hedwig Conrad-Martius, Zur Ontologie und Erscheinungslehre der realen Außenwelt. (Jahrbuch f. Philos. u. phän. F. Bd. 3, S. 345 ff. bes.: I. Das Gesamtphänomen der »realen Außenwelt« als solches. S. 361 bis 396).

den Stoff ins Ungemessene hätten anschwellen lassen), andrerseits die fehlende Begründung der mathematisch-physikalischen Gedankengänge (die lediglich in ihren Resultaten aus der Literatur übernommen wurden). Der zweite Mangel wiegt nicht allzuschwer. Denn besonders in den Arbeiten H. Weyls[1]) sind die hier benutzten mathematisch-physikalischen Gedankenreihen in so mustergültiger Weise entwickelt, daß wir den über die genügende mathematische Vorbildung verfügenden Leser ohne weiteres auf sie verweisen können. Mehr Gewicht müssen wir dem ersten Mangel zugestehen; denn es liegt zur Zeit keine ausreichende Veröffentlichung der Forschungen Husserls vor. Indessen glauben wir zum mindesten ein solides Gerüst gegeben zu haben, das dazu dienen kann, den zukünftigen endgültigen Bau der phänomenologischen Begründung der Geometrie aufzuführen.

Es muß aber noch darauf aufmerksam gemacht werden, daß auch die Fundamente unseres Baues übernommen wurden und nicht zur Diskussion gestellt sind. Unsere Untersuchungen gründen sich in allen prinzipiellen Punkten auf die grundlegende Arbeit Husserls: »Ideen zu einer reinen Phänomenologie und phänomenologischen Philosophie«.[2]) Methodische Prinzipienfragen sind also nicht erörtert worden und zwar deshalb nicht, weil kurze Andeutungen – und solche wären allein möglich gewesen – dem kundigen Leser nichts Neues geboten und den unkundigen nur über die Tragweite und Schwierigkeit derartiger Untersuchungen hinweggetäuscht hätten. Sofern man also von einer philosophischen Arbeit solche prinzipiellen und in methodischer Hinsicht radikalen Betrachtungen fordert, ist die vorliegende Abhandlung nicht als eine im strengen Sinn philosophische zu bezeichnen. Sie bewegt sich in dem Zwischengebiet zwischen der den positiven Wissenschaften immanenten Grundlagenforschung und der zentralen philosophischen Problematik.

Nur auf einen prinzipiellen Punkt müssen wir hinweisen: Unsere Untersuchung ist durchgängig orientiert am Prinzip des transzendentalen Idealismus. Genauer gesagt: Unsere Fragestellung geht durchgängig auf die transzendental-phänomenologische Konstitution der in Frage stehenden Gegenstände, deren Grundidee in dem IV. Abschnitt der Husserlschen »Ideen«, betitelt: »Vernunft

1) Es kommen besonders in Frage: für den I. Teil der Aufsatz: »Über die neue Grundlagenkrise der Mathematik«, Mathem. Zeitschrift., Bd. 10, S. 39 ff., Berlin 1921; – für den II. Teil: »Raum, Zeit, Materie«. 4. Aufl. (!) Berlin 1921.

2) Dieses Jahrbuch Bd. I, 1, S. 1 ff., Halle a. S. 1913.

und Wirklichkeit«, dargelegt ist. Andrerseits ist es von grundsätzlicher Wichtigkeit, auf den folgenden Umstand ausdrücklich aufmerksam zu machen: Das Prinzip des transzendentalen Idealismus ist hier zugrunde gelegt lediglich für Naturgegenstände, in der Weise der mathematischen Naturwissenschaft betrachtet und für die diese etwa konstituierenden Gegenständlichkeiten. Über seine mögliche Ausdehnung auf andere Gegenständlichkeiten (besonders solche seelisch-geistigen Charakters) wird in der vorliegenden Arbeit nichts behauptet.

Unsere Dankbarkeit bei der Abfassung dieser Arbeit gebührt also in erster Linie Edmund Husserl,[1]) dessen Forschung das Fundament ist, auf dem sie sich erhebt, und in zweiter Linie Hermann Weyl, dessen Darstellung der mathematisch-physikalischen Probleme uns ein für die phänomenologische Analyse um so geeigneteres Material bot, als er selbst der Phänomenologie nahe steht.

Nach diesen allgemeinen Vorbemerkungen wenden wir uns zur näheren Herausstellung und Gliederung des uns vorschwebenden Problems.

II.

Gliederung der Problematik.

1.

Das erste Hauptmerkmal der Geometrie, das ihre Stellung in der Gesamtheit der Wissenschaften entscheidend bestimmt, zunächst im Gegensatz zur Arithmethik oder Analysis, ist ihr eigentümlicher Doppelcharakter. Sie zieht nämlich ihre Begründung aus dem Gebiet des reinen Verstandes, der formalen Logik, einerseits und aus dem Gebiet der sinnlichen Anschauung andrerseits. Nicht immer ist die Berechtigung dieser beiden Seiten der geometrischen Wissenschaft anerkannt worden: Insbesondere hat man ihr schon frühzeitig den Charakter einer reinen Verstandeswissenschaft zusprechen wollen. Ja, man kann sogar sagen, daß die Idee einer rationalen Wissenschaft überhaupt dem Vorbild der Geometrie entstammt. Die großen Rationalisten der neueren Zeit, Descartes, Spinoza, Leibniz strebten nach einer wissenschaftlichen Begründung durch Beweisführung »more geometrico«, d. h. dem euklidischen Vorbild gemäß nach einer lückenlosen Deduktion aus evidenten Prinzipien

---

1) Auch für die im reichsten Maße in der uneigennützigsten und liebenswürdigsten Weise ihm gewährte persönliche Förderung bei der Abfassung und Drucklegung dieser Arbeit möchte der Verfasser auch an dieser Stelle Herrn Professor Husserl seinen aufrichtigsten Dank aussprechen.

(Axiomen), bei der auch wieder jeder einzelne Schritt des Beweises unmittelbar einsichtig sein muß.[1]) Schon Descartes suchte dabei auf die einfachsten und allgemeinsten Prinzipien zurückzugehen, die ihm erreichbar waren. Aber erst Leibniz erfaßte den formalen Charakter einer derartigen Deduktion und der ihr zugrunde liegenden Begriffe und Axiome. Seine Idee einer »universellen Charakteristik« und seine klare Erfassung des Wesens der »argumens en forme« brachte ihn zur Konzeption der mathesis universalis. (Sie findet sich dem bloßen Namen nach allerdings schon bei Descartes, in den »Regulae«, der Sache nach aber doch erst bei Leibniz.[2]) Kam Descartes Konzeption des Allgemeinen trotz einiger darüber hinausstrebenden, jedoch unklar gebliebenen Bemühungen durch bloße »Generalisierung« zustande,[3]) so bediente sich Leibniz bereits bewußt der »Formalisierung«.[4]) Völlig in seiner grundlegenden Bedeutung für die Logik erfaßt wurde dieser Unterschied erst von Husserl.[5])

Seit Husserl unterscheiden wir im Gebiet der Wesenswissenschaften zwischen den »material-eidetischen« Ontologieen, deren in ideierender Abstraktion erfaßte Wesensgesetze sachhaltig sind, und der »formalen« Ontologie oder »mathesis universalis«, die sich lediglich mit den Gesetzen der Abwandlung des leeren Etwas beschäftigt und damit allerdings die gesamte »reine« Mathematik umfaßt. Die Geometrie indessen ist zu den materialen Wesenswissenschaften zu rechnen. Sie behandelt das reine (»materiale«) Wesen des Raumes. Jedoch erhebt sich gegen diese Auffassung sofort ein Bedenken, wenn man an die eminente Rolle denkt, die die formale Argumentation in der Geometrie spielt. Wir stoßen hierbei wiederum auf ihren Doppelcharakter. Wäre sie eine rein materiale Wesenswissenschaft,

1) Vgl. Descartes, Regulae ad directionem ingenii, Reg. III, § 8.

2) Vgl. dazu Husserl, Logische Untersuchungen (2. Aufl. Halle 1913), Bd. I, S. 220 f.

3) Für die Tendenz Descartes auf eine formale Mathematik ist wichtig die Stelle in der »Regulae«, Reg. IV, § 9 (zitiert nach Buchenaus Übersetzung, 2. Aufl. Leipzig 1920, S. 21): ». . . so daß es also eine bestimmte allgemeine Wissenschaft geben muß, die all das erklären wird, was der Ordnung und dem Maße unterworfen, ohne Anwendung auf eine besondere Materie, als Problem auftreten kann«. – Dagegen wird z. B. in der 1. Meditation, § 8 und 9 (S. 11 bis 12 der Original-Ausg., Paris 1641) die Verallgemeinerung lediglich als Generalisierung gefaßt.

4) Vgl. z. B. die Abhandl. »Zur allgemeinen Charakteristik« »Hauptschriften« herausg. v. Cassirer, Bd. I, S. 37, Z. 28 ff. und S. 50, = Philos. Schriften herausg. v. Gerhardt, VII, S. 184 bis 89.)

5) »Logische Untersuch.«, Bd. I, Kap. 11 und »Ideen« § 13 (s. a. § 10 u. 16).

so wäre sie völlig in der Anschauung fundiert, eine Auffassung, die bekanntlich von Schopenhauer vertreten wurde. Allerdings wäre diese Anschauung nicht die »empirische« Sinnlichkeit, sondern eine »reine Anschauung«, was dann wieder ein Problem für sich darstellt. Die Rolle des Formalen rührt von der verstandesmäßigen Wurzel der Geometrie her. Es hätte keinen Sinn, in der Geometrie nach den Regeln der syllogistischen Deduktion beweisen zu wollen – wie man es doch seit Euklid tut –, wenn in ihr alle Begründungen lediglich sachhaltig fortschritten. Tatsächlich sind in der modernen Geometrie lediglich die Grundsätze sachhaltig. Sind sie einmal zugestanden, so folgen alle weiteren Lehrsätze rein formal-logisch. Die Geometrie ist also material-eidetisch in ihren Grundsätzen, aber formal-logisch in der Art ihres Fortschreitens von diesen zu dem System ihrer Wahrheiten, was allerdings nicht ausschließt, daß jeder solche formale Schritt auch material-eidetisch einsichtig gemacht werden kann.[1]) Diese materiale (d. i. anschauliche) Begründungsweise ist aber nicht mehr notwendig, um die Geltung irgendeines Lehrsatzes zu sichern; dazu genügt – und ist bekanntlich leichter und zuverlässiger – die formallogische Ableitung.

Worin gründet dieses eigentümliche Verhältnis? Es ist doch keineswegs selbstverständlich oder auch nur durchgängig der Fall, daß sämtliche Sätze einer material-eidetischen Disziplin aus einigen wenigen Grundsätzen formal-logisch folgen! Die Antwort darauf gab wiederum Husserl durch Einführung des Begriffs der »definiten Mannigfaltigkeit«.[2]) Ein definites Sachgebiet ist dadurch gekennzeichnet, »daß eine endliche Anzahl gegebenenfalls aus dem Wesen des jeweiligen Gebietes zu schöpfender Begriffe und Sätze die Gesamtheit aller möglichen Gestaltungen des Gebiets in der Weise rein analytischer (d. i. formal-logischer) Notwendigkeit vollständig und eindeutig bestimmt«. Wir werden diesen fundamentalen Begriff noch eingehend zu betrachten haben. Hier muß diese vorläufige Kennzeichnung genügen. – Dann und nur dann, wenn ein Sachgebiet eine derartige definite Mannigfaltigkeit bildet, ist es möglich, in ihm eine exakte (im weitesten Sinn »mathematische«) Wissenschaft zu begründen. Die Möglichkeit einer exakten Geometrie gründet sich also auf die Wesenseigentümlichkeit des Raumes, eine definite Mannigfaltigkeit zu sein.

---

1) Es ist hier nur an die elementare synthetische Geometrie gedacht, nicht etwa an die analytische. Als Beispiel nehme man etwa M. Pasch, Vorlesungen über neuere Geometrie, Leipzig 1882. (2. Ausgabe 1912.)

2) »Ideen« § 71 bis 75; das Zitat ist aus § 72. (Dieses Jahrb. Bd. I, 1, S. 135).

Ist es aber richtig, den Raum schlechthin eine definite Mannigfaltigkeit zu nennen? Auch darauf gibt Husserl eine bestimmte und zwar negative Antwort. (Ideen § 74.) Der Raum ist nicht nur Substrat der Geometrie, sondern auch der schlicht deskriptiven »Morphologie«, die als eidetisch-materiale Wissenschaft der empirischen Morphologie des deskriptiven Naturforschers (Mineralogen, Botanikers, Zoologen usw.) zugrunde liegt. Sie arbeitet mit wesensmäßig vagen Begriffen, wie »gezackt«, »gekerbt«, »doldenförmig« usw., die nicht durch exakt geometrische ersetzt werden können. Der Raum, als Gesamtheit der möglichen morphologischen Gestalten aufgefaßt, ist evidentermaßen keine definite Mannigfaltigkeit.

Von hier aus gewinnen wir nun einen klareren Einblick in den Doppelcharakter der Geometrie: die Morphologie ist eine rein anschauliche Wissenschaft, ihr liegt der schlicht-anschauliche, vage, indefinite Raum zugrunde; dagegen beschäftigt sich die Geometrie mit einer definiten, zweiseitig (in Anschauung und Denken) fundierten Raummannigfaltigkeit. Die räumlichen Gestalten unserer schlichten Wahrnehmung sind morphologischer Natur und ihnen entsprechen in ideierender Abstraktion morphologische Wesen. Um von diesen primitiven Raumgestalten zu den geometrischen Figuren (d. h. um von der indefiniten morphologischen zur definiten geometrischen Mannigfaltigkeit) zu gelangen, bedarf es eines gewissen Prozesses der Idealisierung oder des Übergangs zur Grenze oder zum Limes. Die geometrischen Wesen erscheinen als Ziel dieses Prozesses und damit als Idealwesen oder Ideen im Sinne Kants.[1]) Ebenso ist der Raum als definite Mannigfaltigkeit eine Idee, nichts schlicht Gegebenes.

Hier erhebt sich nun das erste grundlegende Problem, die Frage nach der Struktur dieser »Idee«, ihres phänomenologischen Aufbaus und damit der Art und Weise, in der sie uns zugänglich wird. Mit dem bloßen Begriff »Grenzübergang« ist noch wenig geleistet. Wir werden sehen, daß es sich durchaus nicht um ein einfaches Phänomen, von nur einer »Schicht« sozusagen, handelt, sondern um einen Phänomenkomplex, dessen Struktur sich nur auf Grund einer genauen Kenntnis der Konstitution des Raumes durchschauen läßt.

2.

Ein zweites Hauptkennzeichen der Geometrie im Gegensatz zur mathesis universalis ist ihre apriorische Kontin-

1) Vgl. Kritik der reinen Vernunft, Transz. Dialektik, I. Buch, 1. Abschn. »Von den Ideen überhaupt«.

genz. Diese hängt mit ihrem oben erläuterten Doppelcharakter zusammen. Die formale Verfassung eines auch nur teilweise anschaulich fundierten Gebiets wird nämlich durch die von seinen anschaulichen Momenten herrührenden (materialen) wesensgesetzlichen Beschränkungen, denen es im Vergleich zu der Gesamtheit der »leeren«, formal denkbaren Möglichkeiten unterworfen ist, eine gewisse Zufälligkeit (Kontingenz) enthalten. Es scheint nicht einsichtig zu sein, weshalb gerade diese und keine anderen Möglichkeiten anschaulich ausgezeichnet sind; deshalb ist eine derartige zweiseitig fundierte Wissenschaft, zunächst wenigstens, niemals in vollem Sinne rational zunennen.

Dabei sind wieder verschiedene Fälle zu unterscheiden:

1. Rationale Wissenschaften mit empirischem Einschlag (rationale Tatsachenwissenschaften). – Wenn Kant an einer berühmten Stelle seiner Vorrede zu den »Metaphysischen Anfangsgründen der mathematischen Naturwissenschaft« sagt:[1]) »Ich behaupte aber, daß in jeder besonderen Naturlehre nur soviel eigentliche Wissenschaft angetroffen werden könne, als darin Mathematik anzutreffen ist«, so bezieht sich dies auf Wissenschaften von der Art der heutigen sog. »theoretischen Physik«. Eine solche Disziplin ist sicher in gewissem Sinn rational zu nennen, aber doch nicht ohne Einschränkung. Genauer betrachtet stellt sie sich dar als ein »hypothetisch-deduktives« System[2]), d. h. sie deduziert rational aus Hypothesen, die empirisch sich bewähren sollen, also nicht rational einsichtig und beweisbar sind. Beispiele dafür liefern alle physikalischen Theorien, z. B. Thermodynamik oder Elektrodynamik (in dem Zustande, in dem sie sich vor Auftreten der Relativitätstheorie befanden).

2. Rationale Wissenschaften mit kontingent-apriorischem (»rein anschaulichem«) Einschlag. – Wir kommen zu einer wesentlich anderen Sachlage, wenn wir die in der üblichen Weise, nach Euklid, dargestellte Geometrie betrachten. (Diese »euklidische« Geometrie dient uns hier nur als historisches Beispiel. Es muß zunächst noch durchaus offen bleiben, ob wir hier die endgültige, gewissermaßen ideale Form der Geometrie vor uns haben. Die Antwort auf diese Frage wird gerade eines der Endziele unserer gesamten Erörterungen sein.) Auch hier sind die Axiome formallogisch nicht evident. Sie beziehen ihre Geltung aus der einsichtigen

1) Werke, Ausgabe der Berliner Akademie, Bd. IV, S. 470.

2) Dieser Terminus stammt von Pieri, der 1899 eine Abhandlung schrieb »Della geometria elementare come sistema ipotetico deduttivo«.

Raumanschauung, genauer aus der ideierenden Abstraktion, verbunden mit Limesbildung. (Ein Phänomen, das noch näher zu klären sein wird.) Aber obwohl diese material-eidetischen Gesetze natürlich a priori sind, sind sie doch nicht im strengsten Sinne rational verständlich: sie sind kontingent-apriorisch. Beispielsweise ist es (wie wir glauben) ein Wesensgesetz, daß der Raum drei Dimensionen hat, aber wir kennen anscheinend keinen umfassenderen Zusammenhang, aus dem dieses Gesetz verständlich würde. Ebenso wissen wir aus der mathesis universalis, der allgemeinen Lehre von den definiten Mannigfaltigkeiten, daß die euklidische Mannigfaltigkeit nur ein spezieller Fall unter vielen anderen ist. Somit ist der Raum auch als euklidischer kontingent, aber deswegen – wie ein Vergleich mit den obersten Grundsätzen der klassischen Physik zeigt – doch apriorisch. Andere Beispiele liefern die sog. »Tongeometrie« oder »Farbgeometrie«, d. h. die Lehren von der formalen Struktur der Mannigfaltigkeiten der Ton- bzw. Farbqualitäten. Diese sind allen empirisch je zur Beobachtung gelangenden Tönen bzw. Farben gegenüber a priori; formal aber sind es doch ganz spezielle Mannigfaltigkeiten, und es ist kein rationaler Grund anzugeben, warum sie gerade diesen speziellen Charakter haben.

Es ist nicht zu leugnen, daß in dieser Kontingenz ein gewisser Mangel an Rationalität sich kund tut. Zu einer schlechthin »rationalen« Wissenschaft erheben wir uns erst, wenn wir auch die Grundsätze, ihrem notwendigen Zusammenhang und Ursprung nach, einsichtig verstehen. Allerdings ist zunächst nicht einzusehen, wie Geometrie, die doch keinesfalls eine formallogische Disziplin ist, diese höchste Stufe der Rationalität soll erreichen können. Descartes und Spinoza lag diese strenge Idee einer rationalen Wissenschaft, insbesondere in ihrer Anwendung auf die Geometrie, noch fern, Leibniz dagegen strebte ihr zu, wie z. B. seine Abhandlung »Initia rerum Mathematicarum metaphysica« (Math. Schriften, ed. Gerhardt VII, 17 bis 29 = Hauptschriften ed. Cassirer I, 53 ff.) beweist. Kant brachte dann im Prinzip die Klärung, indem er die »transzendentale« Frage stellte »Wie sind synthetische Erkenntnisse a priori möglich?« und die Lösung dieser Frage skizzierte in seiner Deduktion der Kategorien und besonders der »Grundsätze des reinen Verstandes« und dadurch die Möglichkeit schuf, u. a. auch die geometrischen Axiome transzendental zu unterbauen.[1])

1) Bekanntlich hat jedoch Kant gerade für die Geometrie eine derartige bis ins Einzelne gehende Deduktion abgelehnt, indem er für die geometrischen Axiome en bloc die »reine Anschauung« des Raumes verantwortlich machte.

Aber erst die transzendentale Phänomenologie hat das große Problem wirklich in methodisch radikaler Weise in Angriff genommen und gelöst durch die Einführung und konsequente Durchführung des Gedankens der »transzendentalen Konstitution aller ontologischen Wesenheiten im reinen Bewußtsein«. (Husserl, »Ideen« §§ 136 bis 153; bes. § 148 und 149 bis 150.) Das besagt folgendes: Bei jedem Gegenstande irgendeiner »Ontologie« fragt man nach den möglichen Weisen, in denen er im Bewußtsein (als intentionalem) auftreten kann. Hierbei handelt es sich aber nicht etwa um eine rein deskriptive Behandlung dieser »möglichen Bewußtseinsweisen«, zusammenhangslos und gewissermaßen neben der ontologischen Deskription. Denn dies würde nur zu einer ungeheuren Erweiterung der Beschreibung, aber nicht zu einem rationalen Zusammenhang führen. Es erwächst vielmehr die Aufgabe der vernünftigen Ausweisung des Seins der Gegenstände und des Bestehens von Sachverhalten. Nach dem grundlegenden Prinzip des transzendentalen Idealismus »ist« nur ein Gegenstand, »besteht« (»gilt«) nur ein Sachverhalt, sofern und soweit er sich ausweisen kann im Bewußtsein mit dem Grade und der Art von Evidenz, die für ihn charakteristisch ist. Alles »Transzendente« »konstituiert« sich im reinen Bewußtsein, »Wirklichkeit« kommt ihm lediglich zu durch vernünftig motivierte »Wirklichkeitsthesen«.

Hierbei besteht nun zunächst ein gewisser Unterschied zwischen den formalen Gegenständen (der mathesis universalis) und den materialen Gegenständen (der einzelnen sachhaltigen Regionen).

Die formalen Gegenstände und ihre Beziehungen (und damit die formale Ontologie) finden ihre konstitutive Begründung in einer formalen Phänomenologie, d. h. in einer Lehre vom Bewußtsein von Gegenständlichkeit überhaupt, deren Sachgehalt ganz unbestimmt ist. (Dies ist freilich durchaus keine »leere« Disziplin, sondern sie enthält in gewissem Sinne, wie unten näher zu erläutern sein wird, die gesamte Konstitutionslehre »formal« in sich.)

Die materialen Gegenstände einer Region dienen dagegen als »transzendentale Leitfäden« für den Aufbau einer konstitutiven

Sein methodisches Prinzip zeigt seine Behandlung der »mathematischen Naturwissenschaft« viel klarer. Auf diesem Gebiete hat er die Analyse bis zum Anschluß an die positive Wissenschaft weiterzuführen gesucht, in den »Metaphysischen Anfangsgründen der mathematischen Naturwissenschaft« und im »Übergang von den metaphysischen Anfangsgründen der Naturwissenschaft zur Physik«. (Vgl. darüber: E. Adikes, Kants Opus postbumum', Ergänzungsheft 50 der Kantstudien', Berlin 1920.)

materialen Phänomenologie des betreffenden Gebiets. Das heißt: Von der Idee eines solchen regionalen Gegenstands, etwa des materiellen Dings, ausgehend, fragen wir gewissermaßen zurück nach den Bedingungen der Möglichkeit der Erfassung seiner Wesenseigentümlichkeiten durch das Bewußtsein. Dabei finden wir dann, daß z. B. das Ding der Mannigfaltigkeit seiner möglichen Aspekte (in Wahrnehmung, Erinnerung, Phantasie) bestimmte Regeln vorschreibt, d. h. »absolut einsichtige ideale Möglichkeiten der ‚Grenzenlosigkeit im Fortgange' einstimmiger Anschauungen und zwar nach typisch vorgezeichneten Richtungen« (Husserl, »Ideen« § 149, S. 311).

Für die so an der Hand von »transzendentalen Leitfäden« vorgehende Methode ist es charakteristisch, daß sie das als Leitfaden dienende ontologische Wesen (etwa das Eidos »Natur«) als gegeben hinnimmt und nicht weiter zurückfragt. Jenes ontologische Wesen (das Eidos Natur) ist aber selbst gewonnen durch Wesensschau (Ideation) aus dem entsprechenden individuellen Gegenstand bzw. Gegenstandssystem (unserer faktisch-empirischen Natur) und ist so in mancher Hinsicht von der Zufälligkeit jener empirischen Vorgegebenheit noch abhängig. Wenn also auch die regressiv ermittelten phänomenologischen Bedingungen streng notwendig sind für die Konstitution einer Natur vom Typus der uns gegebenen, so ist damit noch nicht gesagt, daß sie notwendig sind für jeden denkbaren Typus »Natur«. Es erhebt sich vielmehr das Problem der größtmöglichen Verallgemeinerung des ursprünglich als Leitfaden zugrunde gelegten ontologischen Wesens, d. h. hier des Wesens »Natur«. Da es sich hierbei schon um eine oberste Gattung (Region) handelt, kommt für eine derartige Verallgemeinerung nur die »Formalisierung« (vgl. Husserl, »Ideen« § 13) in Frage.

Von dem Typus der faktischen Natur werden wir so geführt zur formalen Idee einer Natur überhaupt. Korrelativ damit werden wir eine solche formalisierende Verallgemeinerung in allen konstitutiven Schichten vornehmen müssen, bis hinab zu den hyletischen Daten, die uns in ihrer zufälligen Eigenart nicht mehr binden werden, sondern von denen wir nur noch die formale Idee einer »Hyle« zurückbehalten.

So gelangen wir zu den in einem höheren und letzten Sinne notwendigen Bedingungen der Konstitution der Natur. Die jetzt erreichte Idee der Natur überhaupt wird mit keinerlei Kontingenz mehr behaftet und durch und durch rational in ihrem konstitutiven Aufbau zu begreifen sein. Im Materialen herrschte bereits strenge Notwendigkeit, aber doch nur in beschränktem Rahmen, in der jetzt erreichten formalen Sphäre handelt es sich um die »analytische Notwendigkeit« im Sinne der dritten »logischen Untersuchung« Husserls. (Band II, 1, S. 254 ff., 2. Aufl.).

Damit lösen sich aber alle materialen Phänomenologieen auf in die eine, ungeheuer erweiterte formale Phänomenologie. Systematisch entsteht die Aufgabe, von der formalen Ontologie einen methodischen Übergang zu finden zu den durch Formalisierung der materialen Regionen entstandenen Gebilden. Denn diese sind doch durch den Formalisierungsprozeß keineswegs zu einfachen »Gegenständen überhaupt« geworden, sie haben vielmehr ihre gesamte Differenziertheit behalten. Das Problem ist nun, diese differenzierten Gebilde von der formalen Ontologie aus zu »konstruieren«.

Der Weg zur Lösung dieser ungeheuren Aufgabe kann hier nicht einmal andeutungsweise besprochen werden. Er führt über die Lehre von der Individuation (von den principia individuationis, wie Zeit und Raum). Einzelnes wird später anzuführen sein.

Der Kern des ganzen Gedankengangs ist also: Überwindung der apriorischen Kontingenz durch Formalisierung und systematische Konstruktion vom »Ursprung« her, womit die Erweiterung der mathesis universalis (die sich nur mit dem Etwas überhaupt befaßt) zu einem wirklich allumfassenden System »mathesis universalissima« (in der auch das Individuelle seinen Platz hat), verbunden ist.[1]) Damit ist, wie wir meinen, die Idee der streng rationalen Wissenschaft erreicht.

Diese Idee wollen wir im folgenden auf das Problem der Geometrie und (teilweise) der mathematischen Naturwissenschaft anwenden. Wir werden dabei dem Ideal einer streng rationalen Geometrie und Physik zustreben, indem wir uns von den kontingenten Momenten, die jene Wissenschaften im Laufe ihrer Entwicklung, seit Euklid und Newton, in sich aufgenommen haben, zu befreien trachten.

Wir können nunmehr unser zweites Hauptproblem in folgender Fassung aussprechen: Es sind die kontingenten Momente im Aufbau der Geometrie mittels der transzendentalen Methode auszuschalten.

3.

Es erübrigt sich noch, auf das Verhältnis unserer beiden Hauptprobleme kurz einzugehen.

---

1) Dabei beschränken wir uns hier auf die Naturgegenstände, d. h. Gegenstände, bei denen wertende und praktische Gesichtspunkte keine Rolle spielen. Ob die Idee der mathesis universalissima über die formale Idee der Natur hinaus ausgedehnt werden kann und in welchem Sinne, kümmert uns hier nicht.

Man könnte versucht sein, zu meinen, daß die Idee einer streng rationalen Wissenschaft, die nichts Kontingentes mehr enthält, das erste Hauptproblem sozusagen überflüssig macht, indem nämlich in einer »rein rationalen« Wissenschaft die Anschauung als sicher kontingentes Element von vornherein keinen Platz findet. Allein dem ist nicht so. Der springende Punkt liegt hier in dem Übergang von der »mathesis universalis« zur »mathesis universalissima«, d. h. von der in voller Weite verstandenen formalen Logik zu dem alle Phänomene transzendental in sich begreifenden schlechthin universellen Systeme. Obwohl dieses System konstruktiv ist, umfaßt es doch auch sämtliche Phänomene der Anschauung, und zwar in einer von jeder Kontingenz befreiten Gestalt. Es umfaßt gewissermaßen die möglichen Formen aller Anschauung überhaupt (neben anderen Phänomenen). Nun ist aber auch hier jede dieser Anschauungsformen zunächst schlicht, d. h. morphologisch-vag oder indefinit. Auch sie muß erst definit gemacht werden, um der formallogischen Begriffsbildung Angriffspunkte zu bieten. Man darf also nicht glauben, jemals des Limesproblemes überhoben zu sein.

Es bleiben also unsere beiden Hauptprobleme unabhängig von einander bestehen:

1. Das Problem der rationalen Erfassung des Schlicht-Anschaulichen. Speziell: geometrische Idealisierung, Idee des Limes.

2. Das Problem der Ausschaltung der Kontingenz: Wie kann nicht nur das Empirisch-Kontingente, sondern gerade das Apriorisch-Kontingente überwunden werden? Insbesondere: Wie kann der scheinbar kontingent-materiale Gehalt der geometrischen Axiome transzendental begründet werden, d. h. als *notwendig*, seiner scheinbaren Zufälligkeit entrückt, verstanden werden?

Das erste Problem ist, in der üblichen mathematischen Terminologie ausgedrückt, nichts anderes als das *Kontinuumproblem*; das zweite aber ist das *Problem des Verhältnisses der euklidischen zu den sog. nichteuklidischen Geometrieen.*

Mit dieser präzisen Formulierung unserer Problematik ist zugleich die Gliederung unserer Arbeit gegeben: ihre beiden Teile sind den beiden Hauptproblemen gewidmet.

Erster Teil.

Die rationale Erfassung des räumlichen Kontinuums mittels des Grenzübergangs.

Vorbemerkung.

In der Einleitung hatten wir die phänomenologische Problematik der Geometrie kurz entwickelt. Diesem ersten Teil fällt die Aufgabe zu, die rationale Auffassung des Kontinuums verständlich zu machen. Er beschäftigt sich aber nur mit der Analyse der Anwendung eines rationalen Algorithmus auf ein schlicht-anschauliches Kontinuum, ohne inhaltlich irgendwie diesen Algorithmus näher zu bestimmen. Dies wird die Aufgabe des zweiten Teils sein. Alle inhaltlichen Bestimmungen der geometrischen Axiome bleiben somit unerörtert, nur wie man überhaupt dazu kommen kann, geometrische Axiome aufzustellen, wird untersucht.[1])

Wir gehen dabei so vor, daß wir im ersten Abschnitt ganz allgemein das formale Problem behandeln, wie man irgendein Kontinuum rational erfaßt; im zweiten Abschnitt die phänomenologische Konstitution des Raumes skizzieren und darauf gestützt im dritten Abschnitt das geometrische Problem im engeren Sinn, d. h. die Aufgabe der rationalen Bearbeitung des Raumes zu lösen versuchen.

Erster Abschnitt.

Umriß des allgemeinen Limesproblems.

§ 1. Der Gegensatz des Vagen und des Exakten.

Um den für den Begriff des Limes grundlegenden Gegensatz von »exakt« und »vag« herauszustellen, wollen wir ihn abheben gegen ein anderes Gegensatzpaar, mit dem er in Gefahr ist, verwechselt zu werden, nämlich gegen den Unterschied zwischen Eidos und empirischem Typus.

A) Eidos und empirischer Typus.

Die Phänomenologie unterscheidet zwei grundsätzlich verschiedene Arten von Abstraktion. Erstens gibt es die Aufsuchung des »Gemeinsamen« einer Menge vorgelegter Gegenstände (Dinge). Dieses Gemeinsame entspringt also an einer bestimmten Zahl gegenwärtiger

---

1) Eine scheinbare Ausnahme bilden die sog. Stetigkeitsaxiome. Es wird sich herausstellen, daß sie sich auf den Grenzübergang als solchen, nicht auf die inhaltliche Bestimmtheit des rationalen Algorithmus beziehen. Sie stehen also nicht auf derselben Ebene wie die übrigen Axiome.

oder vergegenwärtigter (z. B. erinnerter) Dinge und umfaßt möglicherweise noch eine unbestimmte Zahl erwarteter, evtl. antreffbarer (also auch »positional« vergegenwärtigter) Dinge. Immer handelt es sich dabei um »positionales« Bewußtsein,[1]) dem die als Ausgangspunkt der »Abstraktion« dienenden Gegenstände, wie auch das als Resultat erscheinende »Gemeinsame« gegeben werden. Zweitens gibt es im Gegensatz dazu die »ideierende Abstraktion«, die das Gemeinsame aller möglichen Gegenstände von bestimmter Art heraushebt. Sie ist wesentlich fundiert auf ein neutralisiertes, ein frei fingierendes Bewußtsein.

Die erste Weise der Abstraktion führt zum empirischen Typus, z. B. einer Pflanze in der Botanik oder eines bestimmten Tieres in der Zoologie. An die Beobachtung eines derartigen Typus knüpft sich die Erwartung, daß man Gegenstände desselben Typs auch in Zukunft antreffen werde, in unbestimmter Menge. Jeder neue Fund der betreffenden Art bekräftigt diese Erwartung. Insbesondere läßt uns die Auffindung einer Anzahl für die Art charakteristischer Momente an einem neuen Gegenstand erwarten, auch die übrigen für den Typus charakteristischen Momente an ihm zu finden. Aber das Zusammentreffen sämtlicher für eine Art charakteristischer Momente ist kein notwendiger Zusammenhang. D. h., es sind in freier Phantasie Gegenstände vorstellbar (fingierbar); die einige, aber nicht alle der für die Art bezeichnenden Merkmale besitzen. Außerdem enthält ein empirischer Typus einen offenen Horizont der Unbestimmtheit; die Kenntnis einiger Merkmale des Typus eröffnet die Aussicht auf die empirische Bestimmbarkeit weiterer Merkmale, die aber im Voraus nicht angegeben werden können.

Die zweite »ideierende« Abstraktionsweise verknüpft dagegen alle »gemeinsamen« Merkmale der Gegenstände einer Art mit absoluter Notwendigkeit. Wir binden unsere Phantasie durch die Annahme (den »Ansatz«) gewisser Merkmale und lassen dann die übrigen Merkmale frei variabel. Dabei stellen sich dann einige von ihnen als invariant heraus. Was wir dabei als unveränderlich, von der Variation nicht mitbetroffen finden, sind nämlich diejenigen Merkmale, die mit den zunächst angesetzten notwendig mitgesetzt sind, deren Negation also zum Widersinn (materialer Art) führen würde. Das so entstehende Gemeinsame ist das »Eidos« oder »Wesen.« Der notwendige Zusammenhang zwischen Wesensmerkmalen, genauer zwischen den Variationen der Wesensmerkmale, ist ein »Wesensgesetz.«

1) Über positionales und neutralisiertes Bewußtsein s. Husserls »Ideen« § 109 bis 112.

Daß die Momente des Eidos wesensgesetzlich zusammengehalten werden, das macht eigentlich die Eigenart des Eidos im Gegensatz zum empirischen Typus aus. Wesensgesetze gelten unverbrüchlich, sie gehen den empirischen Gesetzen »voran«, sie sind a priori. Sie bilden den festen Rahmen, innerhalb dessen sich die empirischen Gesetze mit einer gewissen Freiheit entfalten können, den sie aber nicht überschreiten können.[1]) Die Wesensgesetze machen das aus, was an einer Erscheinung begreiflich ist. Bloße empirische Gesetze sind grundsätzlich stets unbegreiflich, wenn wir uns auch so an sie gewöhnen, daß wir sie nicht mehr als wunderbar empfinden und für selbstverständlich halten; im eigentlichen Sinne sind sie das nie.

B) Morphologische Vagheit und geometrische Exaktheit.

Von dem Unterschied zwischen Eidos und empirischem Typus ist sorgfältig zu trennen der zwischen Vagheit und Exaktheit.[2]) Exemplifizieren wir an den räumlichen Gestalten, die uns ja als Hauptthema beschäftigen! Was wir an Gestalten unmittelbar wahrnehmen, z. B. sehen, ist immer bis zu einem gewissen Grade vag und fließend. Wir sehen etwa etwas »Rundes« oder »Ovales« oder »Viereckiges« — aber keine exakten Kreise, Ellipsen, Quadrate. Diese »geometrischen« Figuren sind absolut scharf, sie liegen als »Punkte« im Kontinuum aller möglichen Gestalten. Morphologische Gestalten dagegen schweben immer in einer gewissen Sphäre der Unbestimmtheit.

An Beispielen läßt sich leicht zeigen, daß es e r s t e n s sowohl morphologische wie exakte »Wesen« und daß es z w e i t e n s neben den vagen empirischen Typen im eigentlichen Sinne in der Naturwissenschaft auch exakte »Idealtypen« gibt, die trotzdem nicht durchgängig wesensgesetzlich bestimmt sind, sondern z. B. ganz bestimmte numerische Konstanten enthalten. — Beispiele:

I. a) Vages (»morphologische«) Wesen: Eiförmige Gestalt,
 b) Exaktes (»geometrische«) Wesen: Kreis, Ellipse;
II. a) Vager empirischer Typus: Blatt, Löwe,
 b) Exakter Idealtypus: Wasserstoffatom, Planetenbahn.

Zur Idee des »exakten Idealtypus« ist zu bemerken: Es gibt in der Natur de facto keine exakten individuellen Gegenstände. Es existieren sicher keine ungestörten Planetenbahnen, vielleicht nicht einmal völlig exakt charakterisierte Wasserstoffatome. Aber auch ein »ideales« (im Sinne der Limesbildung idealisiertes) Wasserstoffatom

1) Vgl. H u s s e r l, »Ideen« § 5 bis 7.
2) S. H u s s e r l, »Ideen« § 74.

wäre kein lediglich von Wesensgesetzen beherrschtes Gebilde. Gewisse seiner zahlenmäßigen Eigenschaften sind empirisch gewonnen, wenn sie sich auch niemals als direktes Beobachtungsergebnis ergeben. Die Sachlage ist also die: Wir können uns exakt definierte Gebilde »denken« (wie, ist später zu erörtern) von speziellem, ja singulärem Charakter und solche exakte »Idealtypen« verwenden zur Charakterisierung von empirischen Gegenständen eines gewissen Typus. Jene »Idealtypen« sind ja in gewissem Sinne fiktiv, aber doch keine Wesen. Denn ihr spezieller Charakter, der von ihrer Herleitung aus empirischen Gebilden herrührt, ist nicht wesensgesetzlich bestimmt; nicht alle ihre Merkmale sind notwendig, sondern manche sind zufällig. Wir können sogar so weit gehen, individuellen Gegenständen an einer ganz bestimmten Raum- und Zeitstelle ein derartiges exaktes Gebilde zu substruieren. Dies tun wir z. B., wenn wir von der theoretischen Figur der Erde (dem sog. »Geoid«) oder der theoretischen Mondbahn reden. An diesen »idealen« Gebilden messen wir die beobachtete Erdfigur oder Mondbahn, die immer eine gewisse Unbestimmtheit (Schwankungsbreite) an sich hat.

C) Der Begriff des Limes.

Es ist nun dieser Unterschied zwischen vagen und exakten Gegenständen, der auf den Begriff des Limes notwendig hinweist.[1]) Einerseits sind die vagen Gestalten zwar unmittelbar anschaulich faßbar und aus ihnen sind in ideierender Abstraktion echte morphologische Wesen erschaubar, aber sie zeigen dafür den Mangel, daß sie begrifflich nicht scharf bestimmbar sind und daß sie daher nicht in rationalen Wissenschaften zu gebrauchen sind, gleichsam wegen der beständigen Gefahr einer quaternio terminorum. Sie weisen daher hin auf ein Ideal von Exaktheit, das jenseits ihrer liegt. Andrerseits sind zwar die exakten Wesen scharf umrissen und in rationalen Argumentationen verwendbar, aber wenn wir, dem phänomenologischen Grundprinzip getreu, von signitiven zum intuitiven Denken zurückgehen wollen,[2]) entschwinden sie uns scheinbar. Weder sind sie in schlichter Wahrnehmung erfaßt, noch scheinen sie kategoriale Wesenheiten zu sein. Wir werden hier daran erinnert, daß schon Plato den geometrischen Figuren eine Mittelstellung zwischen den Ideen (für die er öfters kategoriale Beispiele angibt) und den Sinnendingen anwies.[3])

1) Husserl, Ideen § 74.

2) Husserl, Logische Untersuchungen, Bd. II, 6, Untersuchung.

3) Siehe Plato, Timaeus p. 52 (Steph. [cap. 18]); Vgl. auch Aristoteles, de anima I, 1; 403 b, 14 bis 16; Methaphysik I, 6, 987 b, 14 bis 18.

Von beiden Seiten aus, von den vagen wie von den exakten Gestalten, werden wir also gedrängt, uns dem Prozeß der Limesbildung zuzuwenden. Nach seiner Klärung werden wir das Übersichhinausstreben des Vagen befriedigen und auch umgekehrt dem Idealbegriff eine echte anschauliche Fundierung verschaffen können.

§ 2. Rationaler Algorithmus und definite Mannigfaltigkeit.

A. Das Grundmerkmal des rationalen Algorithmus.

Eine rationale Theorie besteht in einem Begründungszusammenhang von Sätzen. Das gilt für alle, auch die unvollkommenen (hypothetisch-deduktiven) Formen des rationalen Systems. Es handelt sich nun darum, den Charakter dieses rationalen Zusammenhangs gegenüber deskriptiven und psychologisch verständlichen u. ä. Zusammenhängen herauszustellen.

Das entscheidende Merkmal, das den rationalen Zusammenhang vor anderen auszeichnet, ist sein konstruktiver Charakter. Das besagt, daß er sich aus diskreten Konstruktionselementen in endlicher Zahl zusammensetzt und daß die Art der struktiven Verbindung zwischen ihnen lediglich logisch-formaler (im erweiterten Sinne syllogistischer) Natur ist. Er hat, so wollen wir das ausdrücken, den Charakter eines Algorithmus.

Einem solchen rationalen Algorithmus schreiben wir die Grundeigenschaft der Endlichkeit[1]) zu. Sie besteht, näher betrachtet, in zwei Momenten, erstens der Diskretheit, zweitens der »Definitheit«. Die Diskretheit besagt, daß beim rationalen Algorithmus sprungweise von Element zu Element fortgeschritten wird, also nicht stetig durch eine unendliche, zusammenhängende Mannigfaltigkeit von Elementen fortgegangen wird. Ein Algorithmus ist also niemals »in sich dicht«; d. h. es liegt nicht zwischen je zweien seiner Elemente stets wieder ein Element. – Die Definitheit dagegen bedeutet, daß alle möglichen Gebilde des betreffenden Sachgebiets durch einen aus einer endlichen Anzahl von Grundelementen bestehenden Algorithmus erreicht werden können, und daß ferner die struktive Komplikation des Algorithmus nicht unendlich wird.

Das heißt also, daß sowohl dem Algorithmus selbst als auch dem Sachgebiet, das er konstruktiv beherrschen soll, der Charakter einer »definiten Mannigfaltigkeit« zugeschrieben werden muß. Diesem mannigfache Schwierigkeiten bietenden Begriff müssen wir uns nun zuwenden.

1) Dies tat im Grunde schon Aristoteles, vgl. z. B. Anal. post. I, c. 3. (p. 72 b, 7 bis 11.)

B. Der Begriff der definiten Mannigfaltigkeit.

Der Begriff der definiten Mannigfaltigkeit wurde in präziser Form zuerst von Husserl eingeführt.[1]) Wegen der grundlegenden Wichtigkeit dieses Begriffs für das Problem der rationalen Bearbeitung des Kontinuums geben wir ein ausführliches Zitat:

1. »Die Geometrie fixiert einige wenige Arten von Grundgebilden.... Mit Hilfe der Axiome, d. h. der primitiven Wesensgesetze, ist sie nun in der Lage, alle im Raume ‚existierenden' d. h. ideal möglichen Raumgestalten und alle ihnen zugehörigen Wesensverhältnisse rein deduktiv abzuleiten, in Form exakt bestimmender Begriffe, welche die unserer Intuition im allgemeinen fremd bleibenden Wesen vertreten.... 2. Mit anderen Worten, die Mannigfaltigkeit der Raumgestaltungen überhaupt hat eine merkwürdige logische Fundamentaleigenschaft, für die wir den Namen ‚definite Mannigfaltigkeit' ... einführen. Sie ist dadurch charakterisiert, daß eine endliche Anzahl gegebenenfalls aus dem Wesen des jeweiligen Gebiets zu schöpfender Begriffe und Sätze die Gesamtheit aller möglichen Gestaltungen des Gebiets in der Weise rein analytischer Notwendigkeit vollständig und eindeutig bestimmt, so daß also in ihr prinzipiell nichts mehr offen bleibt. ... 3. Ein Äquivalent des Begriffs einer definiten Mannigfaltigkeit liegt auch in folgenden Sätzen: Jeder aus den ausgezeichneten axiomatischen Begriffen, nach welchen logischen Formen auch immer zu bildende Satz, ist entweder eine pure formallogische Folge der Axiome oder eine ebensolche Widerfolge, d. h. den Axiomen formal widersprechend, so daß dann das kontradiktorische Gegenteil eine formallogische Folge der Axiome wäre. In einer mathematisch definiten Mannigfaltigkeit sind die Begriffe ‚wahr' und ‚formallogische Folge der Axiome' äquivalent und ebenso ‚falsch' und ‚formallogische Widerfolge der Axiome'«.

Die drei mit Ziffern bezeichneten Abschnitte dieses Zitats charakterisieren drei Auffassungen, die der Begriff der definiten Mannigfaltigkeit in der Grundlagenforschung der Mathematik seit der Mitte des 19. Jahrhunderts erfahren hat. Wir werden die Tragweite der auf den ersten Blick zwar leicht verständlichen, aber doch bei näherem Zusehen schwierigen Ausführungen Husserls am besten verstehen lernen, wenn wir diese drei historischen Auffassungen der Reihe nach entwickeln.

1) In einem im Wintersemester 1901/02 in der Göttinger Mathematischen Gesellschaft gehaltenen Vortrag. — Wir benutzen hier die spätere Darstellung in den »Ideen« § 72 (S. 135).

Die erste Auffassung stammt von den Begründern der exakten Theorie der Irrationalzahlen, G. Cantor, Dedekind, Weierstraß. Wir halten uns hier an G. Cantors Fassung des Begriffs der Menge.[1])

Die zweite wurde durch die Notwendigkeit, die sog. ‚Antinomieen. der Mengenlehre' zu vermeiden, hervorgerufen. Ihre Urheber sind B. Russell,[2]) J. König[3]) und in etwas anderer Fassung H. Weyl[4]) (in seiner ersten Kontinuumtheorie von 1918).

Die dritte ging aus von einer fundamental neuen Auffassung des Kontinuums. (Neu gegenüber den Anschauungen der modernen Mathematik). Sie ist die Schöpfung L. E. J. Brouwers,[5]) dem sich neuerdings H. Weyl[6]) (in seiner zweiten Kontinuumtheorie von 1921) angeschlossen hat.

Wir bezeichnen (aus Gründen, die sich sogleich zeigen werden) diese drei Auffassungen der Definitheit folgendermaßen:

Definitheit kann gefaßt werden:

1. als »Elementardefinitheit« (G. Cantor),
2. als »Umfangsdefinitheit« (Russell, Weyl 1918),
3. als »Entscheidungsdefinitheit« (Brouwer, Weyl 1921). –

Ehe wir zur näheren Charakterisierung dieser drei Auffassungen der Definitheit übergehen, müssen wir noch eine Bemerkung über unendliche Mengen im allgemeinen einschalten.

Eine unendliche Menge ist niemals dadurch gegeben, daß man ihre Elemente aufzählt, denn damit käme man ja niemals zu Ende. Man kann nichts anderes tun, als eine sämtliche Elemente charakterisierende Eigenschaft oder ein sie bestimmendes Gesetz anzugeben.

---

1) Vgl. G. Cantor, Grundlagen einer allgemeinen Mannigfaltigkeitslehre. (Math. Ann. Bd. 21, S. 545 bis 591), 1883.

2) B. Russell, The Principles of Mathematics, Cambridge 1903, A. N. Whitehead und B. Russell, Principia Mathematica, Vol. 1. 1910.

3) J. König, Neue Grundlagen der Logik, Arithmetik und Mengenlehre, Leipzig 1914.

4) H. Weyl, Das Kontinuum, Leipzig 1918; Der circulus vitiosus in der heutigen Begründung der Analysis. Jahresb. d. Deutschen Math. Ver. 28, S. 85 bis 92, 1919.

5) L. E. J. Brouwer, »Over de grondslage der wiskunde«, Amsterdam 1907 (Inaug.-Dissert.); »Intuitionism and Formalism«, Bull. Am. Math. Soc. 20, S. 81 bis 96 (1913); »Begründung der Mengenlehre unabhängig vom Satze des ausgeschlossenen Dritten«, Verhandl. d. Akad. v. Wetensch. te Amsterdam, Bd. 12 (1918/19); »Intuitionistische Mengenlehre«, Jahrb. d. Deutsch. Math. Ver. 1919 (S. 203 bis 208).

6) H. Weyl, Über die neue Grundlagenkrise der Mathematik, Math. Zeitschr. Bd. 10, S. 39 ff. (1921).

Dagegen kann eine willkürlich zusammengewürfelte unendliche Menge niemals als fertig vorliegendes Gebilde »gedacht« werden, und man beachte wohl: dies zieht, nach dem Prinzip des transzendentalen Idealismus, unweigerlich nach sich, daß ein solches Gebilde auch nicht irgendwie »an sich« fertig »existiert«. Wir zitieren noch den bezeichnenden, drastischen Satz Weyls:[1]) »Man muß sich vor der Vorstellung hüten, daß, wenn eine unendliche Menge definiert ist, man nicht bloß die für ihre Elemente charakteristische Eigenschaft kennt, sondern diese Elemente selber sozusagen ausgebreitet vor sich liegen habe und man sie nur der Reihe nach zu durchlaufen brauche, wie ein Beamter auf dem Polizeibureau seine Register, um ausfindig zu machen, ob in der Menge ein Element von dieser oder jener Art existiert. Das ist einer unendlichen Menge gegenüber sinnlos.«[2]) Eine mehr logische Charakteristik der Sachlage ist folgende: Eine unendliche Menge kann nicht sinngemäß gemeint sein als ein Plural im ursprünglichen Sinn, d. h. als eine kollektive Zusammenfassung vorgegebener Elemente, als ein in einem eigentlichen Zusammen*griff* wirklich Zusammengefaßtes. Vielmehr ist sie eine offene Vielheit, zu deren Sinn es gehört, ein »und so weiter«, eine systematische Aneinanderreihung von Elementen ohne Abschluß, zu enthalten.

Wir müssen uns dies stets vor Augen halten, wenn wir jetzt an die einzelnen Theorien über unendliche Mengen herantreten.

1. Elementardefinite Mannigfaltigkeiten.

G. Cantor definiert: Eine (unendliche oder endliche) Menge ist dann vollständig bestimmt, wenn von jedem vorgelegten Gegenstand feststeht, ob er der Menge zugehört oder nicht. Mit anderen Worten: Steht fest, ob der beliebig vorgelegte Gegenstand a die Eigenschaft E hat (unter den Begriff [E] fällt), so ist auch die der

---

1) Über die neue Grundlagenkrise d. Math., I. Teil, 1.

2) Husserl hat schon in seiner früheren Schrift »Philosophie der Arithmetik« (I. Bd. Halle 1891), S. 246 bis 250, den Standpunkt des transszendentalen Idealismus bei der Auffassung unendlicher Mengen zur Geltung gebracht, indem er nachdrücklich betont hat, daß für die Apperzeption unendlicher Mengen prinzipiell unvollendbare Prozesse in Frage kommen, die auch nicht durch ein idealisiertes Erkenntnisvermögen vollendet gedacht werden können. Wir hätten nur dagegen etwas einzuwenden, daß als logischer Gehalt des Begriffs der unendlichen Menge der Umstand hingestellt wird, daß für jeden vorgegebenen Gegenstand bestimmt ist, ob er zur Menge gehört oder nicht; dieses Cantorsche Definitheitskriterium wird sich gerade im Verlauf unserer Untersuchung als ungenügend erweisen.

Eigenschaft E entsprechende Menge M (als Begriffsumfang) bestimmt. Die Menge M ist also definit in bezug auf jedes ihrer Elemente (»elementardefinit«).

Diese Definition Cantors entspricht dem ersten Satz der oben zitierten Ausführungen Husserls: »Die Geometrie ... ist in der Lage, alle ... ideal möglichen Raumgestalten ... rein deduktiv abzuleiten, in Form exakt bestimmender Begriffe«. Diese Bestimmung betont den Gegensatz zu den vagen morphologischen Begriffen, bei denen nicht immer feststeht, ob ein konkretes individuelles Gebilde unter sie fällt oder nicht. Die mathematischen Idealbegriffe sind eben dadurch charakterisiert, daß die Zugehörigkeit zum Begriff für jeden Gegenstand ohne Schwanken und Zweifel feststeht.

Beispielsweise ist bei der Fermatschen Gleichung: $x^n + y^n = z^n$ (x, y, z, n ganze positive Zahlen) in jedem einzelnen Fall, d. h. für je vier konkrete Zahlen, bestimmt, ob sie erfüllt ist oder nicht. Nennt man diejenigen Zahlenquadrupel x, y, z, n, die für $n > 2$ die Gleichung erfüllen, »Fermatsche Zahlenquadrupel«, so ist also die Menge der Fermatschen Zahlenquadrupel elementardefinit.

Wir haben damit im Bereich der unendlichen Mengen die vollständige Disjunktion gewonnen: morphologisch-vage — elementardefinite Mengen.

2. Umfangsdefinite Mannigfaltigkeiten.

In dem zweiten Abschnitt der oben zitierten Ausführungen Husserls heißt es: »... daß eine endliche Anzahl ... Begriffe ... die Gesamtheit aller möglichen Gestaltungen des Gebiets ... vollständig bestimmt«. Dies kann man dahin interpretieren, daß die Gegenstände der definiten Mannigfaltigkeit (Menge) einen »an sich bestimmten und begrenzten, ideal geschlossenen Inbegriff bilden« (Weyl)[1]. G. Cantor glaubte zunächst, dieser Sachverhalt sei eine Folge seiner Mengendefinition, mußte aber zugeben, daß dies für gewisse Ausnahmefälle, die er »inkonsistente« Mengen nannte,[2]) nicht mehr zutrifft. Diese geben dann Anlaß zu gewissen Widersprüchen, deren erster von B. Russell veröffentlicht wurde[3]). Russell zeigte, daß die Menge aller Mengen, die sich selbst nicht als Element enthalten (eine nach Cantor durchaus gestattete Mengenbildung), mit einem Widerspruch behaftet ist. Denn man

1) Jahresb. d. Deutsch. Math. Ver. Bd. 28, S. 85.

2) Vgl. Hilbert, Grundlagen der Geometrie (3. Aufl. Leipzig 1909), Anhang VII, S. 265.

3) Zuerst im Anhang von Freges »Grundgesetzen der Arithmetik« 2. Bd. (Jena 1903), dann in seinen oben zitierten Schriften.

kann von ihr beweisen, daß sie zugleich sich selbst als Element enthält und sich selbst nicht als Element enthält.

Im Verlaufe der Diskussion dieser und ähnlicher Paradoxieen durch G. Frege, B. Russell, J. König, H. Weyl u. a. stellte sich heraus, daß sie auf einem gewissen circulus vitiosus beruhen, der durch ein von Russell formuliertes Prinzip (das sog. »vicious circle principle«) vermieden werden kann. Es lautet: »Keine Gesamtheit kann Glieder enthalten, die mittels ihrer selbst definiert sind« (»no totality can contain members defined in terms of itself«) oder: »Was immer alle (Glieder) einer Menge in sich schließt, darf nicht selbst ein Glied der Menge sein« (»whatever involves all of a collection, must not be one of the collection«).[1]) Das besagt: Zu keinem Inbegriff kann ein Gegenstand als Element gehören, der von der Gesamtheit der Elemente des Inbegriffs abhängt. In der Tat, ein solcher Gegenstand würde ja, dem Sinn seiner Definition nach, schon die Gesamtheit der Elemente jenes Inbegriffs voraussetzen, er selbst würde dann erst nachträglich zu dieser »Gesamtheit« hinzukommen, die also gar keine echte, in sich geschlossene Gesamtheit wäre. Mengen dieser paradoxen Art sind charakterisiert durch eine gewisse Rückbezüglichkeit eines ihrer Glieder auf sie selbst (»self-reference«, »reflexivness« nach Russell). Wir wollen sie deshalb »peritropisch« nennen.[2]) Diesen peritropischen Mengen setzen wir nun unsere »umfangsdefiniten Mannigfaltigkeiten« entgegen. Eine Menge M heißt also definit bezüglich ihres Umfangs, wenn es nicht nur feststeht, ob ein vorgegebener Gegenstand unter M fällt oder nicht, sondern auch, ob es außerhalb eines gewissen abgeschlossenen Kreises von Gegenständen noch weitere unter M fallende Gegenstände gibt oder nicht. Dagegen hat für eine peritropische Menge M zwar die Frage: »Hat ein bestimmter Gegenstand a von M die Eigenschaft E?« stets

1) Russell und Whitehead, Principia Mathematica, Vol. I, p. 40. (Cambridge 1910).

2) Die historische Wurzel der »reflexiven« Paradoxieen ist das antike Sophisma des »Lügners« (ὁ ψευδόμενος λόγος); man nannte in der nacharistotelischen Logik eine derartige Rückbezüglichkeit eines Satzes auf sich selbst περιτροπή. Der Name ist nacharistotelisch, die Sache findet sich schon bei Demokrit und Plato. S. Sextus Empiricus, adv. Math. VII, 389 (Diels, Vorsokr., 2. Aufl., I, 371, fr. 55A, 114): »πᾶσαν μὲν οὖν φαντασίαν οὐκ ἂν εἴποι τις ἀληθῆ δία τὴν περιτροπήν, καθὼς ὅ τε Δημόκριτος καὶ ὁ Πλάτων ἀντιλέγοντες τῷ Πρωταγόρᾳ ἐδίδασκον«. Vgl. Plato, Euthydem 286C: »δοκεῖ . . . τοὺς δὲ ἄλλους ἀνατρέπειν καὶ αὐτὸς αὑτόν«. — Vgl. die in ihrem historischen Teil bemerkenswerte Dissertation v. A. Rüstow »Der Lügner« (phil. Diss. Erlangen 1908).

einen bestimmten Sinn (sofern M elementardefinit) ist; – aber nicht immer die weitere Frage: »Gibt es einen unter M fallenden Gegenstand mit der Eigenschaft E?« (sie ist nämlich sicher dann sinnlos, wenn E bedeutet: »in einem bestimmten abgeschlossenen Kreise $\varkappa$ liegen« oder »außerhalb $\varkappa$ liegen«).

Wir haben damit folgende Einteilung der Mengen gewonnen:

(unendliche) Mengen
- morphologische
- elementardefinite
  - peritropische
  - umfangsdefinite.[1]

Der Begriff der Umfangsdefinitheit ist also enger als der der Elementardefinitheit, aus dem Umfang des letzteren Begriffs werden die peritropischen Mengen ausgeschlossen.

Beispiele für peritropische Mengen sind leicht zu finden. Wir geben deren zwei an:

1. Die Menge sämtlicher »Eigenschaften«. – Man kann immer klar entscheiden, ob ein Etwas eine Eigenschaft ist oder nicht; d. h. die Menge der Eigenschaften ist elementardefinit. Trotzdem gibt es keinen in sich geschlossenen Inbegriff, der sämtliche Eigenschaften enthielte. Denn sei $\varkappa$ ein solcher Inbegriff, so ist das »logische Produkt« aller Elemente von $\varkappa$ ebenfalls eine Eigenschaft, nämlich die, sämtliche Eigenschaften, die im Inbegriff $\varkappa$ enthalten sind, zu haben. Nennen wir sie $\Pi_\varkappa$, so ist offenbar $\overline{\Pi}_\varkappa$ eine Eigenschaft, die nicht in den Inbegriff $\varkappa$ gehört; dieser ist also nicht Inbegriff sämtlicher möglichen Eigenschaften.

2. Die Menge aller Eigenschaften von natürlichen Zahlen. – Auch hier kann man, »nachdem auf irgendeiner Weise ein Kreis $\varkappa$ von Eigenschaften natürlicher Zahlen abgegrenzt ist, so daß der Begriff umfangsdefinit ist, ohne weiteres Eigenschaften natürlicher Zahlen definieren, welche außerhalb des Kreises $\varkappa$ liegen. Bedeutet nämlich A irgendeine Eigenschaft von Eigenschaften natürlicher Zahlen, so ist die Eigenschaft E_A, welche einer natürlichen Zahl x dann und nur dann zukommt, wenn es eine $\varkappa$-Eigenschaft von der Art A gibt, welche der Zahl x zukommt, ganz gewiß ihrem Sinne nach von jeder $\varkappa$-Eigenschaft verschieden.« (Weyl.)[2]

Diese peritropischen Mengen muß man beim Aufbau einer mathematischen Disziplin ausschalten und sich ausschließlich auf um-

1) Dabei ist stillschweigend vorausgesetzt, daß die elementardefiniten Mengen »kompossibel« sind, d. h. keine Gegenstände enthalten, die sich gegenseitig aufheben.

2) Jahresber. d. Deutsch. Math. Ver. 28, S. 86.

fangsdefinite beschränken, wenn man die mengentheoretischen Antinomieen vermeiden will.

Auf die sich hier erhebenden technischen Fragen der mathematischen Methodik können wir nicht eingehen. Es sei nur erwähnt, daß die natürlichen und auch die rationalen Zahlen eine umfangsdefinite Menge bilden; dagegen nicht die in der bisher üblichen Weise (etwa mittels Dedekindscher »Schnitte« oder Cantorscher »Fundamentalreihen«) definierten reellen Zahlen. Diese Definitionen laufen darauf hinaus, eine reelle Zahl zu charakterisieren durch eine Eigenschaft E von rationalen Zahlen oder sie als eine bestimmte Menge von rationalen Zahlen zu erklären.[1]) Und der Begriff »Eigenschaft rationaler Zahlen« ist nicht umfangsdefinit. Um diesen Begriff zu einem umfangsdefiniten »$\varkappa$-Eigenschaft rationaler Zahlen« einzuschränken, benutzt man eine endliche Zahl scharf definierter Konstruktionsprinzipien. Nur diejenigen Eigenschaften werden als »$\varkappa$-Eigenschaften« zugelassen, die sich mittels dieser Prinzipien aus einer endlichen Anzahl ursprünglicher Begriffe und Relationen aufbauen lassen. Das entspricht genau dem Husserlschen zweiten Absatz. Das bemerkenswerteste Konstruktionsprinzip ist das der »Iteration« (unbegrenzten Wiederholung) eines elementaren Prozesses.[2]) Peritropische Konstruktionen sind natürlich streng zu vermeiden. – Beschränkt man sich auf die so konstruierten Gebilde, so kann man sicher sein, niemals zu etwas anderem als zu einer umfangsdefiniten Mannigfaltigkeit zu gelangen.

3. Entscheidungsdefinite Mannigfaltigkeiten.

In dem dritten Absatz der Husserlschen Erklärung der definiten Mannigfaltigkeit heißt es: »Jeder aus den axiomatischen Begriffen . . . zu bildende Satz ist entweder eine pure formallogische Folge der Axiome oder eine ebensolche Widerfolge«.

Dies läuft auf die Forderung hinaus, daß jede an die definite Mannigfaltigkeit zu stellende Frage entscheidbar sein müsse. Dieser Standpunkt ist schon von L. Kronecker[3]) vertreten worden und

---

1) Diese Erklärung führt zu einem circulus vitiosus, der sich bei der üblichen Definition der »oberen Grenze« einer Menge von reellen Zahlen ergibt. Denn die charakteristische Eigenschaft der »oberen Grenze« ist keine andere als die oben erwähnte peritropische Eigenschaft E_A, vorausgesetzt daß man in ihrer Erklärung für »natürliche Zahl«: »rationale Zahl« setzt. (Näheres bei Weyl, Jahresber. d. Deutsch. Math. Ver. 28, S. 87).

2) Weyl, »Das Kontinuum«, S. 27.

3) Werke, herausgegeben von K. Hensel, Bd. II, S. 256, 257; Bd. III, 1, S. 272; S. 147 ff., bes. S. 156 Anm. Wir zitieren die erste Stelle (»Grundzüge

hat ihn veranlaßt, alle Zahlen außer den natürlichen ihrer selbständigen Bedeutung zu berauben und sie auf die natürlichen zurückzuführen. Später ist er von L. E. J. Brouwer, der zunächst von einer neuen, uns hier noch nicht kümmernden Theorie des Kontinuums ausging, wieder aufgenommen und dann von Weyl (in seiner zweiten Theorie des Kontinuums von 1921) besonders in logischer Hinsicht weiter ausgearbeitet worden.[1])

Nach unserer zweiten Auffassung der definiten Mannigfaltigkeit kann die Frage »Gibt es eine natürliche Zahl von der Eigenschaft E?« zwar »an sich« entschieden sein (sofern die natürlichen Zahlen eine umfangsdefinite Mannigfaltigkeit bilden), aber sie braucht nicht für unsere Erkenntnis entscheidbar zu sein. Z. B. gibt es nach jener Auffassung entweder »Fermatsche Zahlen« oder es gibt keine. Der »große Fermatsche Satz« behauptet bekanntlich das letztere, aber es kann sein, daß es keine Möglichkeit gibt, ihn zu beweisen oder zu widerlegen. Vielleicht ist also die obige Disjunktion bezüglich der Fermatschen Zahlen unentscheidbar.[2]) Wenn dem so ist so wäre also der Fermatsche Satz weder eine Folge noch eine Widerfolge der arithmetischen Axiome.

Nun fordert Brouwer, daß ein derartig unentscheidbarer Fall nicht eintreten dürfe. Das heißt, er verlangt genau dasselbe wie Husserl in seinem eingangs zitierten Satz. Damit werden wir auf den Begriff der »entscheidungsdefiniten« Mannigfaltigkeit geführt. Wir nennen eine Mannigfaltigkeit so, wenn sie definit ist bezüglich der Entscheidung aller an sie gerichteten Fragen. Das heißt nicht nur die Frage: »Hat der vorgelegte Gegenstand a der Menge M die Eigenschaft E?«, sondern auch die weitere Frage: »Gibt es Gegen-

---

einer arithmetischen Theorie der algebraischen Größen« § 4): »Die im Artikel 1 aufgestellte Definition der Irreduktibilität entbehrt solange einer sicheren Grundlage, als nicht eine Methode angegeben ist, mittels deren bei einer bestimmten vorgelegten Funktion entschieden werden kann, ob dieselbe der aufgestellten Definition gemäß irreduktibel ist oder nicht.« Dazu die Anmerkung: »Das analoge Bedürfnis, welches freilich häufig unbeachtet geblieben ist, zeigt sich in vielen anderen Fällen, bei Definitionen wie bei Beweisführungen und ich werde bei einer anderen Gelegenheit in allgemeiner und eingehender Weise darauf zurückkommen«.

1) Siehe den 2. Teil des Aufsatzes »Über die neue Grundlagenkrise usw.« (Math. Zeitschr. Bd. 10, S. 39 ff). An diese Fassung der Theorie schließen wir uns hier an.

2) Vgl. über das Problem der Entscheidbarkeit auch G. Hessenberg, Grundbegriffe der Mengenlehre (Göttingen 1906) Kap. XXII. (Abh. d. Friesschen Schule, Neue Folge, Bd. I, Heft 4) und M. Pasch, Veränderliche und Funktion (Leipzig 1914), S. 153 ff.

stände in der Menge M, die die Eigenschaft E haben?« ist entscheidbar auf Grund der Definition von M und der ihr wesensgesetzlich zugrunde liegenden Axiome.

Wie verhält sich nun der Begriff der »entscheidungsdefiniten Mannigfaltigkeit« zu dem der »elementardefiniten« und der »umfangsdefiniten«? Was zwingt uns überhaupt dazu, diesen neuen Begriff einzuführen?

Das Verhältnis zu den »elementardefiniten« Mannigfaltigkeiten ist von vornherein klar. Die »entscheidungsdefiniten« Mannigfaltigkeiten bilden jenen gegenüber den engeren Inbegriff: alle entscheidungsdefiniten Mannigfaltigkeiten sind elementardefinit, aber nicht umgekehrt. Schwieriger ist die andere Frage nach der Beziehung der Begriffe »entscheidungsdefinit« und »umfangsdefinit«. Um sie zu beantworten, müssen wir näher auf die Methode eingehen, nach der man entscheidungsdefinite Mannigfaltigkeiten herstellt.

Die umfangsdefiniten Mannigfaltigkeiten wurden durch eine so geartete Konstruktion erzeugt, daß ihr »abgeschlossener« Charakter dadurch von vornherein gesichert war. Diese Konstruktion, in der lediglich die Iteration e l e m e n t a r e r Prozesse (nicht aber die Iteration des mathematischen Prozesses als eines Ganzen) als »unendlichkeitsbildendes« Prinzip zugelassen war, schuf einen wohlumgrenzten, sicher abgesteckten Kreis von Möglichkeiten für die zu konstruierenden Gebilde, aus dem sich diese nicht hinauswagen konnten. Ein Weiterschreiten auf dem Wege von den elementardefiniten Mannigfaltigkeiten zu den umfangsdefiniten und dann über die letzteren hinaus ist offenbar unmöglich. Eine weitere Verengung des Begriffs der »Umfangsdefinitheit« führt uns nicht zur »Entscheidungsdefinitheit«.

Vielmehr bedarf es, um zu jenen zu gelangen, einer Wendung des Blicks nach einer ganz anderen Richtung: Wir machen uns klar, daß Umfangsdefinitheit keineswegs die Entscheidbarkeit garantiert. Denn wegen der unbegrenzten Wiederholbarkeit der Elementarkonstruktionen (Iteration) läßt sich das Ende des umfangsdefiniten Konstruktionsprozesses im allgemeinen ebensowenig durch faktischen Gedankenvollzug erreichen, wie das Ende der unendlichen Zahlenreihe 1, 2, 3 ... Daraus folgt, daß Fragen von der Art: »Gibt es eine ganze Zahl von der Eigenschaft E (etwa, eine F e r m a t sche Zahl zu sein)?« sich ohne weiteres gar nicht entscheiden lassen. Denn man müßte, um durch Probieren zu einer Entscheidung zu kommen, nach der Reihe sämtliche Zahlen 1, 2, 3 ... ausprobieren und damit käme man natürlich nie zu Ende.

Nach dem Prinzip des transzendentalen Idealismus hat aber eine prinzipiell (wesensmäßig) unentscheidbare Frage gar keinen Sinn. Ihr entspricht gar kein Sachverhalt, der ihr eine Antwort verschaffen könnte. Denn prinzipiell dem Bewußtsein unzugängliche Sachverhalte gibt es nicht.[1])

Hiermit decken wir zugleich den Grund auf, der uns zur Einführung der »Entscheidungsdefinitheit« zwingt und zugleich damit den Gedanken der »Umfangsdefinitheit« als unmöglich erweist. Zu dem Fortschritt von der Elementardefinitheit zur Umfangsdefinitheit zwangen uns die Antinomieen, zu dem weiteren Schritt, zur Entscheidungsdefinitheit, zwingt uns das Prinzip des transzendentalen Idealismus. Es ist wiederum die Aussage: »Es gibt ein a von der Eigenschaft E«, die sich als sinnlos erweist; aber diesmal nicht wegen der zu erwartenden Widersprüche, sondern wegen der Unmöglichkeit der Entscheidung über die Gültigkeit jenes prätendierten Sachverhalts. Man gelangt nur dadurch zu sinnvollen Existentialurteilen, daß man Beispiele aufzeigt, in denen sie erfüllt sind. Für sich genommen ist, wie Weyl sich ausdrückt, eine sog. Existentialaussage gar kein Urteil, dem ein bestimmter Sachverhalt entspricht, sondern lediglich ein »Urteilsabstrakt«, das seinen Sinn verliert, wenn ein konkretes Urteil, von dem es »abstrahiert« ist, nicht besteht. So ist z. B. die Aussage »Es gibt eine Zahl von der Eigenschaft E« (etwa »Es gibt eine ungerade Zahl«) gar kein Urteil, sondern ein »Urteilsabstrakt« und hat nur dann einen Sinn, wenn ihr ein singuläres Urteil (etwa »17 ist eine ungerade Zahl«) zugrunde liegt. Man fragt also jetzt gar nicht mehr nach der »Möglichkeit« einer Konstruktion, sondern gibt sich nur mit einer wirklichen Konstruktion zufrieden. Bei einem sog. »Existenztheorem« hat die Behauptung für sich gar keinen Sinn, sondern wesentlich ist allein die in seinem »Beweise« geführte (konkret mit allen Einzelheiten wirklich vorgelegte) Konstruktion. »Die Mathematik ist vielmehr ein Tun als eine Lehre« (Brouwer).

Wir führen zur Erläuterung noch zwei (schon früher benutzte) Beispiele an.

1. Die Definition der ungeraden Zahl. – Diese darf, wenn die Menge der ungeraden Zahlen entscheidungsdefinit sein soll, nicht etwa so lauten: »n ist gerade, wenn es eine Zahl m gibt, so

1) Es sei nochmals an Husserls oben (S. 403) zitierte Bemerkung (aus der »Philosophie der Arithmetik«) erinnert, daß unendliche Prozesse auch nicht durch eine idealisierte Erkentnis als vollendbar gedacht werden können.

daß n = 2 m; ist aber n für jede Zahl m ungleich 2 m, so ist n ungerade«. Denn nach dieser Definition müßte man jede Zahl m der Zahlenreihe durchprobieren (ob sie wohl durch Verdoppelung die Zahl n ergibt), um festzustellen, ob n ungerade ist, und damit käme man nie zu einem Ende. – Dagegen führt folgende Definition zu einer entscheidungsdefiniten Menge: »1 ist ungerade; ist n ungerade, so ist die unmittelbar folgende Zahl n′ gerade, ist n gerade, so ist dagegen n′ ungerade«. Denn hier haben wir eine Regel, die durch eine endliche Anzahl von Gedankenschritten zu entscheiden gestattet, ob die vorgelegte Zahl n gerade oder ungerade ist. Eine solche Definition nennt man (nach Weyl) einen »Charakter«. –

2. Die Definition der »Fermatschen Zahlen«. – Für diese Zahlen kennen wir keinen Charakter. Denn es ist offenbar unmöglich, durch Einsetzen sämtlicher Zahlen der Reihe 3, 4, 5 ... für n und der Reihe 1, 2, 3, 4, ... für jede der Unbestimmten x, y, z in die Fermatsche Gleichung:

$$x^n + y^n = z^n$$

das Problem zur Entscheidung zu bringen, ob sie eine ganzzahlige Lösung (für $n > 2$) besitzt. Bevor wir nun nicht einen Weg kennen, um durch eine endliche Anzahl von Gedankenschritten jene Frage zu entscheiden, haben wir auch gar keinen Anhaltspunkt dafür, ob ein solcher Weg jemals wird gefunden werden können. Wir können darüber also keinerlei apodiktische Behauptung aufstellen. Mit dieser Behauptung wäre aber – nach dem Prinzip des transzendentalen Idealismus – die andere äquivalent, daß es »an sich« feststehe, ob der Fermatsche Satz gilt oder nicht. Wir wissen darüber so lange nichts, als er nicht bewiesen oder widerlegt ist: wohlgemerkt, wir wissen über das Bestehen jener Alternative nichts, nicht bloß nichts darüber, wie sie entschieden werden soll. –

Durch die Brouwersche Auffassung erfährt nun die ganze Konzeption der definiten Mannigfaltigkeit einen tiefgehenden Bedeutungswandel. Die eigentliche Funktion dieses Begriffs beim Aufbau einer mathematischen Disziplin lag darin, daß er a priori, vor vollzogener Konstruktion, einen Kreis absteckte, innerhalb dessen man sich darauf verlassen konnte, daß durchgängig alles entschieden war mit der Ansetzung der Axiome. Jetzt läßt man diesen eine geschlossene Mannigfaltigkeit von Möglichkeiten von vornherein umspannenden Begriff fahren; erst die wirklich gelieferte Einzelkonstruktion sichert die »mathematische Existenz«; die Aussage a priori, daß eine solche

Konstruktion »möglich« sei, verliert jeden Sinn.[1]) So setzt sich eine »entscheidungsdefinite« Mannigfaltigkeit gewissermaßen aus lauter einzeln konstruierten Elementen zusammen und das Einzige, was ihr das Unendliche zugänglich macht, ist der Fortgang von n auf n + 1, nach einem fest bestimmten und konkret vorgelegten Gesetz. Es ist klar, daß damit alle nicht abzählbaren Mengen ausscheiden.[2]) Trotzdem oder vielmehr gerade deshalb ermöglicht die Brouwersche Theorie eine Behandlung des Kontinuums, die phänomenologisch befriedigt. Dies hat uns aber an dieser Stelle, wo wir uns nur mit der logischen Struktur der definiten Mannigfaltigkeiten befassen, noch nicht zu kümmern. –

Fassen wir die Ergebnisse unserer Erörterung zusammen! Der Husserlsche Begriff der »definiten Mannigfaltigkeit« ist dreier Auffassungen fähig, die sämtlich in der Geschichte der mathematischen Grundlagenforschung aufgetreten sind. Die »Definitheit« kann angesehen werden: 1. als »Elementardefinitheit«, 2. als »Umfangsdefinitheit«, 3. als »Entscheidungsdefinitheit«. – Erst der dritte Standpunkt wird der Husserlschen Gesamtcharakteristik der definiten Mannigfaltigkeit gerecht. Er wird zugleich durch das entscheidende philosophische Argument des »transzendentalen Idealismus« gestützt, wonach man von keinem Sachverhalt sagen kann, daß er bestehe, wenn man nicht ein prinzipielles Mittel hat, zu entscheiden, ob er besteht oder nicht. – Somit ergibt sich die letzte Bestimmung Husserls als die entscheidende für den Begriff der definiten Mannigfaltigkeit, die allein der Mathematik als Fundament dienen kann.[3])

1) Man erinnere sich daran, daß gemäß der Idee der »umfangsdefiniten« Mannigfaltigkeit unendliche Mengen von Konstruktionsmöglichkeiten bestehen, ohne daß sie nach einer Regel aufgezählt würden. Nun sind alle möglichen Kombinationen aus einer endlichen Zahl von Elementen stets wirklich gegeben, man kann sie aufzählen und kommt mit der Aufzählung zu Ende. Aber Kombinationen, bei denen die Iteration (die unbegrenzte Wiederholung) zugelassen ist, sind nur durch konkret vorgelegte Gesetze angebbar, nicht durch »mögliche« Gesetze.

2) Natürlich kann man auch unendliche Mengen von Gesetzen aufstellen, nur müssen sie ihrerseits gesetzmäßig bestimmt sein. Z. B. kann man so die unendliche Menge derjenigen gesetzmäßig unendlichen Dezimalbrüche, die rationale oder algebraische Zahlen darstellen, bestimmen. Derartige Mengen sind stets abzählbar. Hat man sie aber in eine abzählbare Reihe gebracht, so hat man aus der geordneten unendlichen Menge von Gesetzen ein einziges Gesetz gemacht.

3) Neuerdings hat D. Hilbert, in einem Aufsatz »Neubegründung der Mathematik« (Erste Mitteilung) in den »Abhandlungen aus dem Mathematischen Seminar der Hamburgischen Universität« (I. Band, 2. Heft, S. 157 ff., 1922)

§ 3. Das allgemeine Problem der rationalen Bearbeitung des Kontinuums.

Vorbemerkung.

Wir werden in den folgenden Ausführungen von »Geometrie« in einem verallgemeinerten Sinn reden, als der Wissenschaft von der mathematischen d. h. rationalen Behandlung irgendeiner homogenen, stetigen, anschaulichen Mannigfaltigkeit (d. h. eines Kontinuums), irgendeiner Mannigfaltigkeit also, die das schlichtanschauliche Objekt einer Morphologie (Gestaltenlehre) werden kann. Als spezielle Fälle werden die sog. Ton- und Farbengeometrieen und besonders die Geometrie des Raumes und die reine Chronologie auftreten, ebenso aber auch z. B. die reine Phoronomie oder Kinematik. Man muß sich aber gegenwärtig halten, daß ein derartiges Kontinuum gegenüber dem allgemeinen Begriff des »Ganzen« dennoch ein sehr enger Begriff ist. Derartige Kontinua fallen nämlich offenbar unter Husserls Begriff des »extensiven Ganzen«. Husserl sagt:[1]) »Wenn ein Ganzes eine derartige Zerstückung zuläßt, daß die Stücke ihrem Wesen nach von derselben niedersten Gattung sind, als welche durch das ungeteilte Ganze bestimmt wird, so nennen wir es ein extensives Ganzes, seine Stücke extensive Teile.« Vorher heißt es:[2]) »Jeden relativ zu einem Ganzen selbständigen Teil nennen wir ein Stück« und weiterhin:[3]) »Stücke, die kein Stück identisch gemein haben, nennen wir sich ausschließende (disjunkte) Stücke. Die Einteilung eines Ganzen in eine Mehrheit sich ausschließender Stücke nennen wir eine Zerstückung desselben.« Die durch die zitierten Sätze charakterisierten »extensiven Ganzen« könnte man auch als »raumartige Mannigfaltigkeiten« bezeichnen. (In der Mathematik redet man ja auch in einem sehr erweiterten Sinn von »Räumen«, z. B. von Funktionalräumen« oder »Phasenräumen« u. dgl.)[4]).

---

gegen die Brouwer-Weylsche Theorie schwere Vorwürfe erhoben. Eine Auseinandersetzung mit den zur Zeit der Drucklegung dieser Arbeit noch nicht vollständig erschienenen Einwänden Hilberts (die uns, nach dem bisher Veröffentlichten zu urteilen, durchaus nicht stichhaltig erscheinen) muß einer späteren Gelegenheit vorbehalten bleiben.

1) Logische Untersuchungen, III. Unters., II. Bd., 1. Teil, S. 267 (d. 2. Aufl.).

2) l. c., S. 266. 3) l. c., S. 267.

4) Man beachte, daß z. B. der sog. »Farbenkörper« (d. h. die Mannigfaltigkeit der möglichen Farben) ebenfalls unter diesen weiten Begriff des Extensiven fällt. Ebenso die Reihe der möglichen Intensitäten eines Geräusches. Allerdings sind niemals endliche Stücke dieser Mannigfaltigkeiten originär gegeben. – Die nähere Untersuchung führt auf die Phänomene der Verschmelzung u. ä. (Vgl. Husserl, III. log. Unters., § 8.)

Man sieht, daß auch unser verallgemeinerter Begriff von Geometrie (und ebenso von Morphologie) noch wesentlich enger ist, als der Begriff einer rationalen Wissenschaft, die sich auf irgendein Anschauliches richtet. Ebenso ist der Begriff einer geometrischen Mannigfaltigkeit enger als der allgemeine Begriff der definiten Mannigfaltigkeit, der sich auf ein anschauliches Substrat »aufbaut«. Trotzdem wird man erwarten dürfen, daß viele Ergebnisse unserer Untersuchung des Kontinuums sich auch auf andere »Ganze« übertragen lassen. Eine wissenschaftlich begründete Entscheidung, wie weit eine solche Übertragung möglich ist, könnte man aber erst fällen, wenn man über eine systematische Wesenslehre der möglichen Ganzheits- und Teilformen verfügte. Man ersieht gerade aus Husserls »III. logischer Untersuchung«, wie umfassend die Problematik einer solchen Theorie ist. Wir ziehen es deshalb vor, einen engeren Kreis von Gegenständen uns abzustecken, um einen festen Boden unter den Füßen zu haben.

A. Der sinnlich-kategoriale Doppelcharakter der Geometrie.

Grundlegend für den Ansatz des Kontinuumproblems ist der Doppelcharakter auch der verallgemeinerten Geometrie, der von ihren beiden »Wurzeln« Sinnlichkeit und Verstand herrührt. Die schlichte sinnliche Wahrnehmung gibt uns morphologische Gebilde vor. Der rationale Algorithmus kann offenbar nicht ohne Weiteres auf solch ein fluktuierendes, ohne scharfe Grenzen verschwimmendes Material angewandt werden. Es erhebt sich demgemäß das Problem, wie diese unmittelbar der rationalen Bearbeitung nicht zugänglichen Gestaltungen zu behandeln sind.

Die Lösung, die das 19. Jahrhundert diesem Problem nach einer Jahrtausende alten Entwicklung[2]) »endgültig« zu geben meinte, beruhte auf dem Begriff des Limes, den Cauchy (1821) in die Mathematik einführte. Vermittels dieses Begriffs wurde, wie man heute in Mathematikerkreisen allgemein glaubt, durch Weierstraß, Dedekind, G. Cantor u. a. eine strenge Begründung der Infinitesimalrechnung ermöglicht und damit das alte »eleatisch-heraklitische«

2) Es kann nicht daran gedacht werden, innerhalb des beschränkten Rahmens dieser Arbeit die Geschichte des Kontinuumproblems, die mit den Zenonischen Paradoxieen und der Pythagoreischen Entdeckung des Irrationalen beginnt, darzustellen. Einige Andeutungen werden gelegentlich gemacht werden. — Von phänomenologischer Seite her ist die Geschichte und Theorie des Kontinuums an dem speziellen Problem der Zenonischen Argumente gegen die Bewegung von A. Koyré (dieses Jahrbuch Bd. V, S. 603 ff.) behandelt worden.

Problem zugunsten des starren »Seins« und zu ungunsten des fließenden »Werdens« entschieden. Allein in neuster Zeit ist die alte Streitfrage von Brouwer, dem sich Weyl angeschlossen hat, wieder aufgerollt worden, und der Sieg wurde dem »Werden« zugesprochen.

Diese Brouwersche Theorie ist deshalb von so großer Bedeutung für den Phänomenologen, weil sie in ihrer mathematischen Behandlungsweise des Kontinuums endlich dem Umstande Rechnung trägt, daß der Cauchysche Limes (der »mathematische« Limes) kein phänomenologischer Limes und das mathematische Kontinuum (im Sinne G. Cantors, Veroneses u. a.) nicht das phänomenologische (anschauliche) Kontinuum ist. Es gibt zwar heute noch gewisse von der Mathematik herkommende Philosophen (so z. B. B. Russell und bis zu einem gewissen Grade auch die Marburger, bes. Natorp u. Cassirer), welche glauben in dem, was die Cantorsche[1]) Mengenlehre »Kontinuum« nennt, den wahren Begriff des Kontinuums auch für die Sphäre des Anschaulichen oder wenigstens dessen, was als »wahres Sein« (ὄντως ὄν) dem Anschaulichen angeblich zugrunde liegt, gefunden zu haben. Sie vertreten also eine »atomistische« Auffassung des Kontinuums (das für sie eine unendliche Menge von im Grunde diskreten Punkten ist) nach dem Ausdruck Weyls, der bis vor kurzem jene Auffassung zwar nicht teilte, aber doch als Mathematiker aus methodischen Gründen für unvermeidlich hielt. Ihnen gegenüber ist aber daran festzuhalten, daß es sich beim mathematischen Mengenbegriff und dem anschaulichen Kontinuum um ganz verschiedene Dinge handelt; in der reinen Mathematik um einen abstrakten Algorithmus, der sich auf gewisse Gegenstandsgebiete »anwenden« läßt, die mit einem anschaulichen Kontinuum gar nichts zu tun haben; bei der anschaulichen Kontinuität dagegen um ein sinnlich-wahrnehmungmäßiges Phänomen, in dem von Reihengesetzen und Algorithmen nicht das Geringste zu spüren ist. Die Brouwersche Theorie ist philosophisch gerade deshalb wertvoll, weil sie auf diese fundamentale Dualität des »Verstandes« und der Sinnlichkeit« von Anfang an Rücksicht nimmt.

Diese Termini gebrauchen wir im Anschluß an Husserls grundlegende Auseinandersetzung im zweiten Abschnitt der VI. »logischen Untersuchung.«[2]) Denn hier ist die schwankende Bedeutung jener Kantischen Termini genau und eindeutig bestimmt. Husserl legt

---

1) Es macht prinzipiell nichts aus, daß sich Natorp mehr an Veronese als an Cantor anschließt.

2) Logische Untersuchungen, II. Bd., II. Teil., S. 128 ff. der 2. Aufl.

dort[1]) die Äquivokationen des Wortpaars »Anschauen – Denken« auseinander. Für uns kommt hier der zweite Sinn der Worte »Anschauung« und »Denken« in Frage[2]): Der Gegensatz zwischen »Sensualem« und »Kategorialem«. (Daß es sich gerade um eine sensuale bzw. kategoriale »Anschauung« handelt [im Gegensatz zu einer »Leerintention« u. dergl.] ist nicht immer nötig, aber jedenfalls immer da erforderlich, wo man auf letzte Gründe zurückgeht.)

Über die phänomenologischen Unterschiede von sinnlicher (»sensualer«) und kategorialer Anschauung (die wir hier als adäquat gebende Bewußtseinsweise ausschließlich berücksichtigen wollen), finden sich in den §§ 46 bis 52 des zitierten Werkes[3]) grundlegende Deskriptionen.

Die sinnliche Wahrnehmung faßt ihren Gegenstand direkt (S. 145) und in schlichter Weise. Die kategoriale Anschauung faßt ihn zwar auch direkt, aber nicht mehr schlicht, sondern fundiert in Akten sinnlicher Wahrnehmung. Es kann dabei der neue »kategoriale« Gegenstand entweder seine fundierenden Gegenstände reell in sich schließen (wie bei Kollektivis, Disjunktivis usw.) oder nicht (bei der Generalisation, der unbestimmten Einzelauffassung). – (S. 147 unten). Es gibt also kategoriale Gegenstände mannigfacher Artung, Sachverhalte, Kollektive, Allgemeinheiten, Gattungen usw. Es erhebt sich für uns die Frage, wohin wir die Limiten, geometrischen Idealgebilde usw. zu stellen haben. Daß sie keine schlicht wahrgenommenen sinnlichen Gegenstände sind ist evident. Welcher Art von kategorialen Gebilden sie aber angehören, läßt sich ohne konkrete phänomenologische Analyse nicht entscheiden. Wir versuchen, an einem von Husserl gegebenen Beispiel uns über das Verhältnis von sinnlichen und kategorialen Objekten im Umriß wenigstens klar zu werden: nämlich an dem Beispiel des Kollektivums »A und B«, wo A, B sinnliche Gegenstände sind; z. B. »der Tisch und der Stuhl«. »Das, was den Worten »und«, »oder«, ... entspricht, daß läßt sich ... nicht ... mit irgendeinem Sinn erfassen«.[4]) Wir können nur, »den neuen Akt des Kolligierens« vollziehen und hierdurch das Zusammen der Objekte A und B meinen. Wir haben nicht nur ein »Zusammen zweier sinnlichen Wahrnehmungen im Bewußtsein«, sondern es ist eine »einheitliche intentionale Beziehung gegeben« und »ihr entsprechend ein einheitlicher Gegen-

1) l. c. § 66, S. 201.

2) l. c. S. 202 oben.

3) l. c. S. 144 bis 164.

4) l. c. S. 160. – Vgl. auch die betr. Ausführungen in der »Philosophie in der Arithmetik.«

stand, der sich nur in dieser Aktverknüpfung konstituieren kann.« »Man muß sich hüten, die schlichten Wahrnehmungen von sinnlich-anschaulichen Mengen, Reihen, Schwärmen u. dgl. mit den konjunktiven Wahrnehmungen zu verwechseln, in welchen sich allein das Vielheitsbewußtsein selbst und eigentlich konstituiert.«[1]) Die »sinnlichen Einheitsfaktoren« dienen nur als »sinnliche Mehrheitszeichen«, d. h. »als sinnliche Anhaltspunkte für das (durch sie signitiv vermittelte) Erkennen der Mehrheit als solcher«, welches aber noch nicht den »Charakter eigentlicher Intuition der Kollektion als solcher besitzt.« Aus alledem geht hervor, daß stets zwischen sinnlichem Phänomen und kategorialem Objekt unterschieden werden muß, auch wenn sie noch so eng und eindeutig aufeinander bezogen scheinen. Wir werden also scharf zu scheiden haben zwischen dem sinnlichen Phänomen, das den kategorialen Gegenstand[2]) Limes fundiert, und diesem selbst. Es ist ferner klar, daß alle rein mathematischen Gegenstände (Algorithmen, unendliche gesetzmäßige Prozesse u. dgl.) rein kategoriale, mit Sinnlichem nicht »bemengte« sind.[3]) Durch rein mathematische Betrachtungen ist daher gar nichts über den sinnlich-anschaulichen Raum oder die diesen konstituierenden Phänomene auszumachen. —

Die vorstehenden Analysen, so unvollkommen und roh sie auch sind, genügen, um den Weg, den wir bei der Inangriffnahme einer rationalen Bearbeitung eines anschaulichen Kontinuums einschlagen müssen, vorzuzeichnen. Wir werden im folgenden sehen, daß dieser Weg uns durch drei Stadien der Rationalisierung hindurchführt.

B. Die drei Stufen der rationalen Behandlung des Kontinuums.

Wir erreichen unser Ziel der »Rationalisierung« des Kontinuums in drei Schritten, denen die drei Wissenschaften der Morphologie, Topologie und Geometrie entsprechen.

1. Erste Stufe: Morphologie.

Die rationale Bearbeitung des Kontinuums beginnt mit der morphologischen Beschreibung seiner Gestalten. Sie ist bloß »typenbildend«, d. h. sie greift vag umschriebene geformte Stücke aus dem Kontinuum heraus und ordnet sie nach gewissen, durch Vergleich

1) l. c. S. 160.

2) Vorsichtiger gesagt: den sicherlich kategoriale Momente enthaltenden Gegenstand Limes.

3) l. c. S. 183 bis 184.

ermittelten Gesichtspunkten. Sie verzichtet aber ausdrücklich auf eine präzise Festlegung einer individuellen Gestalt in einem System, so daß man diese durch die Bestimmung nicht nur wiederfinden, sondern auch konstruktiv genau wiederherstellen kann. Andrerseits gibt sich die »morphologische« Beschreibung dem schlichten Eindruck der voll anschaulichen Gestalt hin, sie »abstrahiert« nicht. – Es ist klar – welchen Wert eine morphologische Beschreibung auch in ihrem Gebiet haben mag –, daß sie in keiner Weise gestattet, einen rationalen Algorithmus ins Spiel zu setzen. Auch das System der morphologischen Typen hat keine mathematische Gesetzmäßigkeit in sich. (Man denke etwa an das System der Pflanzen nach Linnée oder nach dem sog. »natürlichen System«.) Es ist von der zufälligen Mannigfaltigkeit der zu beschreibenden sinnlichen Gestalten abhängig; es versucht wohl diese nachträglich (a posteriori) zu ordnen, aber nicht von vornherein (a priori) zu meistern. Sobald ein derartiger Versuch der apriorischen Übersicht nach wirklich rationalen Gesichtspunkten gemacht wird, ist schon die nächste Stufe, die topologische, erreicht.[1])

2. Zweite Stufe: Topologie (Analysis situs).

Die Topologie geht von folgendem möglichen Vorkommnis aus: Es können sich Angriffspunkte für die einzelnen Glieder einer algorithmischen Kette ohne eine weitere Bearbeitung der morphologisch-vagen Mannigfaltigkeit darbieten, nämlich dann, wenn sich getrennte »singuläre Stellen« in der Mannigfaltigkeit befinden, die zu Gegenständen eines einheitlich erfassenden Aktes gemacht werden können. Dabei ist gleichgültig, ob sie in sich selbst noch kontinuierliche Übergänge und Komplikationen irgendwelcher Art zeigen. Notwendig ist nur, daß eine »Singularität« von der anderen durch einen singularitätsfreien Zwischenraum getrennt ist, so daß man mit einem Sprung, also diskontinuierlich von der einen zur anderen übergehen kann. Dieses Vorkommnis, das rein im Bereich der »Sinnlichkeit« liegt, genügt, um auf die sich so heraushebenden Gebilde eine Art kombinatorischen Verfahrens anzuwenden.

1) Damit soll nicht gesagt sein, daß es nicht möglich wäre, »empirische Typen«, wie z. B. Pflanzen, nach einem rationalen Schema in Arten und Gattungen zu gliedern. Nur kommt man mit einem solchen wirklich konsequent durchgeführten rationalen Schema unweigerlich ins Topologische. (Beispiel: Das System der isomeren Kohlenstoffverbindungen. S. Dehn, Enzyklopädie d. math. Wissenschaften III AB3, S. 175, s. a. Enzykl. V, 6, Nr. 36, 37 [Chem. Atomistik] und Nr. 46 [Study], Bd. V, S. 387 bis 390).

Für das genauere Verständnis dieser Sachlage sind die Ausführungen Husserls in der »III. logischen Untersuchung: Zur Lehre vom Ganzen und seinen Teilen« wichtig, besonders die §§ 8 – 9 [1]) kommen für uns in Frage. Dort wird (S. 243) unterschieden zwischen »selbständigen« und »unselbständigen Inhalten« einerseits und »anschaulich-gesonderten« (»sich abhebenden« oder »sich abscheidenden«) und mit den angeknüpften »verschmolznen« (in sie »ohne Scheidung überfließenden«) Inhalten andrerseits. Die beiden Unterscheidungen kreuzen sich. Unter »singulären«, getrennt liegenden Stellen in einem Kontinuum verstehen wir selbständige und sich abhebende (anschaulich-gesonderte) Inhalte, zwischen denen ein weiteres Stück Kontinuum sich abhebt. (Es können auch Teile eines anschaulichen Kontinuums ohne gegenseitige Abhebung selbständig sein. [S. 244].) Im Bereich der uns hier interessierenden Kontinuen (über diesen Begriff vgl. die »Vorbemerkung« zu dem gegenwärtigen Paragraphen) geschieht die Abhebung durch Diskontinuität. Zwei gleichzeitig-sinnliche Konkreta bilden nämlich eine unterschiedslose Einheit, wenn die sämtlichen konstitutiven Momente des einen stetig übergehen in die des anderen (l. c. S. 244). Dies gilt auch von Mehrheiten von Kontinuis, die sich so in Reihen ordnen lassen, daß sie sich Schritt für Schritt stetig aneinanderschließen. Somit ist zur Abhebung Diskontinuität erforderlich. Dabei sind aber Kontinuität und Diskontinuität nicht in mathematischer Exaktheit zu nehmen. Man muß zwischen scharfer und verschwommener Absonderung unterscheiden (l. c. S. 245). Es gibt in morphologischen Kontinuis natürlich nur verschwommene Absonderungen. Wir können bei keinem Stück des Kontinuums genau angeben, was zu ihm gehört und was nicht. (Vgl. § 1, B dieser Arbeit.) Das besagt vor allem, daß es im Kontinuum keine »Grenzen« gibt. Daß heißt, zwei disjunkte Stücke A und B des Kontinuums haben niemals nur ein identisches Moment gemein.[2])

Genauer gesagt, ist die Sachlage die folgende: Zwei herausgehobene Stücke A und B eines morphologischen Kontinuums können in drei einander ausschließenden Teilungsbeziehungen stehen:

α) Entweder: A und B sind getrennt, d. h. sie haben keine identischen Teile gemeinsam. (Momente oder Stücke.)

1) Logische Untersuchungen² II. Bd., I. Teil, S. 225 bis 293 (§§ 8 bis 9 stehen auf S. 242 bis 249).

2) Vgl. Husserl, l. c. S. 267: »Zwei disjunkte Stücke können noch ein identisches Moment gemeinsam haben. So ist die gemeinsame Grenze ein identisches Moment für die angrenzenden Stücke eines ungeteilten Kontinuums«.

β) Oder: Sämtliche Teile von A sind identisch mit gewissen Teilen von B (oder umgekehrt).

γ) Oder: A und B haben gewisse Teile identisch gemein, jedoch erschöpfen diese weder bei A noch bei B sämtliche vorhandenen Teile.

Die »Verschwommenheit« von A und B äußert sich nun darin, daß im Falle (γ) A und B niemals lediglich ein Moment identisch gemein haben. Da man nun in der Topologie stets mit morphologischen, also vagen Gebilden zu rechnen hat, so kommen hier nur die Fälle (α) und (β) als Grundlagen von gültigen Aussagen in Frage. (γ) ist der zweifelhafte Fall, aus dem nichts zu schließen ist.[1]) Dazu rechnen wir dann auch die Fälle, in denen es zweifelhaft ist, ob (α) oder (γ) bzw. ob (β) oder (γ) zutreffen. Nur sichere Fälle (α) oder (β) sind geeignet, als Grundlage topologischer Sätze zu dienen. Daraus ergibt sich, daß Sachverhalte von der Art (α), (β), d. h. Sachverhalte des vollständigen Getrenntseins oder des vollständigen Enthaltensein (Eingeschachteltseins) zur Begründung aller topologischen Aussagen über morphologische Kontinuen notwendig sind. Wir nannten nun im vorigen die herausgehobenen Stücke des Kontinuums »Singularitäten«, demnach gehören unter die Fundamentaltatsachen der Topologie die Trennung sowie die Einschachtelung von Singularitäten.

Freilich sind sie keineswegs hinreichend, um die Topologie zu fundamentieren. Nehmen wir z. B. den bekannten Eulerschen Polyedersatz: »Bei jedem Polyeder (mit einfach zusammenhängender Oberfläche) ist die Anzahl der Ecken plus der Anzahl der Flächen gleich der Anzahl der Kanten plus 2«! Wir brauchen, um ihn uns phänomenologisch zugänglich zu machen, einerseits ein abstraktes System von Definitionen und elementaren Sätzen (Axiomen), andererseits die Aufweisung der ihnen im schlicht-anschaulichen Kontinuum entsprechenden primitiven Gebilde und ihrer Verknüpfungsgesetze. Wir müssen die sog. »topologischen Elemente« 0., 1. und 2. Ordnung einführen (den Ecken, Kanten, Flächen entsprechend) und die Erzeugungsgesetze aufstellen, nach denen sie auseinander hervorgehen. Und es genügt nicht, sie abstrakt auszusprechen, sondern wir müssen die fundamentalen »Vorkommnisse« angeben, die den abstrakten Beziehungen im morphologischen Kontinuum konkret entsprechen. Den oben besprochenen Phänomenen der Sonderung müssen anschauliche Phänomene der Verknüpfung zwischen den elementaren Gebilden zur

1) Vgl. dazu die Ausführungen Heinrich Webers in Weber-Wellstein, Enzyklopädie der Elementar-Mathematik (3. Aufl.), II. Bd., S. 128 bis 131 (Leipzig 1915), und der Anhang zu Webers Übersetzung von H. Poincarés »Wert der Wissenschaft«, (Leipzig 1906), S. 217 ff.

Seite stehen, die dann zugleich als Erzeugungsprinzipien dienen. Wie das im einzelnen sich verhält, können wir erst später (in § 3) auseinandersetzen. Eins ist jedenfalls klar: der Polyedersatz gilt nicht etwa nur für exakte, sondern auch direkt für morphologische Polyeder. Ein Prozeß der Idealisierung ist unnötig. Man muß nur wissen, was man als Ecke, Kante, Fläche mit Sicherheit ansprechen darf, so daß man zweifelhafte Gebilde (sehr »runde« Ecken usw.) ausschalten kann. Bei einem unverletzten Ziegelstein ist das z. B. völlig klar. Trotzdem ist dieser doch offenbar weit davon entfernt, ein exakt-geometrisches Gebilde zu sein.

Nachdem wir gesehen haben, welche Anforderungen ein schlicht-anschauliches Kontinuum erfüllen muß, damit man darauf ohne weiteres einen rationalen Algorithmus anwenden kann (nämlich Sonderung der herausgehobenen Teile und Verknüpfung derselben durch eine endliche Anzahl wohldefinierter Beziehungen), wollen wir die Topologie oder »Analysis situs« noch etwas nach ihrer formal-mathematischen Seite charakterisieren. Zitieren wir die Darstellung von M. Dehn in der »Enzyklopädie der mathematischen Wissenschaften«:[1]) »Durch die [vorhergehenden] Entwicklungen ... ist die Analysis situs dargestellt als ein durch seine anschauliche Bedeutung ausgezeichneter Teil der Kombinatorik, ... während die oft an die Spitze gestellte Theorie der stetigen Raumdeformationen wesentlich nur einen dogmatischen Zweck zu erfüllen hat. Die Analysis situs ist eben der primitivste Abschnitt der Geometrie, wo der Grenzbegriff noch nirgends von Bedeutung ist«. Das heißt: Die Gegenstände der Analysis situs sind definite Mannigfaltigkeiten von besonderem Charakter, nämlich diskrete, endliche »Gerüste« oder »Netze«, in dem Sinn, daß einem irgendwie begrenzten Stück Kontinuum eine endliche Anzahl topologischer Elemente entspricht. Nur im Falle einer »offenen« kontinuierlichen Mannigfaltigkeit gibt es abzählbar unendlich viele topologische Elemente. Niemals aber ist das topologische Netz »in sich dicht«, d. h. es liegen niemals zwischen zwei Elementen unendlich viele Elemente.

Es kann als eine Art Glücksfall angesehen werden, wenn sich ein zum topologischen Gerüst sich eignendes definites System von »Singularitäten« im Sinnlichen von selbst darbietet. Andernfalls erhebt sich das Problem, ein derartiges topologisches Netz konstruktiv über das Kontinuum auszubreiten. Diese Aufgabe kann in doppeltem

---

1) l. c. III AB 3: M. Dehn und P. Heegaard: »Analysis situs«. Nr. 10, (S. 170).

Sinn aufgefaßt werden. Erstens als durchaus immanente Operation, innerhalb der durch die phänomenologische Reduktion geschaffenen Sphäre (des »reinen Bewußtseins«), die nur »in Gedanken« Teilungen schafft, vorhandene Singularitäten herausgreift, in Beziehung setzt, zusammen ordnet. Als solche ist sie Fundament der »reinen« Geometrie (zunächst ihrer Vorstufe der reinen Topologie). – Zweitens als Operation in der transzendenten Sphäre, im Verlauf deren man praktisch-materielle Hilfsmittel anwendet. Das topologische Netz wird dadurch, daß man das kontinuierliche Vorgegebene mit materiellen Gebilden von der Art von Fadenkreuzen, Quadratnetzen, überhaupt Skalen aller Art, zur Deckung bringt, realiter in der transzendenten Welt über das sinnlich wahrgenommene Kontinuum gebreitet.[1]) Hier liegt die Wurzel der angewandten, messenden Geometrie und der Physik.[2])

3. Dritte Stufe: Geometrie.

Wodurch geht die Geometrie noch über die Topologie hinaus? Die Topologie begnügt sich damit, über das Kontinuum ein diskretes Netz zu breiten, das dem rationalen Algorithmus Angriffspunkte bietet. Das Kontinuum selbst, das in den Maschen jenes Netzes fluktuiert, greift sie nicht an. Die topologischen Gerüste sind niemals »in sich dicht«, d. h. es liegen nie zwischen zwei topologischen Elementen unendlich viele andere. Man kann also sagen: So unentbehrlich der topologische Standpunkt als Vorbereitung für die eigentliche Inangriffnahme des Kontinuumproblems ist, so wenig wagt er sich doch an dieses selbst heran, dazu bedarf es eines völlig neuen Denkmittels: des Begriffs des Limes.[3])

---

1) Dabei ist der transzendente Gegenstand (Fadenkreuz usw.) seinerseits wieder als immanente »Erscheinungsweise« in Betracht zu ziehen (als schwarzes Strichkreuz im Sehfeld u. dgl.). Z. B. stellt man bei der Spektroskopie auf die Mitte (Symmetrielinie) einer Spektrallinie ein Fadenkreuz ein; man »schätzt« Zehntel an einer Skala, indem man die in den Skalenabschnitt, so wie er im Sehfeld erscheint, hineinphantasierte Zehntelteilung mit dem wahrgenommenen, an einer bestimmten Stelle der Skala stehenden Zeiger (bzw. dessen »Erscheinung«) zur Deckung bringt usw. Eigentlich treten ähnliche Phänomene schon beim gewöhnlichen freihändigen geometrischen Zeichnen auf, z. B. wenn man eine vorgegebne gezeichnete Strecke »nach dem Augenmaß« halbiert.

2) Hier schließt sich das Problem der Metrik an. Wir werden es am Schluß dieses Parapraphen, unter D, kurz erörtern. Ausführlich wird es erst im II. Teil zur Sprache kommen.

3) Bemerkung zur Terminologie: Bei der Bestimmung des Verhältnisses von Topologie und Geometrie weichen wir von der gebräuchlichen mathematischen Terminologie ab, sofern wir nicht die Topologie als

Der Grundgedanke der Einführung des Limes besteht darin, daß man die auf der zweiten Stufe aufgetretenen topologischen Beziehungen »unendlich oft« hintereinander ausgeführt denkt. Wir wissen, aus der Erörterung der »Entscheidungsdefinitheit« (§ 2, B 3), daß dies nur Sinn hat, wenn entweder die unendliche Folge durch ein Gesetz bestimmt ist oder als »werdende Wahlfolge«[1]) aufgefaßt wird, (d. h. nicht als zusammengewürfelte, aber doch vollendet vorliegende unendliche Menge). Demgegenüber scheint nun das schlicht-anschauliche Kontinuum keinerlei Unendlichkeit in sich zu tragen, auch keine gesetzlich bestimmte oder »frei werdende«. Es tritt uns allem Anschein nach als ein in sich vollendetes Phänomen entgegen. Höchstens unsere Versuche, es kategorial zu fassen, mögen zur ewigen Unvollendbarkeit verurteilt sein. Nun birgt die Idee des Limes, als einer dem unendlichen Fortschreiten doch irgendwie gesetzten »Grenze«, in sich, daß es vermöge einer »Konvergenz« des rationalisierenden Prozesses doch noch gelingt, an das Kontinuum beliebig nahe heranzukommen und so die Diskrepanz zwischen der Unendlichkeit jenes Prozesses und dem in sich ruhenden schlicht-anschaulichen Sein des morphologischen Kontinuums zum Verschwinden zu bringen. Die Klärung dieses Grenzprozesses wird offenbar entscheidend sein für das Verständnis der rationalen Bearbeitung des Kontinuums. Gelingt sie, so kann die Möglichkeit einer rationalen Bewältigung des Schlicht-Anschaulichen als erwiesen gelten.

Damit haben wir das Grundproblem der (verallgemeinerten) Geometrie prinzipiell formuliert. Wir werden uns jetzt dem Versuche seiner Lösung zuzuwenden haben.

C. Die Brouwersche Theorie des Kontinuums. (Das Kontinuum als Medium freien Werdens).

Die soeben gestellte Aufgabe der geometrischen Erfassung des Kontinuums hat durch Brouwer neuerdings eine grundsätzlich andere Lösung erfahren als bisher.

»primitivsten Abschnitt der Geometrie, wo der Grenzbegriff noch nirgends von Bedeutung ist« ansehen, sondern sie der Geometrie nebenordnen und diese erst mit der Einführung des Limes beginnen lassen. – Dies schien deshalb unbedenklich, weil wir das Wort »Geometrie« sowieso nicht gemäß dem Sprachgebrauch der heutigen Mathematik verwenden, wo es eine (etwas willkürlich und nicht immer scharf) abgegrenzte Disziplin der Mathesis universalis (formalis) bezeichnet, während wir auf das anschauliche Fundament der Geometrie das größte Gewicht legen.

1) Genaueres über diesen von Brouwer eingeführten Begriff siehe unter C.

Die ältere, »atomistische« Auffassung des Kontinuums faßte dasselbe als eine unendliche Punktmenge. Das Aktual-Unendliche glaubten Cantor und seine Nachfolger von den ihm anhaftenden Widersprüchen befreit zu haben. Allein die von uns gegebenen Betrachtungen über den Begriff der unendlichen Menge und der definiten Mannigfaltigkeit (§ 2 B) zeigen, daß es nicht angängig ist, eine willkürlich zusammengestellte unendliche »Versammlung« von Punkten als Objekt einer mathematischen (oder sonstigen) Begriffsbildung einzuführen. Die strenge Forderung des Grundprinzips des transzendentalen Idealismus erlaubt nur zwei Wege der begrifflichen Erfassung einer unendlichen Gesamtheit: Erstens den des »Gesetzes«, genauer der gesetzmäßigen ein- oder mehrdimensionalen Folge; einfachstes Beispiel: die Folge der natürlichen Zahlen: 1, 2, 3, ... n, n + 1, ... mit der einzigen Grundbeziehung »F« zwischen n und n + 1. – Zweitens den der »frei werdenden Wahlfolge«, in der jedes Glied ganz unabhängig von der Wahl der vorhergehenden Glieder frei gewählt wird. Niemals aber wird man eine willkürlich zusammengestellte fertige unendliche Menge einführen dürfen. Denn es gibt keine Weise des Bewußtseins, um sie uns zugänglich zu machen.[1]) –

Dementsprechend tritt bei Brouwer als Grundbeziehung auf die Relation zwischen Ganzem und Teil (genauer in Husserls Terminologie: zwischen »extensivem Ganzen« und »Stück«), nicht diejenige zwischen Menge und Element, (d. h. einem nicht weiter teilbaren Teil, einem »Atom«). Die Operation des Teilens wird unbegrenzt fortsetzbar gedacht. Der »Punkt« erscheint als der Limes dieses unendlichen Prozesses (während ein Atom nach endlich vielen Teilungen erreicht werden würde).[2]) Punkte, Linien, Flächen, d. h. überhaupt scharfe »Grenzen« sind keine fertig vorliegenden, sondern »werdende« Gegenstände. Es darf daher von ihnen bei der Teilung kein Gebrauch gemacht werden. Man geht nun so vor: Man betrachtet eine (unbegrenzte) Folge ineinandergeschachtelter Stücke

---

1) Wir finden uns mit unserem idealistischen Grundprinzip bezüglich mathematischer Objekte in Übereinstimmung mit Natorp, siehe: »Die logischen Grundlagen der exakten Wissenschaften« (Leipzig u. Berlin 1910), S. 180. (Die polemische Stelle gegen P. du Bois-Reymond).

2) Die phänomenologische Grundlage dieser fortgesetzten Teilungsmöglichkeit scheint in der »Homogenität« des »extensiven Ganzen« zu liegen; d. h. in dem Umstand, daß »die Teile der Teile in genau derselben Weise Teile des Ganzen sind, wie die ursprünglichen Teile« (Husserl, III. log. Unters. § 19, S. 269 ff.), daß es in ihm eigentlich keine »näheren« oder »ferneren« Teile gibt.

(Intervalle, Flächenstücke, Raumstücke usw.). Eine solche Folge definiert arithmetisch eine reelle Zahl (Zahlenpaar, Zahlentripel usw.), geometrisch einen Punkt im 1, 2, 3, . . . -dimensionalen Kontinuum.

Mit dem Punkt allein können wir aber offenbar keine Geometrie aufbauen. Was ist dazu erforderlich? Wir stehen also vor zwei Aufgaben:

I. Eine Übersicht zu erhalten über die zum Aufbau der Geometrie notwendigen Grundgesetze.

II. Die prinzipielle Möglichkeit darzulegen, jenen Gesetzen eine anschauliche Bedeutung zu verleihen; d. h. die morphologischen bzw. topologischen Phänomene aufzuzeigen, die jenen Gesetzen zur Anschauungsgrundlage dienen.

I. Die zum Aufbau der Geometrie notwendigen Grundgesetze. (Das Dimensionsproblem.)

Wir werden versuchen, die geometrischen Grundgesetze aus den Gesetzen einer eindimensionalen Mannigfaltigkeit und gewissen Erzeugungssprinzipien, vermöge deren aus der eindimensionalen die höherdimensionalen Mannigfaltigkeiten entstehen, abzuleiten. Dann wird unsere Aufgabe II darauf reduziert sein, die anschauliche Fundierung der eindimensionalen Gesetze zu leisten.

Wir werden also zunächst eine Erklärung des Ausdrucks: »Ein Kontinuum hat n-Dimensionen« zu geben versuchen. Die präzise Durchführung einer solchen Erklärung begegnet heute eigenartigen Schwierigkeiten. Zwar hat Brouwer in seinen bekannten Arbeiten[1]) vom Standpunkt der alten (atomistischen) Mengenlehre aus eine strenge Behandlung des Dimensionsproblems gegeben. Aber diese ist nicht ohne weiteres in die neue Auffassung übertragbar, wenn auch die Brouwersche Methode zweifellos die Grundlage der neuen Beweise bilden wird. Es muß den Mathematikern überlassen bleiben, die hier bestehende Lücke auszufüllen. Hier müssen wir uns auf die folgenden Andeutungen beschränken.

---

1) α) »Beweis der Invarianz der Dimensionenzahl«, Math. Ann. 70, S. 161 (1911).

β) »Über Abbildung von Mannigfaltigkeiten«, Math. Ann. 71, S. 87 (1912), bes. § 1.

γ) »Beweis der Invarianz des n-dimens. Gebietes«, Math. Ann. 71, S. 305; § 1 (1912).

δ) »Über den natürlichen Dimensionsbegriff«, Journal für die reine u. angew' Math. 142, S. 146 (1913).

Es handelt sich beim Dimensionsproblem um zwei verschiedene Fragen:

1. Welches Kriterium hat man, um zu entscheiden, wieviel Dimensionen ein vorgelegtes anschauliches Kontinuum hat?

2. Wie konstruiert man mathematisch die Punkte (Linien, Flächen usw.) eines n-dimensionalen Kontinuums? Und wie läßt sich diese Konstruktion konkret im anschaulichen Kontinuum durchführen?

1. Das Kriterium der Dimensionenzahl eines anschaulichen Kontinuums.

Wir haben hier nochmals zu scheiden zwischen inhomogenen und homogenen Kontinuis.

a) Inhomogene Kontinua. – Bei diesen sind die einzelnen Dimensionen qualitativ verschieden. Zum Beispiel beim Ton die Höhe und Stärke, bei der Farbe die Helligkeit, der Sättigungsgrad und die eigentliche Farbqualität (entsprechend der Stellung im bunten Farbkreis) usw. Man spricht überhaupt in phänomenologischer Ausdrucksweise mit Vorliebe von »den Dimensionen eines Phänomens«, indem man damit seine voneinander unabhängig variablen Eigentümlichkeiten meint. In solchen Fällen, die wir als inhomogene Kontinua bezeichnen, ist es nicht schwer, die Dimensionenzahl anzugeben: sie ist natürlich gleich der Anzahl der unabhängig variablen Eigenschaften und diese kann man intuitiv erfassen.

b) Homogene Kontinua. – Bei mehrdimensionalen homogenen Kontinuis bestehen größere Schwierigkeiten. – Beispiele solcher Kontinua sind: Die quasiräumlichen (präspatialen) Sinnesfelder: das Sehfeld, Tastfeld usw. Das Kontinuum zerfällt jetzt nicht mehr in mehrere qualitativ unterschiedene Komponenten. Wir brauchen also eine Methode, die Anzahl der ineinanderfließenden homogenen Komponenten festzustellen. Ein gangbarer Weg ist die Präzisierung einer schon von Helmholtz (für das Sehfeld) verwendeten und später von H. Poincaré für den allgemeinen Fall vorgeschlagenen Definition: »Ein Kontinuum heißt n-dimensional, wenn es durch ein oder mehrere (n-1)-dimensionale Kontinua in getrennte Stücke zerlegt werden kann.« (Ein Punkt hat 0 Dimensionen.) Diese Fassung muß nach Brouwer (l. c. δ) verbessert werden; für Gebilde von homogenem Dimensionsgrad (worauf wir uns beschränken) lautet sie: »Ein Kontinuum heißt n-dimensional, wenn für jede Wahl der getrennten Stücke ϱ, ϱ' ein trennendes Kontinuum π von (n-1)-Dimensionen existiert, dagegen nicht für jede Wahl von ϱ, ϱ' ein trennendes Kontinuum von weniger als (n-1)-Dimensionen« (l. c. δ,

S. 147).[1] Damit iſt ein Kriterium der n-Dimenſionalität gewonnen, denn die Trennung bzw. »Sonderung« iſt auch in morphologiſchen Kontinuen eine ausführbare Operation.

2. Konſtruktion einer n-dimenſionalen Mannigfaltigkeit und von Punkten im n-dimenſionalen Kontinuum.

Hier gehen wir aus von der Konſtruktion n-dimenſionaler topologiſcher Gerüſte (Netze, Gitterwerke)[2]:

Wir unterſcheiden topologiſche Elemente 0ter, 1ter, 2ter, . . . n^{ter} Ordnung und ſetzen folgende Verknüpfungsgeſetze an:

1)	2	Elemente	0ter	Ordnung	beſtimmen	1	Element	1ter Ordnung.
2)	3	„	1ter	„	„	1	„	2ter „
3)	4	„	2ter	„	„	1	„	3ter „
. . .	. . .	. . .	. . .	. . .	. . .	. . .	. . .	. . .
n)	$n+1$	„	$(n-1)^{\text{ter}}$	„	„	1	„	n^{ter} „

Oder, mehr geometriſch ausgedrückt (an metriſche Beziehungen darf man hier noch nicht denken!):

1) 2 Ecken beſtimmen 1 Kante oder Strecke (1-dimenſ. Simplex),
2) 3 Strecken beſtimmen 1 Dreiecksfläche (2-dimenſ. Simplex),
3) 4 Dreiecksflächen beſtimmen 1 Tetraeder (3-dimenſ. Simplex),

. . . .

n) $n+1$ $(n-1)$-dimenſ. Simplizes beſtimmen 1 n-dimenſ. Simplex).

Die Elemente 2. Ordnung werden *ſternförmig* um ein Element nullter Ordnung angeordnet, ſo daß je zwei benachbarte Elemente 2. Ordnung ein Element 1. Ordnung gemeinſam haben.[3]) Ähnlich bei höherer Dimenſionenzahl. Ein ſo zuſammengeſetztes Netz, in dem Elemente bis einſchließlich n^{ter} Ordnung vorkommen, nennt *Brouwer* eine »n-dimenſionale Mannigfaltigkeit« (l. c. β, S. 97). Schließlich ſchachteln wir eine unbegrenzte Folge ſolcher »Sterne« ineinander und dieſe Folge ineinandergeſchachtelter n-dimen-

---

1) Eine nicht-rekurrente Faſſung dieſer Definition gibt *Brouwer*, l. c. δ, S. 148.

2) Vgl. die genauere Darſtellung bei *Dehn*, l. c. Grundlagen, Nr. 1 u. 5, S. 156 u. 161, wo allerdings die Konſtruktion etwas allgemeiner gefaßt iſt.

3) Man beachte wohl: es handelt ſich hier um *topologiſche* Elemente oder, wie wir früher ſagten, »Singularitäten«, *nicht* etwa um »ideale« Ecken, Kanten, Flächen. Dieſe werden gerade erſt im folgenden definiert werden. – Man braucht auch nicht notwendig an »gerade« Strecken und »ebene« Flächen zu denken.

sionaler Sterne bestimmt einen Punkt in einer n-dimensionalen Mannigfaltigkeit.

Der sog. »Dimensionsatz« Brouwers: »Eine n-dimensionale Mannigfaltigkeit besitzt den homogenen Dimensionsgrad n« (l. c. δ, S. 148), verbindet Beides: das Kriterium der n-Dimensionalität eines vorgelegten Kontinuums (1) und die Konstruktion der Punkte einer n-dimensionalen Mannigfaltigkeit (in dem prägnanten Brouwerschen Sinn [2]). Er sagt aus, daß ein nach dem Kriterium (1) n-dimensionales anschauliches Kontinuum der mathematischen Behandlung mittels eines n-dimensionalen topologischen Gerüstes unterworfen werden kann,

Die Bedeutung der Konstruktion der n-dimensionalen Mannigfaltigkeit mittels der »Sterne« liegt darin, daß jene Sterne in einfacher Weise[1]) »übereinander greifen«; z. B. überdecken sich die zweidimensionalen Sterne in der Ebene »dachziegelartig«. Dies hat zur Folge, daß man eine vollständige Disjunktion aufstellen kann in Bezug auf das Enthaltensein eines »kleineren« Sternes in einem aus der Menge der »Dachziegelsterne«. D. h., er ist sicher in einem bestimmten »Dachziegelsterne« ganz enthalten und von jedem anderen solchen Sterne ganz gesondert. Dies wäre nicht der Fall, wenn man die Ebene einfach in eine gewisse Anzahl Flächenstücke teilte. Denn dann würden in morphologischen Kontinuen notwendig verschwommene Grenzen auftreten und damit »zweifelhafte Fälle« vom Typus (γ) (s. o. S. 422). Dies würde eine vollständige Disjunktion im obigen Sinne unmöglich machen. Ebenso würden Schwierigkeiten auftreten, wenn nicht näher charakterisierte Flächenstücke zur teilweisen Überdeckung gebracht würden, in denen Hohlräume auftreten könnten.

Es muß genügen, die Richtung des im wesentlichen mathematischen (nicht phänomenologischen) Problems aufgezeigt zu haben, wie man von den Überdeckungsverhältnissen des eindimensionalen Kontinuums zu denen im mehrdimensionalen kommt. Die strenge Lösung überlassen wir der Mathematik und beschränken uns auf die phänomenologische Behandlung des Limesproblemes im eindimensionalen Kontinuum.[2])

1) Dies hängt mit der topologischen Eigenschaft solcher Sterne zusammen, »einfach zusammenhängend« zu sein.

2) Hier knüpft sich das Problem der »Arithmetisierung« des Kontinuums durch die Einführung von Koordinaten an, die zunächst als zahlenmäßige Bezeichnungen der »Netz-Elemente« auftreten. Einiges Nähere darüber siehe unter D.

II. Die anschauliche Fundierung der geometrischen Gesetze durch den Grenzübergang.

Um das eindimensionale (»lineare«) Kontinuum auf Koordinaten zu beziehen, oder durch einen arithmetischen Algorithmus zu erschließen, bedienen wir uns des folgenden (ebenfalls von Brouwer stammenden) Verfahrens.[1])

Wir bilden ein System übereinandergreifender sog. »Dualintervalle«, die das Stück des linearen Kontinuums, die Strecke A B überdecken.

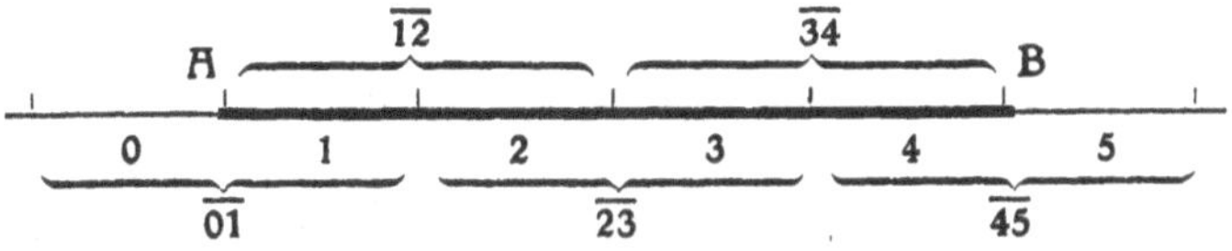

Dies geschieht so: Erst teilen wir A B in zwei Teile »von gleicher Größenordnung« (wir wollen kurz sagen: wir »halbieren A B«), dann halbieren wir jeden Teil nochmals, dann fassen wir je zwei der »Viertelteile« $\overline{1}$, $\overline{2}$, $\overline{3}$, $\overline{4}$ zusammen, nämlich so: $\overline{12}$, $\overline{23}$, $\overline{34}$, erweiteren noch das Ganze durch Hinzufügung der neuen »Viertelteile« $\overline{0}$ und $\overline{5}$ »vor« A und »hinter« B und bilden noch $\overline{01}$ und $\overline{45}$. – Damit haben wir das System der sich überdeckenden »Dualintervalle« gewonnen: $\overline{01}$, $\overline{12}$, $\overline{23}$, $\overline{34}$, $\overline{45}$ (siehe Figur).

Wie erklären wir nun aber den Ausdruck: »von gleicher Größenordnung«? Ein gangbarer Weg scheint der folgende zu sein: Wir definieren: »Zwei Stücke des linearen Kontinuums (Intervalle) a, b heißen von gleicher Größenordnung, wenn der Fall (β) (das Enthaltensein) zwischen a und b nicht vorkommen kann; dagegen wohl der »zweifelhafte« Fall (γ) (teilweise Deckung) oder der Fall (α) (völliges Getrenntsein). Dagegen heißt a' von kleinerer Größenordnung als a, wenn a' in a enthalten sein kann (Fall [β])«. – Es gilt nun infolge dieser Definitionen der Satz: »Ein Intervall i von kleinerer Größenordnung als alle Intervalle des »Dualintervallsystems« (die unter sich von gleicher Größenordnung sind), das im Ausgangsintervall A B liegt, liegt in einem und nur einem Dualintervall des Systems. Es besteht also die vollständige Disjunktion: i liegt entweder in $\overline{01}$, oder in $\overline{12}$, oder in $\overline{23}$, oder in $\overline{34}$, oder in $\overline{45}$ (im obigen Beispiel).«

Man kann nun offenbar das ganze Teilungsverfahren beliebig oft wiederholen (»iterieren«). Man macht eins der obigen Dualintervalle, die wir jetzt als von der 1. Ordnung bezeichnen, zum

1) Vgl. Weyl, Math. Zeitschr. Bd. X, S. 39 ff. (II. Teil).

nunmehrigen Ausgangsintervall, z. B. $\overline{23}$ und kommt so zu neuen »Viertelintervallen« $\overline{1}'$, $\overline{2}'$, $\overline{3}'$, $\overline{4}'$ und zu den entsprechenden »Dualintervallen 2. Ordnung: $\overline{01}'$, $\overline{12}'$, $\overline{23}'$, $\overline{34}'$, $\overline{45}'$. Dann hat man wieder eine vollständige Disjunktion bezüglich des Enthaltenseins eines genügend kleinen Intervalls i′ in einem der neuen Dualintervalle. – Ebenso erhält man die Dualintervalle 3. Ordnung und wieder eine entsprechende vollständige Disjunktion mit Bezug auf ein Intervall i″ von der entsprechenden Größenordnung. Die Intervalle 1., 2., 3. . . . Ordnung besitzen offenbar eine stets abnehmende Größenordnung, ebenso i, i′, i″ . . .

Die Dualintervalle von derselben Ordnung kann man (z. B. von links nach rechts) numerieren. Das ermöglicht dann eine Folge von ineinander geschachtelten Dualintervallen, in denen die abnehmende Folge i, i′, i″ ... jeweils enthalten ist, mittels einer Folge von natürlichen Zahlen eindeutig zu kennzeichnen. Durch jedes Glied der Zahlfolge wird die bei der vollständigen Disjunktion getroffene Wahl angezeigt. (Diese umständlichere Bezeichnungsweise tritt also an die Stelle etwa der unendlichen Dezimalbrüche der alten Theorie.)

Nun erhebt sich aber eine fundamentale Frage: Kann man das geschilderte Teilungsverfahren nicht nur rein formal, sondern auch als anschaulich interpretierbare Operation an anschaulichen Kontinuis, beliebig weit fortsetzen? Brouwer bejaht dies und sagt, eine unbegrenzte Folge ineinander geschachtelter Dualintervalle definiere koordinatenmäßig einen Punkt des Kontinuums. Der Punkt ist somit niemals fertig gegeben, sondern ist der ideale Zielpunkt eines unendlichen Prozesses. Das Kontinuum ist für Brouwer die »Matrix« aller reellen Zahlen oder geometrischen Punkte; es ist repräsentiert durch eine nach freier Wahl fortschreitende, ewig in der Entwicklung begriffene Folge von ineinander geschachtelten Intervallen, die zu jedem »Punkte« führen kann. Das Kontinuum erscheint also von Brouwers mathematischem Standpunkte aus als ein werdendes und Weyl hat daraus sogar naturphilosophische Konsequenzen z. B. bezüglich der Naturkausalität ziehen wollen. Aber wir müssen demgegenüber daran festhalten, daß sich das sinnlich anschauliche Kontinuum durchaus als seiendes gibt; nur der Prozeß seiner mathematischen, d. h. verstandesmäßigen (rationalen) Bestimmung ist nie vollendbar.

Aus dem eben Gesagten ergeben sich naturgemäß folgende weiteren Definitionen:

I. »Zwei Punkte α, β fallen zusammen, wenn allgemein $i_\alpha^{(n)}$ (das n^{te} Intervall der Folge »α«) mit $i_\beta^{(n)}$ sich ganz oder teilweise überdeckt.

II. »Zwei Punkte α, β liegen getrennt, wenn es eine natürliche Zahl n gibt, so daß $i_\alpha^{(n)}$ und $i_\beta^{(n)}$ völlig getrennt liegen.«

Diese beiden Möglichkeiten bilden keine vollständige Disjunktion. Dies entspricht der fluktuierenden Natur des anschaulichen Kontinuums, in dem, wie Weyl sagt, »das Getrenntsein zweier Stellen beim Zusammenrücken sozusagen graduell, in vagen Abstufungen in Ununterscheidbarkeit übergeht.« Wohl aber gilt der Satz:

»Fällt α mit β und β mit γ zusammen, so fällt auch α mit γ zusammen.«

Es brauchen zwar nicht, wenn $i_\alpha^{(n)}$, $i_\beta^{(n)}$ einerseits, $i_\beta^{(n)}$, $i_\gamma^{(n)}$ andererseits (teilweise) übereinandergreifen, auch $i_\alpha^{(n)}$, $i_\gamma^{(n)}$ dies zu tun. Aber es müssen sich dann im weiteren Verlaufe der Entwicklung der Folgen α, β, γ sich schließlich entweder α, β oder β, γ voneinander trennen.

Es ist aber sehr wichtig zu beachten, daß dies nur dann mit Sicherheit eintritt, wenn man die Entwicklung unbegrenzt fortgesetzt denkt. Der obige Satz von der »transitiven« Beschaffenheit der Relation des »Zusammenfallens« gilt also nur, wenn man die Annäherung an den »Punkt« über jede Grenze hinaus treiben kann. Sofern man das im schlicht-anschaulichen Kontinuum (in manchen Fällen) nicht kann, gilt dann nicht die Transitivität des Zusammenfallens, sondern es gibt eine »Schwelle« für das Getrenntsein und die Relation zwischen zwei Punkten, einen »unterschwelligen Abstand zu haben«, die hier anstelle des »Zusammenfallens« tritt, ist nicht transitiv. (Eingehenderes siehe im III. Abschnitt). — —

Wir hatten bisher das allgemeine Kontinuumproblem behandelt und damit die Frage einer verallgemeinerten Geometrie, die auch nicht-räumliche Mannigfaltigkeiten (z. B. Farben- und Tonkontinua) mit umfaßt. An dieser Allgemeinheit können wir nun nicht mehr festhalten, wenn wir tiefer eindringen wollen.

Es erhebt sich nämlich vor allem die Frage nach der »unendlichen Teilbarkeit« des Kontinuums, d. h. nach der Möglichkeit, unbegrenzte Folgen von ineinandergeschachtelten Intervallen zu bilden. Die mathematische Betrachtungsweise Brouwers setzt eine solche Möglichkeit voraus, sie gibt ein unbegrenzt fortsetzbares Schema, sie fragt aber naturgemäß nicht danach, ob auschauliche Kontinua eine unbeschränkte Fortsetzung der Teilung gestatten. Diese Frage muß sich aber gerade der Phänomenologe stellen.

Überblicken wir nun in dieser Hinsicht die uns bekannten Kontinua, so scheinen sie sich in manchen Fällen so, in anderen anders zu verhalten. Betrachten wir z. B. das Kontinuum der Töne nach ihrer

Stärke (bei konstanter Klangfarbe und Höhe) geordnet, so scheint durchaus keine unbegrenzte Teilbarkeit, auch keine Transitivität der Koinzidenz zu bestehen. Die Psychologie (naturalistischer Richtung) spricht hier von »Unterschiedsschwelle« und führt den phänomenologisch durchaus irrelevanten (weil transzendenten) Begriff des »Reizes« ein. Bleibt man immanent, innerhalb des reinen Phänomens, so sieht man kein Mittel, um weiterzukommen.

Anders im Raum! Dort hat man von jeher von geometrischen Idealbegriffen gesprochen und die methodische Überwindung des bloßen »Sinnenscheins« gefordert. Ist diese Meinung phänomenologisch fundiert?

Hier also ist die Grenze der allgemeinen Behandlungsweise und wir brauchen eine Methode, die von der phänomenologischen Analyse konkreter Kontinuen ausgeht. Wir beschränken uns daher von hier ab auf den Raum, daneben berücksichtigen wir bis zu einem gewissen Grade die Zeit. Als Fundament der weiteren Untersuchungen brauchen wir die Kenntnis des konstitutiven (phänomenologischen) Aufbaus dieser beiden Gegenständlichkeiten (s. Abschnitt II). Auf Grund dessen wird sich erst das Limesproblem, das Problem der unendlichen Teilbarkeit des Kontinuums als werdenden oder seienden, der geometrischen Idealisierung usw. entscheiden lassen.

Anmerkung über die Ausschließung der nicht-archimedischen Geometrie.

Schon an dieser Stelle unserer Betrachtungen, also noch bevor wir speziell auf die räumliche Geometrie eingehen, können wir feststellen, daß durch die Art, wie wir den Begriff des »Punktes« im Kontinuum einführen, die Möglichkeit einer sog. »nicht-archimedischen« Geometrie (Veronese, Hilbert) ausgeschlossen ist. Denn selbst wenn alle unsere Folgen ineinander geschachtelter Intervalle unbegrenzt fortsetzbar wären, kämen wir doch immer nur zu einem Teilsystem der Gesamtheit der reellen Zahlen im Cantor-Dedekindschen Sinne, (d. h. des Systems aller endlichen und unendlichen systematischen Brüche). Durch die Beschränkung auf gesetzmäßig unendliche Folgen wird unser System dem Cantor-Dedekindschen gegenüber ärmer. (Es ist in der Tat stets abzählbar.) Andrerseits ist bekannt, daß die nicht-archimedischen Systeme Veroneses und Hilberts reicher sind als das Cantor-Dedekindsche System.[1])

1) Vgl. F. Klein, Vorlesungen über die Anwendung der Differential- und Integralrechnung auf Geometrie. 1902. (2. Abdruck, Leipzig 1907). — S. 323 bis 327.

A fortiori sind sie daher reicher als unser (Brouwersches) System. Und somit sind jene nicht-archimedischen Geometrieen durch unsere Annahme der Brouwerschen Theorie ausgeschlossen. Mit anderen Worten: Über die »Stetigkeitsaxiome« ist schon jetzt, bevor wir überhaupt auf den materialen Inhalt der geometrischen Axiome eingegangen sind, bei der bloßen Überlegung der Möglichkeit des Ansetzens geometrischer Axiome überhaupt, entschieden. Diese Sachlage wird im II. Teil bestimmte Konsequenzen nach sich ziehen.

D. Zur Idee der Maßbestimmung.

Die Idee der Metrik hatte sich uns in den vorhergehenden Erörterungen schon einige Male aufgedrängt. Wir wollen ihr daher kurz ihre Stelle anweisen, bevor wir zu den konstitutiven Fragen übergehen.[1])

Die Notwendigkeit einer Maßbestimmung trat uns entgegen, als wir versuchten, mittels topologischer Gebilde das Kontinuum zu »rationalisieren«. Um Koordinaten einzuführen, numerierten wir die Dualintervalle von gleicher Größenordnung.

Nun war aber unsere Definition des Ausdrucks: »von gleicher Größenordnung« (nämlich: einander nicht zu »enthalten«) derart vag, daß die Aufgabe, ein gegebenes Ausgangsintervall in n Intervalle von gleicher Größenordnung zu teilen, eine unübersehbare Menge von Lösungen zuläßt, von denen keine topologisch ausgezeichnet ist. Damit wird aber das Problem der Koordinatenbestimmung, selbst wenn man das Limesproblem als gelöst ansieht, weitgehend vieldeutig, d. h. unbestimmt. Um das Problem der Koordinatenbestimmung, d. h. im Grunde die Aufgabe der rationalen Bestimmung des Kontinuums, zu einem eindeutigen zu machen, muß eine der vielen topologisch gleichwertigen Lösungen als die »richtige« Lösung ausgezeichnet werden.

Dafür gibt es nun zwei Wege:

1. Entweder: Man wählt eine bestimmte Lösung willkürlich, kennzeichnet sie »materiell« durch ein »Standart-Gebilde« und führt dies als Urmaßstab (Normalmeter usw.) ein. — Dazu ist allerdings notwendig, daß die Unveränderlichkeit jenes Maßstabs garantiert ist.

---

1) Es handelt sich hier bloß um eine vorläufige Erläuterung der Idee der Metrik, die im II. Teil ausführlicher darzustellen sein wird. — Zum metrischen Problem sind zu vergleichen: B. Riemann, Über die Hypothesen, welche der Geometrie zugrunde liegen. Neu herausgegeben von H. Weyl. Berlin 1919. (Original: 1854). A. Meinong, Über die Bedeutung des Weberschen Gesetzes (1896). Zeitschr. für Psychologie 11; S. 81 ff., 230 ff., 253 ff.

Ferner müssen seine Enden und Teilstriche möglichst »scharf« bestimmt sein, um zweifelhafte »γ«-Fälle möglichst auszuschalten, — eine Bedingung, die freilich stets nur unvollkommen zu erfüllen ist. — Eine Lösung dieser Art versucht die angewandte (messende) Geometrie und Physik.

2. Oder: Man sucht nach einer phänomenologisch ausgezeichneten Lösung. Ein so ausgezeichneter Fall ist der der »sinnlichen Gleichheit« zwischen den betr. Intervallen. (Schätzung der Gleichheit nach dem »Augenmaß«). Es handelt sich nicht um Messung mittels eines Maßstabs, sondern um Schätzung in der unmittelbaren Anschauung. — Diese Methode ist die Grundlage der »reinen«, anschaulichen Geometrie.

Beide Wege können hier nicht weiter verfolgt werden: denn bei (1) ist das Kriterium der »Unveränderlichkeit« nur auf Grund eines tiefen Verständnisses der Naturgesetzlichkeit sicher zu gebrauchen. Und bei (2) bedarf es konstitutiver (phänomenologischer) Analysen, um die Bedeutung der »sinnlichen Gleichheit«, die viel schwieriger zu erfassen ist, als es zunächst aussieht, wirklich zu verstehen. Im II. Teil werden wir erst das metrische Problem weiter untersuchen können; dann wird auch auf das merkwürdige Nebeneinander zweier »metrischer« Verfahren, der eigentlichen Messung mittels Maßstabs und der Schätzung, ein Licht fallen. Für jetzt muß diese vorläufige Bemerkung genügen.

Zweiter Abschnitt.

Übersicht über die phänomenologische Konstitution der Zeit und des Raumes.

Vorbemerkung.

Mit Bedacht nennen wir diesen Abschnitt eine »Übersicht«. Es ist im Rahmen dieser Arbeit unmöglich, ein abgerundetes Bild vom Problem der Konstitution von Raum und Zeit zu geben. Nur ein Gerüst dieser Konstitution in ganz groben Zügen konnte aufgestellt werden und auch das nur so weit, als die Probleme der ganzen Arbeit es erfordern. Wir werden dann die näheren Ausführungen an den Stellen nachholen, wo sie durch den Gang der Untersuchung zwingend gefordert sind. Sie schon hier bringen, hieße ein verzerrtes Bild geben, in dem einzelne Partieen kurz, andere im Verhältnis dazu zu ausführlich behandelt sind. Dies wolle man berücksichtigen, wenn man allzuviel Wichtiges vermißt.

Es muß noch darauf hingewiesen werden, daß der ganze Abschnitt sich in allen wesentlichen Zügen auf Husserlsche Gedankengänge stützt, vielfach geradezu in Form eines Berichts. Ein solcher Bericht war unumgänglich notwendig für das Verständnis der ihm nachfolgenden Teile der Arbeit und war angesichts des Umstandes, daß von Husserls konstitutiven Einzeluntersuchungen so gut wie nichts veröffentlicht ist, unvermeidlich. Nur auf die schon oben (S. 386) zitierten Schriften von Husserls Schülern (W. Schapp, H. Hofmann, E. Stein, H. Conrad-Martius) sei nochmals verwiesen.

§ 4. Ursprüngliches Zeitbewußtsein.

Die Struktur des reinen Bewußtseins zeigt drei hauptsächliche Stufen: 1. Das ursprüngliche Zeitbewußtsein. 2. Die immanente Gegenständlichkeit oder den immanenten Bewußtseinsstrom. 3. Die transzendente Gegenständlichkeit oder die transzendende Welt.

Wir beginnen diese Stufenleiter von unten und betrachten demgemäß zunächst das ursprüngliche Zeitbewußtsein.

Die »fließende« Zeit liegt nicht nur jeder Veränderung, sondern auch jeder Unveränderung (Dauer) zugrunde. Selbst wenn wir von jeder transzendenten Vergegenständlichung des sinnlichen Materials unserer Wahrnehmungen, Erinnerungen, Phantasieen usw. absehen und z. B. den Ton nur als akustisches Datum, nicht etwa als Geigen- oder Glockenton auffassen, sind wir noch nicht im ursprünglichen Gebiet des Bewußtseins angelangt. Ein unverändert dauernder Ton erscheint uns als ruhend, ein Staccatoton als die Zeit in nur punktueller Ausdehnung erfüllend, als »Momentanphase« eines hyletischen Datums (Sinnesdatums). Indessen gerade die nähere Betrachtung einer solchen Momentanphase zeigt uns den »Fluß der Zeit« in einem viel ursprünglicheren Sinn, als es je eine fließende Veränderung tut. Eine Momentanphase ist nur einen Augenblick lang »jetzt« und schon im nächsten Augenblick »soeben gewesen«. Unaufhaltsam gleitet sie stetig in fernere und fernere Vergangenheit hinab. Auch der »dauernde« Ton bleibt nur scheinbar von diesem Strömen bewahrt. Jede seiner Momentanphasen wandelt sich vom Modus des jetzt Seienden in den Modus des soeben Gewesenen, und nur dadurch, daß sofort für jede Jetzt-Phase eine ihr ganz gleiche, aber nicht mit ihr identische Urpräsenzphase eintritt, werden wir über das Dahinschwinden der einzelnen Phasen hinweggetäuscht.

Die Gegebenheitsweise des im »Jetzt« Erscheinenden ist fundamental verschieden von allem Gewesenen. Das »jetzt« Seiende ist »gegenwärtig«, originär, leibhaft da im engsten Sinn: es ist, wie wir sagen, eine »Urimpression«. Wir fügen sogleich hinzu: auch dieses ursprünglichste Erleben zeigt bereits eine intentionale Struktur; wir finden in ihm bereits jene, alle Stufen des Bewußtseins durchziehende Doppeltheit von Erleben und Erlebtem; auch dieses primitivste Bewußtsein ist bereits »Bewußtsein von«. Wir haben also in der Urimpression zu scheiden zwischen dem urimpressionalen Bewußtsein und dem urimpressional Bewußten, der Urgegenwärtigung und dem Urgegenwärtigen.

Das Gewesene dagegen wird erfaßt durch »Retention«. Auch hier ist zu scheiden die Retention vom Retendierten, die »frische« Erinnerung und das »frisch« Erinnerte. (Von der Retention streng zu scheiden ist die »Reproduktion« oder »Wiedererinnerung«, worüber später.) Während es, wenigstens als ideale Grenze, nur e i n punktuelles Jetzt [1]) gibt, ist das Gewesene kontinuierlich ausgedehnt durch eine unendliche Reihe von Modalitäten hindurch, die für das Hinabsinken der impressionalen Momentanphase in die Vergangenheit charakteristisch sind. Wir können diese Modalitäten andeuten durch die Ausdrücke »Soeben«, »Soeben des Soeben« usw., wenn dadurch auch nur diskrete »Punkte« innerhalb des retentionalen Kontinuums bezeichnet werden können.

Der »reine Ichblick« kann in jenen Kontinuen auf und ab wandern, er kann eine hinabsinkende Phase verfolgen oder auch die Kette der Soeben »stromaufwärts« bis zum Jetzt. Diese primitivste »Beweglichkeit« des Ichblicks ist von allen »Kinästhesen« (die später zu besprechen sein werden) und allen »Wanderungen der Aufmerksamkeit« streng zu scheiden.

In analoger Weise kommt es bereits in der Passivität des ursprünglichen Zeitbewußtseins zur Verlängerung der rationalen Mannigfaltigkeit über das impressionale Jetzt hinaus in die Zukunft. So wie das »Jetzt« zum »Soeben« und dem »Soeben des Soeben« steht, so verhält sich das »Sogleich« zum »Jetzt« und zum »Soeben« und das »Sogleich des Sogleich« zum »Sogleich« und zum »Jetzt«. Der Retention entspricht so eine »Protention«, — natürlich ebenfalls mit intentionaler Struktur. — Auch in diesem »protentionalen« Gebiet ist der »reine Ichblick« frei beweglich.

Zum Wesen des Hinabsinkens einer Phase Impression in das Retentionale gehört unmittelbar eine stetig fortschreitende Verdunkelung ihres anschaulichen Gehalts. Das leibhaft vor mir stehende Urimpressionale »versinkt« ins Dunkel der Vergangenheit. Der

1) Als »Punkt« eines Kontinuums im Sinne B r o u w e r s; jedoch scheint hier ein ganz ausgezeichneter Fall vorzuliegen.

»Horizont« der Vergangenheit ist völlig dunkel und leer, alle Unterschiede sind in ihm verschmolzen und aller anschauliche Gehalt aus ihm verschwunden.

Auf der eben beschriebenen tiefsten Stufe der Bewußtseinsstruktur ergibt sich bereits ein primitivster Sinn von Gleichzeitigkeit. Verschiedene Inhalte, z. B. qualitativ verschiedene Sinnesdaten, wie Blitz und Knall etwa, können beide »jetzt« sein. Damit ist gegeben, daß sie einen Augenblick später beide »soeben gewesen« sind und miteinander in die Vergangenheit hinabsinken. Sie durchlaufen also alle Zeitmodi miteinander und bleiben in alle Ewigkeit zusammen, wenn sie als Impressionen vereint waren. Von solchen Inhalten sagen wir: sie sind »zugleich« oder »gleichzeitig«.[1])

Die vorstehende Skizze einiger Haupteigentümlichkeiten des ursprünglichen Zeitbewußtseins als solchen genügt für unsere Zwecke. Sie berührt tiefer liegende Probleme, insbesondere das Problem der Gegebenheitsweise des ursprünglichen Zeitflusses, des stetigen Wandels des »Jetzt« in das »Soeben« usf. mit Absicht nicht.

§ 5. Die Konstitution des immanenten Bewußtseinsstroms.

Abgesehen von dem erwähnten tiefliegenden Problem der Konstitution des ursprünglichen Zeitflusses selbst sind uns noch keine Konstitutionsleistungen des Bewußtseins entgegengetreten. Die primitivste solcher Leistung, die wir zu betrachten haben, ist die Konstitution eines Elementes des immanenten Bewußtseinsstroms, also z. B. eines Sinnesdatums. Wir können z. B. einen kurzen Ton im Verlaufe seines retentionalen Hinabsinkens verfolgen, d. h. der Identität seines Sinnesgehaltes uns bewußt werden, die sich als ein und dieselbe erhält im ursprünglichen Zeitflusse, d. h. im Wandel von der Urimpression zu den verschiedenen retentionalen Modifikationen. Tun wir das, so konstituiert sich im Flusse des ursprünglichen Zeitbewußtseins etwas Neues, eine erste Stufe der Einheit gegenüber der ursprünglich-zeitlichen Mannigfaltigkeit. Es konstituiert sich eine bestimmte Dauer, im Grenzfall eine Momentanphase, die im Hinabsinken verfolgt wird, ein erfüllter Zeitpunkt. Ein solcher Zeitpunkt ist Glied eines in sich völlig starren Systems von Zeitpunkten, die aber – darin besteht eben der ursprüngliche Zeitfluß – zwangsläufig immerfort und unaufhaltsam ihre Orientierungsweise im Verhältnis zum »Jetzt«, zum

1) Es gibt noch einen anderen primitiven Sinn von »Gleichzeitigkeit«: wir brauchen ihn aber für unsere Zwecke nicht.

Nullpunkt der Orientierung, ändern. Jede endlich ausgedehnte »Dauer« ist eine Strecke in diesem starren, aber als Ganzes immerfort bewegten Systems.

Allerdings ist dazu eine gewisse Einschränkung zu machen. Eine in die Vergangenheit sinkende »Dauerstrecke«, so, wie sie unmittelbar in der Retention erscheint, behält ihre »Größe« (Zeitlänge) nicht unverändert bei, sondern zieht sich zugleich mit ihrer retentionalen Verdunkelung zusammen, so daß man analog wie beim Raum von einer »Zeitperspektive« reden kann. – Es ist möglich, in der unmittelbaren Retention gleichförmige (isochrone) Rhythmen wahrzunehmen. Diese schieben sich aber in der ferneren Retention bei der Annäherung an den dunklen Zeithorizont zugleich mit ihrer Verdunkelung zusammen. Trotzdem sind solche isochrone Rhythmen die letzte anschauliche Grundlage einer Zeitschätzung, worauf dann wieder die Möglichkeit einer konventionellen Zeitmessung beruht.

Von fundamental anderer Art als die Retention ist die »Reproduktion« oder »Wiedererinnerung«. Sie gehört zur Gruppe der Vergegenwärtigungen, der Erinnerungen im weiteren Sinn, nicht nur an Vergangenes, sondern auch an »Gegenwärtiges« (aber nicht leibhaft Wahrgenommenes) und Zukünftiges. (Es ist zweifelhaft, ob es innerhalb des immanenten Bewußtseinsbereichs Vergegenwärtigung von zeitlich »Gegenwärtigem« gibt.) Von irgendeiner Stelle des retentionalen Kontinuums, auch von seinem dunklen Horizont aus, kann eine Affektion auf das Ich ausgeübt werden, die es zu einer Zuwendung nach der betreffenden Richtung hin veranlaßt, genauer, die eine solche Zuwendung des Ich motiviert. Im Verlaufe einer solchen Zuwendung tritt dann die Wiedererinnerung in Funktion, ihre Leistung besteht in einer Enthüllung, Explikation, Erhellung des verdeckten, impliziten, dunklen (d. h. unanschaulichen und leeren) Retendierten. Durch die Reproduktion wird das leere Retendierte wieder »selbst gegeben«, jedoch niemals »leibhaft«, sondern stets im Charakter des Vergegenwärtigten, zeitlich des Vergangenen. Das besagt genauer folgendes: Ich kann mich in die Wiedererinnerung »versenken«; ich bin dann nicht mehr im eigentlichen Sinne »wach«, sondern lebe »träumend« in der Vergangenheit; ich versetze mich in die Vergangenheit hinein. Mein Ich hat also auch Erinnerungscharakter angenommen; es lebt in einer Erinnerung und erlebt den ursprünglichen Zeitfluß in bezug auf dieses »Jetzt« in der Vergangenheit. Dieses vergangene Jetzt wird also zur Gegenwart; das besagt: »Ver-Gegenwärtigung«. – Die sich hier anschließende reiche Problematik der Wiedererinnerung kann nur flüchtig gestreift werden.

Insbesondere kann in eine Erörterung der doxischen Modalitäten bei der Wiedererinnerung nicht eingetreten werden. Nur auf Eines sei hingedeutet: Zweifel und Täuschungen in der Erinnerung kommen stets zustande durch eine Vermengung von verschiedenen Erinnerungen, die dadurch entsteht, daß sich an eine Affektion andere, nicht dazugehörige, aber ähnliche »assoziativ« knüpfen; d. h. von ihr »geweckt« werden. Die Täuschung wird entlarvt durch die Entwirrung jener Vermengung, durch ein Sich-Spalten der zweifelhaften Fehlerinnerung in mehrere echte Erinnerungen. Da eine Erinnerung stets nur durch Erinnerung entlarvt werden kann und sich mit dem Prozeß der Entwirrung ständig (relativ) echte Erinnerungen enthüllen, so kann die Erinnerungstäuschung niemals zu einem vollkommenen Skeptizismus gegenüber der Leistung der Erinnerung führen. Im Gegenteil nähert man sich (wie das hier nicht näher ausgeführt werden kann) durch fortschreitende Entwirrung der Vermengungen einem ständig klarer werdenden, widerspruchslosen Erinnerungsgehalt, der in der Grenze zum »An-sich der Vergangenheit« wird.

Auch Protentionen können »ausgemalt«, d. h. mit anschaulichem Gehalt erfüllt werden. Auch sie können motiviert sein, für sie kann mehr oder weniger »sprechen«; sie können sich auch gegenseitig »bekräftigen« oder hemmen. Aber es besteht immer die Möglichkeit, daß sie durch eine Urimpression endgültig bestätigt oder widerlegt werden, und welches von beiden eintritt, ist mit G e w i ß h e i t niemals vorauszusehen. Die Zukunft ist stets »ungewiß«, die Vergangenheit dagegen »unabänderlich«. —

Wie konstituiert sich nun mit Hilfe der Wiedererinnerung die unendlich ausgedehnte homogene Zeit? Denkt man sich genügend viele Punkte des retentionalen Kontinuums durch Reproduktion »erfüllt« (woran sich dann immer gewisse reproduzierte Zeitstrecken schließen, denn in der Wiedererinnerung verfließt ja auch Zeit), so überdecken sich schließlich die erhellten Strecken der Vergangenheit und schließen sich zu einem lückenlosen Kontinuum zusammen. Durch wiederholte Wiedererinnerungen kann man auf jede Stelle dieses Kontinuums immer wieder »zurückkommen«. In dieser identifizierenden Synthesis konstituiert sich dann eben das »An-sich-Vergangene«, das bis zur Gegenwart reicht. Protentional ist nur eine Art leerer Vorzeichnung in die Zukunft hinein möglich. — In diesem reproduktiven Kontinuum gibt es, im Gegensatz zum Retentionalen, keine »Zeitperspektive«; ein isochroner Rhythmus läuft völlig gleichmäßig durch es hindurch. Trotzdem ist die so konstituierte »homogene« immanente Zeit, die einen gewissen Grad der Unabhängigkeit vom Ich besitzt, nicht »intersubjektiv«. Denn wir befinden uns ja noch durchaus in der Sphäre des immanenten Bewußtseinsstroms. –

Die konstituierte immanente Zeit ist ein erstes principium individuationis für Momentanphasen immanenter Erlebnisse. In der Qualität absolut identische hyletische Daten können zu verschiedenen Zeiten auftauchen und damit in mehreren ganz gleichen Exemplaren vorhanden sein. Es gibt aber noch ein zweites principium individuationis im immanenten Bewußtsein, nämlich die »Ausbreitung« (Quasiräumlichkeit) der Sinnesfelder. Im visuellen Feld z. B. können gleichzeitig (also durch die Zeit nicht individuiert) mehrere absolut gleiche farbige Flecken »nebeneinander« erscheinen. Auf jedes Element des ersten principium individuationis (den Zeitpunkt) stuft sich also ein zweites principium individuationis (die Quasiräumlichkeit) auf; in jedem Zeitpunkt gibt es ein Sinnesfeld mit einer Mannigfaltigkeit von Elementen.

Man sagt, ein gewisses qualitatives Datum »erfülle« einen Zeitpunkt oder eine Stelle eines Ausbreitungsfeldes. Es ist also ein principium individuationis eine formale Mannigfaltigkeit, die verschiedenen Erfüllungen zugänglich ist. Näher betrachtet verhält sich aber die Sache so: die impressional-retentionale Mannigfaltigkeit (wozu dann noch in gewissem Sinne das protentionale Kontinuum kommt) besteht aus einer Menge von verschiedenen Formmodi: dem »Jetzt«, dem »Soeben«, dem »Soeben des Soeben« (dem »Sogleich«, »Sogleich des Sogleich«) usw. Die Erfüllung dieser Formen wechselt zwangsläufig fortgesetzt: darin besteht ja gerade der ursprüngliche Zeitfluß, hinter den wir hier nicht zurückfragen. In der konstituierten immanenten Zeit dagegen hat jeder »Zeitpunkt« seine unwandelbare »Fülle«; die immanent-konstituierte Zeit ist starr, nur ihre Orientierung zum »Jetzt« wechselt. Das ist nicht weiter erstaunlich, sondern selbstverständlich, denn durch »Verfolgung« einer sinnesidentischen Momentanphase ergab sich ja gerade die immanente Zeit; die konstante Fülle ist ja gerade die Bedingung ihrer Struktur. Sobald man in der immanenten Zeit ausgedehnte »dauernde« Phänomene betrachtet, hat man schon die beiden Dimensionen der retentionalen Modalität und der Ausdehnung der individuierenden Mannigfaltigkeit (der Länge der Zeitstrecke, von der jedes Element einmal »jetzt«, dann »soeben gewesen« usw. ist). Handelt es sich nicht um ein unveränderliches Datum, sondern um eine Veränderung, ein Geschehen, so kommt als dritte Dimension hinzu die Variation der Qualität der Fülle oder der »Lage« der Fülle in der sekundären individuierenden Ausbreitungsmannigfaltigkeit (z. B. dem Sehfeld). Beschränkt man sich auf die konstituierte Zeit, berücksichtigt man also die erste Dimension nicht mehr, so hat man lediglich einen funktionellen Zusammenhang zwischen zwei Variablen, der Stelle in der Zeit und der Stelle im Ausbreitungsfeld oder im Kontinuum der qualitativen Variabilität. In beiden Fällen handelt es sich dann um eine Bewegung im weiten aristotelischen Sinn (κίνησις), im ersten Fall speziell um eine qualitative Veränderung (ἀλλοίωσις), im zweiten um eine Ortsbewegung (φορά). All dies ist streng zu scheiden von dem ursprünglichen Zeitfluß, dem Wandel des »Jetzt« in das »Soeben« usw. –

Es ist hier noch einer eigenartigen Mannigfaltigkeit zu gedenken, die weder den Charakter einer qualitativen Variabilität eines Empfindungsdatums noch den einer Ausbreitung hat, nämlich der »kinästhetischen Mannigfaltigkeit«, die auf einer höheren Stufe des konstitutiven Aufbaus eine entscheidende Rolle spielt, aber schon in der immanenten Sphäre auftritt. Die Haupteigentümlichkeit der kinästhetischen Mannigfaltigkeit ist, daß sie willkürlich durchlaufen werden kann. Sie besteht aus Gegebenheiten sui generis, die weder Tast- noch irgendwelche andere Sinnesdaten sind, sondern sozusagen dasjenige darstellen, worin sich ein Willensimpuls, der doch letztlich immer auf eine Bewegung tendiert, ausströmt. Sie ist somit vor allem eine Sphäre der freien Verfügbarkeit für das wollende Ich, nämlich gerade diejenige »Stelle«, wo die eigentliche »Handlung« primär vor sich geht. – Innerhalb der kinästhetischen Mannigfaltigkeit hat das bewegliche »Glied« des »Leibes« (so, wie es »von innen« wahrgenommen ist) seine bestimmte momentane Lage, die als solche, ebenso wie die Geschwindigkeit und Beschleunigung des Übergangs von einer Lage zur anderen, eben unmittelbar kinästhetisch »empfunden« wird. Die kinästhetische Mannigfaltigkeit selbst umfaßt die möglichen Lagen dieser Art, von denen je eine immer nur als wirklich gegenwärtig gegeben ist oder unter Umständen auch nur in der Weise des »Durchgangs« von einer zweiten zu einer dritten, mit einer bestimmten Geschwindigkeit »passiert« wird. Jede solche »empfundene« Bewegung trägt in sich die Protention auf eine Folge von bestimmten Lageindices in der kinästhetischen Mannigfaltigkeit. Und diese Protention erfüllt sich regelmäßig, wenn die Bewegung wirklich (d. h. urimpressional) gegeben wird. Mit dieser »Bewegungsempfindung« kann sich dann noch ein weiteres, eigentliches und »freies« Sinnesdatum assoziieren, z. B. ein Tast- oder Sehdatum, auf das wohl auch Protentionen hinzielen können, die aber frei erfüllbar oder enttäuschbar sind (und dann je nachdem mehr oder weniger »Gewicht« haben). Dieses »freie« Datum ist damit als in gewissem Sinne ich-unabhängig, als ich-fremd, als »objektiv« im Gegensatz zum »subjektiven« Element der kinästhetischen Mannigfaltigkeit charakterisiert.

Wir haben also hier einen zweiten Begriff von »Objektivität« im Gegensatz zum ersten, der durch die ursprüngliche Intentionalität aller Erlebnisse entstand. Mit diesem zweiten Begriff der »Objektivität« stehen wir bereits an der Schwelle der transzendenten Welt.

§ 6. Zur Idee der transzendenten Welt.

Von dem sehr umfangreichen Problem der Konstitution der transzendenten Welt kann hier nur ein sehr fragmentarischer Abriß gegeben werden. Die phänomenologische Lösung des Transzendenzproblems muß in ihren fundamentalen Zügen als bekannt vorausgesetzt werden. (So, wie sie in Husserls »Ideen« auseinandergesetzt ist.) Wir beschränken uns auf einige allgemeine Bemerkungen über den Begriff des transzendenten Gegenstands und gehen dann sofort zum konstitutiven Stufenbau des Raumes über, indem wir uns dabei bewußt bleiben, daß die Räumlichkeit nur eine abstrakte Schicht des Phänomens der transzendenten Welt darstellt.[1])

Über den bisher betrachteten immanenten Erlebnisstrom hinaus führen uns die in ihm enthaltenen »Apperzeptionen« oder »Noesen«, die die bisher allein betrachteten hyletischen Daten »beseelen«. Hierin zeigt sich die eigentliche Intentionalität (höherer Stufe, die allein in den »Ideen« betrachtet wird, vgl. § 84), die eine neue Doppelstruktur des Bewußtseins, die »noetisch-noematische« Struktur bedingt. Hierbei ist wieder zweierlei zu unterscheiden: Erstens der Gegensatz »Noesis-Noema« in jedem einzelnen intentionalen Erlebnis, d. h. der Gegensatz zwischen Erleben und Erlebtem; — und zweitens der Gegensatz zwischen der Einheit des Gegenstands-Sinnes und der Mannigfaltigkeit seiner Erscheinungsweisen.[2]) Beide

1) Auf das Problem des Verhältnisses von Raum und Materie (Geometrie und Physik) werden wir erst im II. Teil eingehen.

2) Wir berühren hier — mit unseren Betrachtungen im Rahmen einer transzendentalen Aesthetik bleibend — nicht den Unterschied zwischen intentionalem und »wirklichem« Objekt, zwischen noematischem Sinn und seiendem Gegenstand. Die Problematik der Phänomenologie der Vernunft bleibt (im allgemeinen) außerhalb unseres Gesichtskreises. Deshalb brauchen wir auch gar nicht die Dimension der doxischen Modalitäten. — Es ist dies allerdings eine Beschränkung, die vielleicht nicht unbedenklich ist.

Gegensätze fanden sich schon in der immanenten Sphäre: die Intentionalität bereits im ursprünglichen Zeitbewußtsein, z. B. im Gegensatz »Retention-Retendiertes« und die Einheit des Sinnes in den Elementen des immanenten Bewußtseinsstroms selbst, die sich ja als solche Sinneinheiten gegenüber der Mannigfaltigkeit der temporalen (retentionalen) Modifikationen gerade konstituierten. Alles wiederholt sich jetzt auf einer höheren Stufe: das was früher konstituierte Einheit war, wird jetzt Element einer Mannigfaltigkeit, die eine höhere Einheit ihrerseits konstituiert. Allerdings stimmt das insofern nicht ganz, als die hyletischen Daten an und für sich nicht fähig sind, Einheiten des Sinnes entstehen zu lassen, sondern Noesen, Auffassungen, Apperzeptionen hinzutreten müssen, vermöge derer im immanenten Strom des Bewußtseins Transzendentes gemeint, »intendiert« ist.

Die Unabhängigkeit des so Gemeinten von der Subjektivität entsteht aber so: Die Mannigfaltigkeit der Erscheinungsweisen eines transzendenten Gegenstandes kann im Durchlaufen der »kinästhetischen« Mannigfaltigkeit (die der frei beherrschte Spielraum des Bewegungsimpulse erteilenden Ich ist; es handelt sich um das Phänomen der »Freiheit«, des »Ich kann«) ihrerseits – abgesehen von zufälligen Hemmungen – beliebig durchlaufen werden. Die so entstehenden Variationen der Erscheinungsweise werden also dem Ich zur Last fallen (als Folgen subjektiver Bewegungen, d. h. als Orientierungsänderungen zum Gegenstand), nicht dem Gegenstand selbst, der vielmehr in diesem Fluß der Erscheinungen unverändert beharrt. Es sind aber auch andere Erscheinungsänderungen denkbar, die nicht in dieser Weise durch subjektive Bewegungsimpulse beherrschbar sind. Diese gehören ihm dann »objektiv« zu; sie zeigen uns ein transzendentes Geschehen im Gegenstand an, das sich in ihnen »darstellt«.

Zwischenbemerkung: Wir müssen hier daran erinnern, daß die eben angedeutete Schilderung des konstitutiven Prozesses ein wichtiges Moment verschweigt, nämlich die tendenziöse Struktur des Bewußtseins. Es ist ein großer Problembezirk für sich, außer den puren »Vorgängen«, die bei der Konstitution eine Rolle spielen (dem Zusammenschluß des Mannigfaltigen zur Einheit des Sinnes usw.), auch die »Kräfte« zu betrachten, die hinter diesen Vorgängen stecken. Natürlich ist hier »Kraft« nicht im physikalischen Sinn zu verstehen, sondern als motivierte Tendenz, sei es als passives Sich-Ziehen-Lassen von einer »Affektion«, sei es als aktive, vom Ich ausgehende Spontaneität. Bei einer tieferen phänomenologischen Analyse würde sich diese »tendenziöse« Schicht vielleicht sogar als die grundlegende und das »Geschehen« tragende erweisen. Für unsere besondere Problematik brauchen wir sie aber nicht zu betrachten. –

Nach diesen allgemeinen Andeutungen gehen wir zur Einzelbetrachtung der verschiedenen Stufen der transzendentalen Dingkonstitution über. Wir beschränken uns aber dabei auf das Räumliche und gehen nur gelegentlich auf die »Raumfülle« ein. Diese Beschränkung ist möglich im Hinblick auf die Probleme des ersten Teils. Im zweiten Teil werden wir Gelegenheit haben, auf die Grundzüge der Phänomenologie der materiellen Dinglichkeit (Unterschied zwischen Ding und Phantom, Rolle der Kausalität) einzugehen.

§ 7. Die konstitutiven Stufen der Räumlichkeit.

Wir unterscheiden drei hauptsächliche Stufen in der Konstitution der Räumlichkeit:

A. Die präspatialen (vor- oder quasiräumlichen) Felder oder Ausbreitungsfelder.

B. Den orientierten Raum.

C. Den homogenen (unbegrenzten) Raum.

Unter (A) ist wieder zu scheiden:

A 1. Die Sinnesfelder (präspatiale Felder 1. Stufe).

A 2. Die Organbewegungsfelder (präspatiale Felder 2. Stufe).

Diese Konstitutionsstufen müssen wir nun der Reihe nach betrachten.

A. Die präspatialen Felder.

1. Die Sinnesfelder (Seh- und Tastfeld).

Wir lernten schon die Ausbreitungsfelder der Sinnesdaten kennen. Im wesentlichen kommen ausschließlich das Sehfeld und das Tastfeld in Frage, in manchen Fragen höchstens noch das Hörfeld (d. h. das Richtungsfeld des Gehörs).[1]) Die Lichterscheinungen

1) Dazu ist zu bemerken, daß das »Gehör-Richtungsfeld« mit dem »Sehfeld« nicht ganz parallel geht. Während nämlich das quasiräumliche Sehfeld das sekundäre principium individuationis der Sehdaten ist (das primäre ist die phänomenologische Zeit), liegt die Sache bei den akustischen Daten verwickelter. Zwei qualitativ verschiedene Töne sind z. B., wenn sie in einem Akkord erklingen, in einer gewissen »musikalischen« Tonmannigfaltigkeit individuiert, die weder in der phänomenologischen Zeit, noch in irgendeinem präspatialen Feld ausgebreitet ist, sondern ein principium individuationis sui generis darstellt. (Allerdings besteht in ihr nicht die Möglichkeit, daß zwei qualitativ absolut gleiche Töne in ihr »nebeneinander« [getrennt] auftreten, sondern zwei in ihr erscheinende »Ton-Individuen« müssen sich entweder nach der Ton-

bei geschlossenen Augen (die sog. »Druckphospheme«, das »Augenschwarz« u. ä.) einerseits, die Tastempfindungen z. B. beim Auflegen der Hand andrerseits (wobei man jedesmal sorgfältig von jeder Vergegenständlichung der Sinnesdaten absehen muß), sind Beispiele solcher Felder. Sie liegen noch durchaus in der immanenten Sphäre und stellen sekundäre principia individuationis in dieser Sphäre dar.

Das Sehfeld und das Tastfeld sind zunächst ganz getrennte Phänomene, sie sind eben diejenigen Mannigfaltigkeiten, in denen sich die visuellen bzw. taktuellen Sinnesdaten, sofern sie gleichzeitig sind, nebeneinander ausbreiten. Es liegt in einem vereinzelten und von allem »beseelenden« Auffassungssinn entblößten visuellen Datum noch gar nichts, was es mit einem ebensolchen Tastdatum in Beziehung setzen könnte, – außer der Relation der Gleichzeitigkeit. Die Beziehung beider aufeinander setzt schon die Apperzeption eines identischen Gegenstandssinnes voraus, der seine visuelle und taktuelle Erscheinungsweise hat. Freilich ist uns ein solcher Auffassungssinn derartig natürlich und geläufig, daß es einer in gewissem Sinne sehr künstlichen Abstraktion und Auflösung der Auffassungs-Struktur bedarf, um zu dem echten phänomenologischen Begriff der Empfindung zu gelangen. Aber, wie schon gesagt, in den subjektiven Erscheinungen des »Gesichtsfeldes« wird dessen »Feld-Charakter« (der mit eigentlicher Räumlichkeit oder etwa einer Fläche im Raum noch gar nichts zu tun hat) beinahe unverhüllt sichtbar.

Die Frage, welcher Sinn für die Raumkonstitution fundamentaler sei, der Tast- oder der Gesichtssinn, muß wohl zugunsten des ersten entschieden werden. Dafür spricht vor allem die Tatsache, daß auch für den Blinden sich Räumlichkeit konstituiert, welche Tatsache allerdings erst phänomenologisch interpretiert werden muß. (Das Auge kann man »zumachen«, den Tastsinn nicht. Für den Sehenden sind aber beim Tasten mit geschlossenen Augen gewisse visuelle Empfindungen gewissermaßen »mitwahrgenommen« [ähnlich wie taktuelle beim Ansehen von Stoffen u. dgl.]; nur für den von Geburt Blinden

---

höhe oder nach der Klangfarbe unterscheiden. Auch kommt es in ihr in weitgehendem Maße zu Verschmelzungsphänomenen, die die Differenziertheit der Individuen beeinträchtigen.) Von dieser »musikalischen« Mannigfaltigkeit ist das »Gehör-Richtungsfeld« wohl zu unterscheiden, in dem sich qualitativ völlig gleiche Töne nach der verschiedenen (quasiräumlichen) »Richtung«, aus der sie herzukommen scheinen, individuieren. Natürlich handelt es sich dabei auf der Sinnesfeldstufe noch nicht um wirklich als solche apperzipierte »Richtungen«, sondern um diejenigen Mannigfaltigkeitscharaktere des Hyletischen, auf Grund deren es dann im Verlaufe der Konstitution des »orientierten« Raumes zur Apperzeption der Richtungen kommt.

scheint eine »reine« Tastgegebenheit möglich.) Eine wichtige Frage in diesem Zusammenhang ist ferner, worin phänomenologisch die Tatsache gründet, daß der Tastsinn ein »Nahsinn«, der Gesichtssinn ein »Fernsinn« ist. Dies hängt mit dem Problem der Leibkonstitution zusammen. Darüber wird noch zu sprechen sein. (Siehe unter 2.)

Das Sehfeld ist ein zweidimensionales Kontinuum ohne scharfe Grenzen. Die Zweidimensionalität ist durch die Teilung durch einen in sich zurücklaufenden Flächenstreifen (z. B. Kreisring) erweisbar. (Helmholtz, s. o. S. 428.) Die im Sehfeld auftretenden »Figuren« sind durchaus immanente Phänomene, sie sind nur in dem primitiven Sinne der Urintentionalität (als urimpressional »Gehabtes«) ich-fremd.

Es gibt im Sehfeld Veränderungen, aber noch keine »Bewegungen«. Eine Bewegung ist nämlich dadurch charakterisiert, daß die durch sie hervorgerufene Veränderung durch subjektive »Bewegung« (Kinästhese) rückgängig gemacht werden kann. Da es nun im Sehfeld noch keine Kinästhese gibt, so gibt es auch keine durch sie charakterisierbare Bewegung. Jedoch gibt es sozusagen eine Vorform der Bewegung. Denn es kommen im Sehfeld schon gewisse anschauliche Gleichheiten vor. Das »Stellensystem« des optischen Feldes (d. h. das primitivste Orientierungssystem Mitte — Rand) enthält bereits Relationsgleichheiten (gleiche »Abstände« im primitivsten Sinn) zwischen seinen Elementen. In diesem Relationssystem liegen bereits die Grundlagen der Geometrie der Ebene. (Definition des Kreises; bekanntlich genügt das zum Aufbau der Elementargeometrie nach Mascheroni). Allerdings taucht hier sofort das Limesproblem auf, das wir im III. Abschnitt behandeln werden. Man kann nun offenbar auf Grund der sinnlichen Gleichheit »sinnliche« Kongruenz (etwa eines Dreiecks durch Gleichheit der drei entsprechenden Seiten) definieren und solche Veränderungen, bei denen die veränderten Figuren mit sich kongruent bleiben (kongruente Verpflanzungen), »Bewegungen« nennen. Diese »sinnlichen« Bewegungen sind aber nicht notwendig identisch mit den durch Kinästhese charakterisierten.[1])

Die Frage, weshalb das Sehfeld gerade zweidimensional ist, ob dies eine kontingente oder transzendental verstehbare Eigentümlichkeit ist, scheint uns sinnvoll, wenn auch noch ungelöst.[1])

Das vom Sehfeld im Vorstehenden Gesagte läßt sich in allen wesentlichen Punkten auf das Tastfeld (und wohl auch auf das Gehör-Richtungsfeld) übertragen.

---

1) Beide Probleme werden im II. Teil ausführlich erörtert werden.

2. Organ-Bewegungsfelder (präspatiale Felder 2. Stufe; bes. das Augenbewegungsfeld und das Bewegungsfeld der Tastorgane).

Wir erheben uns zur ersten konstitutiven Stufe der Räumlichkeit (die noch nicht den Raum erreicht, vielmehr noch »vorräumlich«, »präspatial« ist), zu den Organ-Bewegungsfeldern, mittels der Kinästhese.

Darüber müssen wir nun nochmals etwas ausführlicher handeln. – Wollte man den Ausdruck »Kinästhese« einfach mit »Bewegungsempfindung« übersetzen, so würde man der Eigenart des damit gemeinten Phänomens nicht gerecht werden. Die kinästhetischen Daten, d. h. die hyletischen, jeder noetischen »Beseelung« entbehrenden Elemente, die die Grundlage des Bewußtseins des »Ich bewege« (z. B. die Hand oder das Auge) bilden, sind keine eigentlichen Empfindungen, wie die visuellen oder taktuellen Sinnesdaten. Sie sind insbesondere keine spezifischen Tastdaten. Sondern sie haben an sich eine eigentümlich »subjektive« Färbung, die im Gegensatz steht zu der primitiven »Ichfremdheit« des urimpressional Empfundenen. Sie bilden ferner keine quasiextensive Mannigfaltigkeit, kein »Feld«, wie die Sinnesdaten. Sie begleiten den Übergang von einem Datum zum anderen mit dem eigentümlichen Bewußtsein der »subjektiven« Betätigung. Genauer gesagt verhält sich die Sache so: Das Sehfeld z. B. besteht erstens aus einem gewissen Schema der Orientierung, einem präspatialen »Stellensystem«, das sich immer gleichbleibt; roh beschrieben: aus einem kreisförmigen unscharf begrenzten Feld mit einem ausgezeichneten Mittelpunkt.[1]) Zweitens aus dem wechselnden qualitativen Inhalt dieses »Stellensystems«, aus seiner farbigen »Fülle«. Der Wechsel dieser Fülle kann ganz unabhängig von »mir« für sich ablaufen, während ich ihm rein passiv zuschaue; – oder er kann mit dem nicht weiter beschreibbaren Bewußtsein des »Ich bewege« verknüpft sein. Im ersten Fall »bewegt sich« etwas an mir vorbei, im zweiten »bewege ich mich« an ihm vorbei. In beiden Fällen erwächst das Bewußtsein der Unabhängigkeit der Feldfiguren von »mir«. Besonders wichtig ist aber der zweite Fall: denn die Veränderungen die die »Feldfigur« erleidet, sind hier, wie aus dem Phänomen selbst ohne weiteres deutlich wird, meiner eigenen Betätigung zuzuschreiben. Im ersten Fall dagegen ist zunächst zweifelhaft, ob die Figur sich selbst verändert, oder ob sich nur ihre Orientierung zu mir geändert hat. Wenn nun die Veränderung der Figur durch eine Ich-Bewegung (z. B. Augenbewegung) rückgängig gemacht werden kann, ist

1) Das ist eigentlich nur ein bildlicher Ausdruck, von Figuren innerhalb des Feldes hergenommen.

entschieden, daß sie nur eine Orientierungsänderung, d. h. eine Bewegung (φορά) der Figur war, ohne Deformation oder qualitativen Wandel. Es ist z. B. die Regel, daß eine Figur bei der »Bewegung« nach dem Rand zu undeutlich wird und sich auch sonst sinnlich ändert. Ebenso, daß ich Randfiguren durch eine geeignete Augenbewegung in den Mittelpunkt des Gesichtsfeldes bringen kann, wobei sie sich verdeutlichen. Man muß also wohl unterscheiden die rein »sinnliche« kongruente Verpflanzung und die »okulomotorische« Bewegung. Was bei der ersten Transformation invariant bleibt, ist die »sinnliche« Figur, die präspatiale Figur erster Stufe; was bei der zweiten sich identisch durchhält, ist die »okulomotorische« Figur, die präspatiale Figur zweiter Stufe.

In den beschriebenen Phänomenen zeigt sich eine erste Stufe der »Transzendenz«. – Wir müssen auf das Sorgfältigste die verschiedenen Stufen der »Objektivität« unterscheiden:

Die primitivste und niedrigste Stufe stellen die Feldfiguren der Sinnesfelder dar. Sie haben ihre »Objektivität« einerseits aus der intentionalen Struktur der Urimpression, andrerseits aus ihrer Konstitution im ursprünglichen Zeitbewußtsein (siehe §§ 4, 5). Die zweite Stufe wird gebildet durch die »okulomotorischen« Figuren (präspatialen Figuren der zweiten Stufe). Sie konstituieren sich durch Kinästhese in der beschriebenen Art.[1]) Indem sie im Wechsel der u. U. willkürlichen Orientierung (jedenfalls im Prinzip immer willkürlich zu ändernden und zu ihrer früheren Lage zurückzubringenden Orientierung) sich als eine mit sich identische Sinneinheit erweisen, erreichen sie eine gewisse Transzendenz, eine Ich-Unabhängigkeit dadurch, daß sie von ihrer zufälligen Erscheinungsweise, die sie in einer bestimmten Orientierung zu mir zeigen, loskommen. Man könnte dies als »Prä-Transzendenz« bezeichnen. Denn die eigentliche Transzendenz liegt noch eine Stufe höher, auf der dritten Stufe. Auch die Figuren des okulomotorischen Feldes sind noch präspatial, sie sind noch keine eigentlichen Raumfiguren. Denn auch das präspatiale Feld zweiter Stufe enthält noch keinen »Ort« für das »Ich«; das Subjekt ist noch nicht in ihm vermöge seines Leibes lokalisiert. Und dies ist das eigentliche Charakteristikum des Raumes gegenüber den präspatialen Strukturen, daß er ein universelles prin-

---

1) Man beachte: die Konstitution der »Objekte erster Stufe« im ursprünglichen Zeitbewußtsein erfolgt nicht durch Kinästhese oder ein Analogon dazu, sondern durch den zwangsläufigen Zeitfluß, in dem alles gleichsam nach einem ewigen Schicksalsgesetz von der Gegenwart immer tiefer in die Vergangenheit hinabsinkt.

cipium individuationis ist, in das auch die Subjekte durch Vermittlung ihrer Leiber mit eingehen (s. u. unter B). –

Wir exemplifizierten bisher nur an den optischen Feldern. In vieler Hinsicht analog ist es bei den Tastfeldern, dem Tastsinnesfeld und dem Tastorgan-Bewegungsfeld. Es gibt aber auch eine Reihe wichtiger Unterschiede, auf die wir kurz eingehen müssen: Vor allem besteht (zum mindesten) eine eindeutige Deckung zwischen bestimmten Tastdaten und bestimmten kinästhetischen Daten. Das ist der richtige Kern der Lehre von den »Bewegungsempfindungen«. Nicht nur die »Lage« der Leibglieder ist kinästhetisch und taktuell gekennzeichnet, sondern auch die Geschwindigkeit und Beschleunigung ihrer Bewegung. An derartigen Tastempfindungen können weiterhin »Empfindungsgefühle«, Lust und Schmerz (hyletischer, nicht intentionaler Art) gegeben sein, ferner »Spannungsempfindungen« u. dgl., die Anlaß zu strebungsartigen Tendenzen geben. Dies alles enthält wichtige phänomenologische Probleme, die hier nicht zu erörtern sind. Jedenfalls ist klar, daß diese ganze gefühlsmäßige und tendenziöse Schicht an Tastdaten und nur an diese geknüpft ist.[1])

Wichtig für uns ist aber die nähere Betrachtung der Augenbewegungen. Die natürlichen Bewegungen der Augen bei Normalen sind von Tastempfindungen begleitet. Das Auge ist nicht ein reines Sehorgan, sondern zugleich ein tast- und schmerzempfindliches bewegliches Leibglied. Daraus ist auch verständlich, daß wir Schmerz »im Auge« empfinden können. Auch eine schmerzhafte Blendung durch grelles Licht »fühlt« man im Auge, nicht an den visuellen Empfindungen im Sehfeld. – Man kann sich aber das Auge unempfindlich (etwa künstlich anästhetisch gemacht), aber doch beweglich denken. Dann ist die die Kinästhese begleitende Tastempfindung verschwunden, aber die Kinästhese selbst besteht natürlich weiter fort. Jetzt ist nur noch das optische Orientierungsfeld (Mittelpunkt – Peripherie) willkürlich beweglich. Das Auge ist gewissermaßen der Körperlichkeit entkleidet; es ist zu einem quasi »immateriellen« Organ der Blickwendung geworden. Wir sprechen also hier besser nicht mehr von »Augenbewegungen«, sondern von »Blickbewegungen« und dementsprechend von einem »Blickbewegungsfeld«, als rein optischem präspatialen Feld zweiter Stufe. –

Um den Unterschied zwischen »Nahsinn« und »Fernsinn« aufzuklären, der auch mit den beschriebenen Phänomenen eng zusammen-

1) Das drückt sich in der Sprache dadurch aus, daß man Tastempfindungen oft »Gefühle«, tasten »fühlen« nennt.

hängt, ist es unumgänglich notwendig, das Problem der Leibkonstitution kurz zur Sprache zu bringen.

Der (menschliche) Leib ist als Phänomen für das Bewußtsein primär gegeben als eine Leistungseinheit von verwickelter Struktur. Er ist einerseits die Sphäre der kinästhetischen Verfügbarkeit für den Willen (eine »Handlung« besteht letzlich aus Bewegungen des Leibes), andrerseits die Sphäre der Sinnesempfindungen und der Empfindungsgefühle (Schmerz, Lust, von rein »sinnlicher« Art) und der »körperlichen« Triebregungen. Als Leistungseinheit ist der Leib »von innen« gegeben, als einzigartiges Phänomen, nicht etwa als ein Ding unter anderen Dingen. Als ein materielles Ding konstituiert er sich erst auf Grund der sogenannten »Doppelempfindungen«, die für den Tastsinn entstehen, wenn ein Leibglied eine andere Leibstelle berührt. Man kann z. B. seine Hand einmal als bewegliches, empfindendes Glied des Leibes »von innen« »fühlen« oder »spüren«, andrerseits mit der anderen Hand »von außen« abtasten. Die zugleich mit diesem Abtasten in der abgetasteten Hand selbst erweckten Tastempfindungen geben die Unterlage für die Identifizierung des »von außen« und »von innen« zugleich wahrgenommenen Gliedes.

Das Tastempfindungsfeld ist in die ursprüngliche Leistungseinheit des Leibes unmittelbar mit einbezogen. »Dieselben« Glieder, an denen Tast- und Schmerzempfindungen gespürt werden, sind beweglich usw.

Anders beim Gesichtssinn! Das »Sehfeld« gehört nicht in der gleichen ursprünglichen Weise zum Leibe. Wohl ist das Auge ein Leibglied, aber doch nur, insofern es auch tastempfindlich ist; nicht unmittelbar, sofern es sieht. Wir sehen nicht »am« oder gar »im« Auge, sondern »im Sehfeld« sehen wir die optischen Daten »mit dem Auge«. Dabei besagt dieses »mit« eigentlich nur die Beweglichkeit des »Blicks«, wie sie soeben im Gegensatz zur Beweglichkeit des »Auges« erläutert wurde. Nur der Umstand, daß die Orientierung des Sehfeldes innerhalb der sogleich zu besprechenden »okulomotorischen Mannigfaltigkeit« willkürlich variiert werden kann (Möglichkeit der Kinästhese), verknüpft auch das anästhetisch gemachte Auge noch mit dem Leib. Doch gewinnt es damit nicht die Stellung eines tastenden Gliedes, wie etwa die Hand. — Der Unterschied zwischen Auge und Hand tritt auch bei dem (allerdings nur mittels einer Spiegelvorrichtung oder dgl. einigermaßen zu bewerkstelligenden) Versuch des gegenseitigen Betrachtens der beiden Augen hervor. Von einer »Doppelempfindung«, wie beim Tastsinn, ist da nichts zu merken. Das Auge sieht, wird aber nicht spürbar gesehen, d. h. es spürt von dem Gesehenwerden nicht das geringste, während doch die Hand ihr Betastetwerden unmittelbar fühlt. (Die Argumente, die man aus »Doppelempfindungen« bzw. ihrem Fehlen u. dgl. ziehen kann, sind allerdings nicht unbeschränkt transzendental gültig, sondern nur für diejenigen psychophysischen Wesen, die Glieder besitzen, mit denen sie andere Leibstellen berühren können.)

Somit kann man den »Nahsinn« dadurch charakterisieren, daß »Nahsinnsfelder« unmittelbar in die Leistungseinheit des Leibes hineingehören, daß somit ihre Daten unmittelbar »am« Leibe lokalisiert sind. »Fernsinnsfelder« dagegen stehen ganz außerhalb der ursprünglichen Leistungseinheit des Leibes und sind mit ihr nur durch die Möglichkeit der Kinästhese, d. h. dadurch, daß sie – getrennt und neben allen »Gliedern« – zur Sphäre der Verfügbarkeit des wollenden Ich gehören, in eigentümlich loser Weise verbunden.[1]) – –

Wir müssen nun noch kurz auf die Felder zweiter Stufe als Ganze eingehen. Charakteristisch ist für das okulomotorische Feld vor allem, daß es nicht principium individuatonis gleichzeitiger originär gegebener Empfindungsdaten mehr ist, sondern daß es auch Daten enthält, die nicht originär sind oder zum Teil originär sind und zum Teil nicht. Es ist gewissermaßen die Mannigfaltigkeit der Daten, die in das Gesichtsfeld vermöge der Augenbewegung eintreten können. Es entsteht durch eine Art »Erweiterung« des Sehfeldes; genauer gesagt dadurch, daß das Orientierungsschema »wandert«. Bei Blickbewegungen bleibt das Schema selbst konstant, nur die es ausfüllenden Sinnesdaten treten vom Rande her auf der einen Seite in es hinein und drängen zugleich auf der entgegengesetzten Seite andere Daten hinaus, so wie am Osthimmel Sterne aufgehen und andere dafür im Westen untergehen. Da aber dieser Vorgang von dem kinästhetischen Bewußtsein begleitet wird, wird er aufgefaßt als »meine« Bewegung gegenüber der präspatialen Mannigfaltigkeit zweiter Stufe. Es ist so, wie wenn man mit einem Scheinwerfer eine dunkle Landschaft oder das Meer ableuchtet: der Lichtkegel bleibt immer derselbe und in ihn treten an der »Vorderseite« der Bewegung Gegenstände ein und entsprechend an der Rückseite aus; trotzdem wissen wir, daß

1) Vgl. über das Problem der Leibgegebenheit die (mit unserer Auffassung allerdings nur zum Teil übereinstimmenden) Ausführungen Schelers (dieses Jahrbuch, Bd. II, S. 272 ff.); – für das Problem von »Nah- und Fernsinn« die umfangreichen Analysen über »Empfindungsgegebenheit« und »Erscheinungsgegebenheit« von Hedwig Conrad-Martius (dieses Jahrbuch, Bd. III, S. 397 ff.).

der Lichtkegel sich bewegt und eine in ihrer Gesamtheit vorhandene Landschaft nur Stück für Stück ableuchtet. So bewegt sich auch das optische Orientierungsschema über die okulomotorische Mannigfaltigkeit hin. – Aus dem vorstehenden geht nicht hervor, daß diese Mannigfaltigkeit in sich zurückläuft (»geschlossen ist«). Dies ist bekanntermaßen faktisch so; ein phänomenologisch-transzendentales Verständnis dafür gewinnen wir erst auf der nächsten konstitutiven Stufe, dem orientierten Raum, sofern dieser nämlich ein Zentrum allseitig umgibt.

Das Gesagte läßt sich auf gewisse Tastfelder zweiter Stufe sofort übertragen; z. B. auf das Tastbewegungsfeld der Hand. Dagegen weist das Gesamt-Sinnesfeld des Tastsinnes (die gesamte »Haut« des Leibes) schwierige, hier nicht zu erörternde Verhältnisse auf. Ebenso spielt die Deckung von Tastsinnesfeldern eine wichtige Rolle (z. B. wenn ich meine Hand auf meine Brust lege). All dies würde hier zu weit führen. –

B. Der orientierte Raum.

Wir verstehen unter dem »orientierten Raum« den Umweltsraum des einzelnen; also jenes Gebilde, in dessen Mittelpunkt »ich« mich ständig befinde und dessen äußerste (verwaschene) Grenze der »Fernhorizont« (das »Himmelsgewölbe« etwa) ist. Ich kann im orientierten Raum nicht »wandern«, vielmehr nehme ich ihn in ganz analoger Weise wie das »Stellensystem« des Gesichtsfeldes immer mit. Sein Hauptmerkmal ist, daß in ihm der Leib des Ich konstituiert ist als räumliches Gebilde und als, wenn auch ausgezeichnetes, Objekt unter anderen Objekten seine Stelle in ihm hat. Diese Auffassung des eigenen Leibes als eines Objekts neben anderen (durch die »Außenwahrnehmung« des Leibes) ist wohl nur möglich entweder auf Grund von »Doppelempfindungen« (durch den Nahsinn) oder durch den »Fernsinn« (Sehen im Spiegel u. dgl.). Ob ein gliedloses, blindes Tier seinen eigenen Leib als Objekt unter anderen Objekten (materiellen Dingen) haben kann, ist zu bezweifeln. Aber auch in diesem Falle – wie auch in dem wenigstens denkmöglichen Falle des reinen »Augentieres« (Punktauge) – ist jedenfalls als Orientierungszentrum ein Punkt im Raum, wo das Tier sich befindet, gegeben. Sowohl taktuell wie visuell ist die Stelle des orientierten Raumes, an welcher sich der Leib befindet, ganz besonders vor allen anderen ausgezeichnet. Sie ist das absolute »Hier« im Gegensatz zu jedem »Dort«. Ebenso ist die Entfernung von »mir« wesentlich etwas anderes als die Entfernung zweier Gegenstände voneinander.

Der Umstand, daß das »Ich« vermittels seines Leibes eine Stelle im orientierten Raum einnimmt, ist recht eigentlich das, was ihn zum »Raum« macht, im Gegensatz zu den im vorigen besprochenen »vorräumlichen« (präspatialen) Mannigfaltigkeiten. Eng damit zusammen hängt seine zweite Eigentümlichkeit, daß er ein allen Sinnen gemeinsames principium individuationis ist. Das, was sich in ihm individuiert, sind keine »Daten« mehr, auch keine präspatialen Figuren mehr, sondern Dinge. Diese sind Sinneinheiten, die sich aus visuellen **und** taktuellen »Erscheinungen« zum mindesten konstituieren **können**. Wir können identisch dasselbe Ding u. U. betasten und sehen.

Trotzdem ist es möglich, durch Abstraktion von der Deckungsmöglichkeit mit Tastdaten und sich darauf aufbauenden taktuellen »Erscheinungen« einen rein optischen orientierten Raum (der meist »Sehraum« genannt wird, obwohl diese Bezeichnung nicht immer eindeutig definiert wird) zu untersuchen. Der rein taktuelle Raum ist, wie das Beispiel des Blinden zeigt, ohne irgendwelche Abstraktion ganz konkret möglich. (Beim reinen Sehraum ist das zu bezweifeln.)[1])

Über den Prozeß der Konstitution des orientierten Raumes müssen wir uns an dieser Stelle sehr kurz fassen. – Es ist zu unterscheiden zwischen der optischen und der taktuellen Raumschicht. Der Sehraum konstituiert sich aus dem okulomotorischen Feld durch die Umdeutung einer gewissen Qualität seiner Elemente, der sog. »Sehtiefe«, in eine dritte Raumdimension, die mit den beiden im Felde ausgebreiteten Dimensionen eine im wesentlichen homogene dreidimensionale Mannigfaltigkeit bildet. Ihre eigentliche Begründung findet diese Umdeutung durch die Kinästhese, ganz ebenso wie bei der Konstitution des okulomotorischen Feldes aus dem Sehfeld. Es ergibt sich nämlich eine Gruppe von Veränderungen der okulomotorischen Figuren, die nicht durch Augenbewegungen, aber Bewegungen anderer Art (auf die wir hier nicht eingehen können) kompensiert werden können. Diese Veränderungen lassen sich so als gewisse Bewegungen, nämlich »Drehungen«, in einer dreidimensionalen auf einen Mittelpunkt hin orientierten Mannigfaltigkeit interpretieren. Die so variablen okulomotorischen Figuren erweisen sich als die Aspekte eines sich in diesen »Drehungen« durch-

1) Niemals aber können Seh- und Tastraum, wenn sie beide vorhanden sind, voneinander ganz getrennt sein, wie Tast- und Sehfeld (1. u. 2. Stufe); sondern sie beziehen sich dann immer als abstrakte Momente auf **einen** identischen orientierten Raum.

haltenden »Dinges«, das wir (nach H. Hofmann) als »Sehding« oder als »Skiagraph« bezeichnen.[1]) So lange ein ſolches »Skiagraph« ſich nur dreht, ändert es nicht weſentlich ſeine Entfernung von mir. Es ſind nun auch andere Bewegungen denkbar auf mich zu und von mir weg. Dieſe ſind aber nicht kinäſthetiſch kompenſierbar, denn ich bin ja im Mittelpunkt des orientierten Raumes feſtgenagelt. Wohl aber ſind ſie definierbar als »ſinnlich« kongruente Verpflanzungen.[2]) Z. B. ändert eine Perſon, die bis an die Tür des Zimmers geht, im allgemeinen ihre »Sehgröße« nicht, d. h. ſie vollführt eine »ſkiagraphiſch ſtarre« Bewegung.[3]) Dies fällt aber nicht immer zuſammen mit einer im gewöhnlichen Sinn ſtarren Bewegung (die wir unter C definieren werden); eine ſich nähernde Lokomotive »wächſt« z. B. beträchtlich vor unſeren Augen. – Auf die ſich hier der Einzelforſchung eröffnenden Probleme können wir nicht eingehen. – –

Die Konſtitution des orientierten Taſtraums iſt von der des optiſchen Raumes weſentlich verſchieden. Die Elemente der präſpatialen Taſtmannigfaltigkeit zweiter Stufe können *nicht* »auf Tiefe« umgedeutet werden, wie die viſuellen Daten. Denn die Möglichkeit einer ſolchen Umdeutung beruht beim Geſichtsſinn darauf, daß ein viſuelles Datum vom taſt- und ſchmerzempfindenden Leibe »getrennt« iſt, an ſich noch gar keine Lokaliſation in bezug auf den Leib hat und dieſe daher noch frei zugewieſen erhalten kann. Dagegen kleben die Taſtdaten immer am Leibe, ſei es an ſeiner Oberfläche, ſei es in ſeinem Innern.

Die Konſtitution des orientierten Taſtraumes vollzieht ſich mittels der Gliederbewegungen, vor allem durch diejenigen unter ihnen, die die Glieder vom Rumpf entfernen oder ſie ihm nähern. Dabei

1) Die Terminologie bietet hier einige Schwierigkeiten: »Sehding« wird von *Hering* in weiterem Sinne gebraucht, *Hofmann* ſetzt es dem »viſuellen Sinnending« oder »Phantom« entgegen. »Skiagraph« iſt von der *platoniſchen* Bezeichnung für perſpektiviſche Malerei »σκιαγραφία« hergenommen (ſiehe Staat X, 602 D), in der doch entfernte materielle Dinge als klein »erſcheinen«; dieſe perſpektiviſchen »Erſcheinungen« ſind die Skiagraphen. — *Huſſerl* verwendet den Ausdruck »Entfernungsding«, der aber leicht zu Mißverſtändniſſen führt.

2) Dies hat ſeine Schwierigkeiten. Denn nicht etwa ſind die den »ſinnlich« gleichen Skiagraphen als Aſpekte entſprechenden Sinnesfeldfiguren, wenn man von der darüber gebauten Apperzeption ſich losmacht, im primitiven Sinne ſinnlich gleich. (Vgl. H. Hofmann, »Über den Empfindungsbegriff«, S. 67—69). – Wir werden auf das Problem im II. Teil zurückkommen.

3) Vgl. Stumpf, Über den pſychologiſchen Urſprung der Raumvorſtellung. Leipzig 1873. S. 207.

ist aber so eine Bewegung wie das Gehen, bei dem durch eine rhythmisch wiederholte Gliedbewegung eine ständige Fortbewegung in einer Richtung erzielt wird, auszuschalten. Das »Gehen« spielt erst bei der Konstitution des »homogenen Raumes« eine Rolle. Ein psychophysisches Wesen ohne Glieder, etwa ein kugelförmiges, rein taktuell organisiertes Tier wäre nicht zur Konstitution eines orientierten Raumes fähig. Im Aufbau seiner Räumlichkeit würde auf sein »Hautbewegungsfeld« sogleich der homogene Raum folgen. — Durch die mannigfachen möglichen Gliederbewegungen entstehen vieldimensionale Mannigfaltigkeiten (entsprechend der Anzahl der »Freiheitsgrade« des durch die Glieder bestimmten kinematischen Systems), die sich aber durch Deckung und gegenseitige Koppelung schließlich auf drei reduzieren.[1]) Die zentrale Lage des Rumpfes bringt auch hier ein »hier«, wo »ich« gleichsam »wohne«, und eine zentrale Orientiertheit um einen Mittelpunkt herum hervor. Dies im einzelnen zu verfolgen ist eine verwickelte und nicht leichte Aufgabe, die wir hier nicht lösen können. – Der »orientierte« Tastraum reicht so weit, als meine Glieder reichen. Allenfalls kann ich ihn durch Tasten mit Stöcken und dgl. erweitern. (Das führt wieder auf eigene Probleme.) –

Damit müssen wir unsere Bemerkungen über den orientierten Raum abbrechen. Unerörtert lassen wir u. a. auch die Frage, wie sich durch »Deckung« der Tast- und Seh-Dinge die eigentlichen »Dinge« im orientierten Raum bilden.[2]) –

C. Der homogene (unbegrenzte) Raum.

Der »homogene« Raum ist der Raum unserer Naturwissenschaft, wenigstens auf der anschaulichen Stufe der beschreibenden Wissenschaften, und auch im wesentlichen der »klassischen Physik« Newtons und seiner Nachfolger. (Wir ignorieren hier den Unterschied zwischen morphologischem und exaktem Raum.) – Der homogene Raum verhält sich zum orientierten wie das okulomotorische Feld zum Sehfeld. Durch Eigenbewegungen (»Gehen«)[3]) »erweitern« wir den

1) Mathematisch läuft das auf die Einführung von Bedingungsgleichungen hinaus, die die Anzahl der unabhängigen Variablen vermindern.

2) Wie auch das Gehör u. U. einen orientierten Raum hervorbringen kann, ist von W. Schapp in seinen »Beiträgen zur Phänomenologie der Wahrnehmung« Halle 1910 (S 26ff.) ansprechend geschildert worden.

3) Es ist ein Problem für sich, zu zeigen, wie aus den periodisch-rhythmischen Gehbewegungen eine fortschreitende Bewegung sich bildet. – Jedenfalls ist es gerade die Periodizität der rhythmischen Gehbewegung, die vermöge ihrer unbegrenzten Wiederholbarkeit das unbegrenzte »Hineingehen« in die Tiefe des Raumes ermöglicht.

orientierten Raum in ganz derselben Weise wie das Sehfeld durch Augenbewegungen (bzw. Kopfbewegungen). Dadurch werden die undeutlichen »fernen« Raumdinge in deutliche Nähe gebracht. Hier fassen wir also Dinge als identische auf, während ihre »Skiagraphen« wechseln, d. h. scheinbar »schwellen« oder »schrumpfen«. Das Kriterium dafür, daß jene scheinbaren »skiagraphischen« Veränderungen »starre« Bewegungen darstellen, ist wiederum die Kinästhese. Durch das kinästhetisch charakterisierbare »Wandern« in den Horizont hinein kann man jene Veränderungen vollständig rückgängig machen.

Das Hineingehen in den Fernhorizont ist begleitet von einem Deutlicherwerden und Sich-Entwirren der Gegenstände, auf die man sich zubewegt. Wir sagen, man geht gleichzeitig in einen »Innenhorizont« hinein. Eine glatte Fläche entpuppt sich z. B. als rauh, eine gleichmäßig gefärbte als fleckig; allgemein: das Undifferenzierte differenziert sich, eine homogen scheinende Masse legt sich in eine Fülle eigentümlich charakterisierter Einzelheiten auseinander. Wir haben denselben Vorgang, den wir beim Teleskop und Mikroskop als »Auflösung« des Objekts bezeichnen. (So spricht man von dem »Auflösungsvermögen« eines bestimmten Instrumentes.) In der Tat leisten Teleskop und Mikroskop auch nichts anderes als eine solche Entwirrung, wie sie die Annäherung zustande bringt; – nur daß freilich die Kontinuität zwischen dem Aspekt mit unbewaffnetem Auge und dem durch das Instrument nicht ebenso gewahrt bleibt, wie bei einer wirklichen stetigen Annäherung an das Objekt.

Ebenso wie die Orientiertheit des Sehfeldes um einen Mittelpunkt mit der »Erweiterung« zum okulomotorischen Feld verschwindet und einer homogenen Struktur Platz macht, ebenso verliert sich die Orientierung um ein Zentrum bei dem durch das Wandern in den Fernhorizont erfolgenden Erweitern des orientierten Raumes zum »homogenen«. Von diesem Fehlen jedes ausgezeichneten Punktes hat er ja gerade seinen Namen. Nur ist dieses Vorkommnis jetzt von ungleich größerer Bedeutung als bei den präspatialen Strukturen. Denn das ausgezeichnete Zentrum des orientierten Raumes ist der Ort des »Ich« (bzw. seines Leibes), das absolute »Hier«. Dieses »Hier« und »Dort« relativiert sich jetzt. Der Ich-Leib gewinnt seine volle Beweglichkeit im Raum; er kann in ihm wandern, im Prinzip unbegrenzt weit. Das »Hier« wird zum bloßen Orientierungsmodus in bezug auf den Leib. Damit ist aber der Leib (nach seiner materiellen Seite hin) erst völlig zu einem Ding unter den anderen Naturdingen geworden. – Daraus ergibt sich noch eine wichtige Konsequenz: Mein »Ich« kann die Stelle (die Orientierung) eines anderen »Ich«

einnehmen. Es kann sich im wörtlichsten Sinn »an die Stelle des anderen setzen«. Damit wird (soweit die Räumlichkeit in Frage kommt) eine »Einfühlung« in den anderen möglich. Ich kann mir vorstellen, wie »die Welt von seinem Standpunkt aus aussieht«. Umgekehrt kann man in transzendentaler Betrachtungsweise sagen: Damit sich eine solche »intersubjektive» Welt konstituieren kann, ist ein Weltraum von der beschriebenen »homogenen« Struktur notwendig. – –

Damit wollen wir unsere Übersicht über die Raumkonstitution abschließen. Alles Geometrische im engeren Sinne vermieden wir absichtlich. Denn das müssen wir uns ja erst erarbeiten. Jetzt gehen wir zu diesem Problem der eigentlichen »räumlichen« Geometrie über.

Dritter Abschnitt.

Das Limesproblem in der phänomenologischen Begründung der eigentlichen (räumlichen) Geometrie.

Vorbemerkung

Es handelt sich in diesem Abschnitt darum, einen besonderen, aber sehr wichtigen Fall eines anschaulichen Kontinuums eingehender zu betrachten, nämlich den Raum. Wir haben für diese Aufgabe festen Boden unter den Füßen gewonnen durch die konstitutiven Analysen des vorigen Abschnitts. Wir werden nicht erwarten können, daß ein so verwickelt aus verschiedenen phänomenologischen »Schichten« aufgebautes Gebilde wie der Raum in betreff des Kontinuum- und Limesproblems eine durch alle seine konstitutiven Momente gleichförmige Artung aufweist. Vielmehr wird jede konstitutive Stufe des Raumes ihr eigenes Limesproblem mit sich bringen. –

Wir müssen e r s t e n s diejenigen Eigentümlichkeiten der Räumlichkeit aufzählen, durch die sie sich von anderen Kontinuis charakteristisch unterscheidet. Diese gruppieren sich um den zentralen Umstand, daß der Raum in seinen verschiedenen Schichten ein principium individuationis und ferner eine Sphäre der Gleichzeitigkeit ist. (§ 8.)

Z w e i t e n s werden wir eine Reihe eigentümlicher Grundphänomene aufweisen, welche die Existenz von geometrischen »Idealgebilden« in den verschiedenen Raumschichten bedingen. In diesen »Idealgebilden« gewinnt das allgemein verbreitete Limesphänomen einen ganz spezifischen, sozusagen »prägnanten« Gehalt, wie er in keiner anderen Phänomengruppe zutage tritt, wie wir durch Kontrastierung feststellen können. (§ 9.)

Von hier aus werdeu wir dann drittens Licht werfen können auf das Problem der Präzisions- und Approximationsgeometrie und Verwandtes, und es wird uns schließlich eine phänomenologische Begründung der Raumgeometrie im Prinzip gelingen, d. h. wir werden die Möglichkeit geometrischer Axiome und Theoreme aufzeigen können. Auf die Frage nach dem materialen Gehalt jener Sätze werden wir aber erst im II. Teil eingehen. Nur die Stetigkeitsaxiome werden bei unserer gegenwärtigen Fragestellung ganz von selbst mit erledigt, indem die nicht-archimedischen Geometrien von vornherein ausgeschaltet werden. (§ 10.)

§ 8. Die spezifische Eigenart der räumlichen Kontinuums.

Die Räumlichkeit in ihren verschiedenen konstitutiven Stufen ist dadurch ausgezeichnet vor anderen anschaulichen Kontinuen, mit Ausnahme des zeitlichen, daß sie ein principium individuationis darstellt. Das besagt, daß sie ein Medium ist, innerhalb dessen »Wiederholung« möglich ist. In einem qualitativen Kontinuum, wie z. B. dem der Farben, ist jedes Element von jedem anderen durch eine spezifisch andere Nuance des Farbtons, des Sättigungsgrades, der Helligkeit unterschieden, bei Zeit und Raum ist dies nicht der Fall. Die »Besonderung«, die einer Spezies irgendeiner Allgemeinheitsstufe bis zur letzten Differenz hinab, bis zur »Nuance«, zuteil werden kann, ist sorgfältig zu unterscheiden von der »Vereinzelung« dieser letzten Differenz in qualitativ identische, nur noch numerisch verschiedene Exemplare.[1]) Die Ausbreitung, Nebeneinanderstellung dieser Exemplare erfolgt in den principiis individuationis.

In einem gewissen Sinne ist die Zeit das primitivste dieser Prinzipien der Individuation. Konstitutiv ist sie jedenfalls die grundlegende Mannigfaltigkeit. D. h. das in der Zeit Vereinzelte kann sich seinerseits noch weiterhin im Raum vereinzeln, der somit als sekundäres Individuationsprinzip erscheint. Nicht aber kann das im Raum Vereinzelte sich zeitlich weiter vereinzeln, wie man vielleicht zunächst denken könnte. Denn es gibt eine ganze Bewußtseinsschicht, die ihre Stätte im ursprünglichen und auch im immanenten Zeitbewußtsein hat, noch vor der Konstitution des Raumes. Dies wurde im vorigen Abschnitt (§§ 4 bis 5) ausführlich erörtert.

1) Die »eidetische Singularität« und das »volle Konkretum« ist zu scheiden vom »Individuum«. S. Husserl, »Ideen« § 15.

Der Raum ist aber (in seinen verschiedenen konstitutiven Schichten) in einem anderen Sinne trotzdem das primitivste Beispiel eines nichtqualitativen Kontinuums. Seine Elemente sind nämlich »zugleich«, gerade vermöge seiner Eigentümlichkeit, als Ganzes in jedem Augenblick der Zeit vorhanden zu sein. D. h. seine Elemente sind sämtlich originär gegeben, sie sind selbst und leibhaftig da, nicht irgendwie vergegenwärtigt. Dies macht ihren kontinuierlichen Zusammenhang besonders deutlich und viel anschaulicher als den in der Zeit, wo nur jeweils ein Moment »jetzt« ist. Das »Nacheinander« der Zeit ist ein viel loserer Zusammenhang als das »Nebeneinander« des Raumes.[1])

Somit können wir die phänomenologischen Schichten der Räumlichkeit charakterisieren als principia individuationis, deren Elemente sämtlich simultan orginär gegeben sein können und die deshalb eine besondere Anschaulichkeit besitzen. (Streng genommen gilt das aber nur für die beiden orientierten Stufen; nicht für die homogenen.)

§ 9. Die Entstehung der räumlichen Idealgebilde durch den geometrischen Grenzübergang.

Der allgemeine Prozeß der Entstehung der geometrischen Gebilde (im verallgemeinerten Sinn) aus den morphologischen durch die vermittelnde Stufe des Topologischen hindurch war im I. Abschnitt erörtert worden. Jetzt ist es unsere Aufgabe, die spezifische Weise, wie dieser Prozeß im Räumlichen vor sich geht, darzustellen.

Als hervorstechendste Erscheinung treten uns hier Limesgebilde von ganz eigenartiger Prägnanz entgegen, die sog. »geometrischen Idealgebilde«. Von jeher sind sie, wie der »ideale Kreis« und die »ideale Gerade«, ein bevorzugter Gegenstand philosophischen Nachdenkens gewesen. An sie haben sich diejenigen geklammert, die sich über die Sinnenwelt erheben wollten (seit Plato); umgekehrt haben ihre Gegner, die Empiristen und Sensualisten (seit Protagoras[2])) ihre Angriffe gegen die »reinen« geometrischen Gebilde gerichtet. Sie waren es auch, die Kant als Stütze seiner Theorie von den apriorischen reinen Anschauungsformen Raum und Zeit benutzte. — Der Streit um die geometrischen Figuren ist auch in neuester Zeit

1) Die Zeit hat nach Natorp (»die logischen Grundlagen der exakten Wissenschaften« S. 287 und 291) einen »dispositiven«, der Raum einen »kompositiven« Charakter. — Wir würden die Ausdrücke »disjunktiv« (oder) und »konjunktiv« (und) vorziehen.

2) S. darüber Aristoteles, Metaphysik B 2, 997b, 32.

nicht zur Ruhe gekommen. Die sachlich bedeutsamste Erörterung gab Felix Klein in seinen bekannten »Vorlesungen über die Anwendung der Differential- und Integralrechnung auf Geometrie. Eine Revision der Prinzipien«. (Leipzig 1902, autographiert.) Darauf werden wir in § 10 noch näher eingehen.

Das Paradoxon, das den geometrischen Idealgebilden anzuhaften scheint, besteht in folgendem: Ein »Punkt« in einem anschaulichen Kontinuum ist niemals schlicht gegeben, er ist kein »morphologisches« Gebilde. Er entsteht (§ 3) durch einen unbegrenzt fortsetzbaren Teilungsprozeß, genauer Prozeß der Einschachtelung von Stücken des Kontinuums ineinander. Gerade nach der von uns (in § 3) vertretenen Brouwerschen Auffassung der unendlichen Mengen geht es aber nicht an, den unvollendbaren Prozeß durch eine Art Erschleichung dennoch (durch Statuierung eines »Limes«) zu vollenden. Das Kontinuum ist vielmehr ein ewig »werdendes«. Dies empfanden wir schon damals als im Widerspruch stehend zu dem Phänomen des schlicht-anschaulich »gegebenen« Kontinuums. Wir zogen uns aber aus der Schwierigkeit, indem wir sagten, der unbegrenzt fortsetzbare Teilungsprozeß sei nur ein abstraktes Schema, um jedweder endlichen Teilungsmöglichkeit gerecht werden zu können; konkrete Kontinua seien vielleicht nicht unbegrenzt teilbar und hätten damit auch keine eigentlichen »Punkte« in sich, womit dann die Eigentümlichkeit einiger unter ihnen, zu »Unterschiedsschwellen« Anlaß zu geben, zusammenhängen könnte. – Allein, abgesehen davon, daß man bei der immanenten phänomenologischen Betrachtung mit »Schwellen« im Sinne der »Psychophysik« natürlich nicht arbeiten darf und man damit vor ganz eigenartige Verhältnisse sich gestellt sieht,[1]) eins ist jedenfalls klar: zu den geometrischen Idealgebilden kommt man auf diese Weise nicht. Denn diese stellen sich dar als fertig in sich abgeschlossene Gebilde. Wie könnte Kant sonst auf den Gedanken gekommen sein, sie und ihre Verhältnisse der reinen Anschauung für zugänglich zu halten?

In dieser Hinsicht unterscheidet sich der Raum deutlich von allen anderen Mannigfaltigkeiten, vielleicht mit Ausnahme der Zeit. So

1) Diese Verhältnisse gaben Berkeley und Hume Anlaß zu ihrer Theorie der räumlichen »Minima«. – An sich ist die Minimum-Theorie älter als Berkeley, z. B. von G. Bruno (»de triplici minimo«) erörtert worden; schließlich geht sie auf antike Theorien zurück (vgl. Pseudo-Aristoteles, de lineis insecabilibus usw.). Aber Berkeley (»Theory of vision«) und Hume (Treatise, Boock I, Part II, Sect. 1—5) haben das Problem zuerst in die imanenten Eigentümlichkeiten der Phänomene verlegt.

hat noch niemand die Existenz von Punkten als Idealgebilde im Ton- oder Farbenkontinuum behauptet. Beim Raum hingegen finden die meisten diese Existenz selbstverständlich.

Wir werden also vor folgende beiden Fragen gestellt:

I. Wie unterscheidet sich der Raum hinsichtlich seiner Teilbarkeit von anderen Kontinuen?

II. Wie unterscheiden sich die einzelnen konstitutiven Schichten des Raumes untereinander in jener Hinsicht?

Um diese Fragen zu beantworten und das Problem der räumlichen Idealgebilde wirklich zu fassen, dürfen wir nicht bei dem allgemeinen Phänomen »Räumlichkeit« stehen bleiben. Wir müssen vielmehr auf die einzelnen phänomenologischen Raumstufen eingehen und die Phänomene in jeder einzelnen konstitutiven »Schicht« gesondert betrachten, wobei sich dann auch die Unterschiede gegenüber den nichträumlichen Kontinuis ergeben werden. –

A. Idealgebilde und Limiten in den präspatialen Feldern.

Innerhalb der Gruppe der präspatialen Felder haben wir bekanntlich die Sinnesfelder und die Organbewegungsfelder zu unterscheiden. Da wir aber hier noch ganz von Metrik, Connexus u. dgl. absehen und ganz allein die Stetigkeitsverhältnisse (die Limesphänomene) betrachten, brauchen wir den Unterschied nicht zu berücksichtigen.

Wir wählen als bequemes Beispiel unserer Deskription das Sehfeld.

Wir suchen sofort nach dem grundlegenden Phänomen, das die Eigenart der Limesbildung im präspatialen Feld bedingt. Am besten läßt es sich im Kontrast zu analogen Phänomenen in anderen, qualitativen Kontinuen schildern. Es handelt sich um das Phänomen des Verschwindens.

Stellen wir uns z. B. einen hellen Fleck auf einem dunklen Hintergrund im Sehfeld vor, so gibt es anscheinend zwei Mittel ihn zum Verschwinden zu bringen durch einen stetigen Prozeß:

Entweder man läßt die Helligkeit der Färbung des Fleckes stetig abnehmen bis zur Intensität Null oder wenigstens bis der Farbton des Hintergrundes erreicht ist. Dann »verschwimmt« der herausgehobene Fleck allmählig mit dem Hintergrund.

Oder man läßt bei konstant gehaltenem Farbton die Ausdehnung des Fleckes stetig abnehmen bis – so ist man zunächst geneigt zu sagen – die Ausdehnung zu Null geworden und damit der Fleck verschwunden ist.

Aber diese beiden Fälle sind wesentlich verschieden. Im ersten Fall findet wirklich eine stetige Annäherung an die Null-Intensität statt. Der Prozeß des Verschwindens verläuft völlig ohne Bruch. Die immer schwächer werdende Helligkeit gleicht sich ohne Sprung dem Hintergrunde an. – Im zweiten Fall dagegen kann man die Verkleinerung des gleichhell bleibenden Flecks noch so weit treiben, niemals wird man ihn dadurch völlig zum Verschwinden bringen. Denn es besteht bis zuletzt der volle Kontrast zwischen der Färbung des Flecks und der des Hintergrunds; die Schärfe der Abhebung wird nicht gemildert. Es bedarf eines abrupten Vorgangs der Vernichtung, um ihn zum Verschwinden zu bringen; im Prinzip nicht verschieden von einem Vernichtungsvorgang, dem der Fleck im Anfangsstadium plötzlich zum Opfer fallen würde.

Es ist auffallend, daß das beschriebene Phänomen von einem so hervorragenden Forscher wie Stumpf verkannt worden ist. Zitieren wir zwei bezeichnende Stellen aus seinem bekannten Werk »Über den psychologischen Ursprung der Raumvorstellung« (Leipzig 1873): S. 112: »In der Tat wird die Qualität durch Änderung der Ausdehnung mit affiziert . . . . Sie wird dabei nicht weniger grün oder rot; sie selbst hat nicht Grade, sondern nur Arten, kann an sich nicht wachsen und abnehmen, sondern nur wechseln. Aber trotzdem, wenn wir sie nach dieser ihr eigentümlichen Weise ganz unverändert, z. B. grün bleiben lassen, wird sie doch durch die quantitative Änderung mit affiziert. Und daß dies nicht etwa nur ein uneigentlicher Ausdruck der Sprache oder eine täuschende Übertragung ist, zeigt sich daran, daß sie bis zum Verschwinden abnimmt, daß sie schließlich durch bloße Änderung der Quantität Null wird.« S. 113: »Wären [Ausdehnung und Qualität] bloße Glieder einer Summe, so wäre es vielleicht denkbar, daß schlechthin gesprochen, wenn die Ausdehnung hinwegfällt, auch die Qualität hinwegfällt (daß sie nicht unabhängig existieren); aber daß die Qualität auf solche Art allmählig abnimmt und verschwindet, ohne sich dabei als Qualität in ihrer Weise zu ändern, wäre unbegreiflich . . .«

Dazu bemerkt Husserl, der die Stellen in seinen »Logischen Untersuchungen«, Band II, 1, S. 232/33 (2. Aufl.) anführt, folgendes: »Diese Beobachtung eignen wir uns zu. Wir finden nur zu erwähnen, daß nicht eigentlich die Qualität affiziert wird, sondern das ihr unmittelbar zugehörige Moment in der Anschauung. Die Qualität wird man wohl schon als Abstraktum zweiter Stufe fassen müssen«.

Wir können mit Stumpf hier nicht einverstanden sein. Denn es ist eben nicht richtig, daß, wenn die Ausdehnungsgröße allmählich verschwindet, dasselbe mit der Qualität geschieht. Man könnte wohl mit Husserl zugeben, daß das anschauliche Moment der Qualität, gewissermaßen ihre »Menge« (in dem Sinn, wie man von einer »Menge Farbe« [pigmentum] spricht, die erforderlich ist, um eine gewisse Fläche an[illegible]reichen) *allmählich* abnimmt und verschwindet. Aber trotzdem [illegible]uß scharf festgehalten werden: es verschwindet damit nicht [illegible]änomen des farbigen Flecks vor dem dunklen Hintergrund, sondern es bleibt ein scheinbar »ausdehnungsloser«, aber *erstens* wohl lokalisierter, *zweitens* wohl qualifizierter (in der Nuance seiner Farbigkeit völlig bestimmter) »farbiger Punkt« übrig. Solche Punkte (colored points) haben *Berkeley* und *Hume* im Auge, wenn sie vom minimum (visibile) sprechen.[1])

Wir haben jedenfalls einen Prozeß vor uns, der als stetiger Vorgang nicht zum »Nichts« führt, wie etwa die stetige Abnahme der Helligkeit zum absoluten Dunkel. Er nähert sich vielmehr unbegrenzt einem gewissen Limes, der aber ein positives Etwas ist. Dieser Limes ist der anschauliche »Punkt« im präspatialen Feld. Es bedarf eines ganz neuen, abrupten Vorgangs, um diesen Punkt zu vernichten.

Trotzdem darf man nicht glauben, daß der präspatiale Punkt ein schlicht anschauliches morphologisches Phänomen darstellt. Das, worauf ausschließlich unsere phänomenologische Überzeugung von der phänomenalen »Existenz« eines derartigen punktuellen Limes sich gründet, ist der Prozeß des Grenzübergangs, der nie als ein vollendeter gegeben ist. Gerade weil die Ausdehnungsgröße sich der unteren Schranke nähert, die für sie wesensgesetzlich besteht, nämlich der Null, läuft der Prozeß nicht in dem Sinn unbegrenzt fort, daß von einem bestimmten »Stadium« an immer noch eine sich gleichbleibende Änderung, d. h. Differenzgröße gegenüber dem vorigen Stadium möglich ist. Die Änderungsschritte werden notwendig immer kleiner und die Annäherung an den Zielpunkt des Prozesses wird unbegrenzt stark. Man muß aber immer berücksichtigen, daß jene »Stadien« selbst eine gewisse Sphäre der Unbestimmtheit haben, selbst nicht etwa punktuell sind. Will man sich das Verhältnis zweier herausgegriffener »Stadien« klar machen, so kann man dies nur durch die Vergegenwärtigung jener »topologischen« Beziehung zwischen zwei »morphologischen« Gebilden, die wir als »Ineinandergeschachteltsein« (Fall β, s. o. S. 422) bezeichneten. Sinkt nun die Ausdehnungsgröße unter einen gewissen Betrag, so verschwimmen alle figuralen Strukturen und die Gestalt als so und so bestimmte verliert ihre

1) Die Meinungen *Lockes*, *Berkeleys* und *Humes* sind neuerdings von E. *Rubin* (Visuell wahrgenommene Figuren, Kopenhagen-Berlin 1921, II. Abschnitt, § 16, S. 220ff.) zusammengestellt und besprochen worden.

Differenziertheit, wobei aber mit dem »völligen« Verschwinden der vergleichbaren Ausdehnungsgröße die Lokalisierung nur um so schärfer wird, und die Schärfe der Abhebung, die durch die qualitative Differenz der Farbe des Punktes gegenüber der des Hintergrundes bedingt ist, sich durchaus gleichbleibt.[1])

Wir haben also ein in verschiedener Hinsicht paradoxes Phänomen: Einen »Punkt«, der keine bestimmte Gestalt mehr besitzt, der zwar nicht ganz ohne »Ausdehnungshaftigkeit« sein kann, aber doch nicht mehr verglichen werden kann hinsichtlich seiner Ausdehnungsgröße mit einem »endlichen« Fleck. Dazu gehörig einen Prozeß, der jenes Minimum an Ausdehnung zu Null zu machen strebt, wobei aber doch das »Punktgebilde« niemals in seinem Bestand bedroht wird. Wir wollen demgemäß nicht behaupten, daß der Punkt-Limes selbst schlicht gegeben sein kann, sondern nur, daß es schlicht-anschauliche Gebilde in den Sinnesfeldern gibt, die Punkt-Limiten in ganz eigentümlicher, direkt anschaulicher Weise »indizieren«, »andeuten«. Damit soll ausgedrückt sein, daß für Erfassung des Limes selbst ganz wesentlich die Vorstellung jenes Prozesses ist, in dem er intendiert wird.[2])

1) Man kann das stetige Verschwinden eines präspatialen »Minimums« durchaus nicht experimentell erzeugen. Versucht man dies, etwa durch die stetige Verkleinerung einer runden (»Iris«)-Blende, durch die ein Lichtbündel dringt, so beobachtet man, wenn die Öffnung sehr klein wird, eine Abnahme der Helligkeit des kleinen Lichtflecks. D. h. die physische Verkleinerung der Öffnung bringt keine reine Abnahme der Ausdehnung des Flecks (ohne Änderung der Farbqualität und Helligkeit) hervor. Auch auf andere Weise gelingt es nicht, die »stetige Annäherung an den Limes Null« zu schlichter Wahrnehmung zu bringen; das liegt nicht an der Unzulänglichkeit der experimentellen Vorrichtungen, sondern an Wesensverhältnissen.

2) Einen anderen Standpunkt vertritt Edgar Rubin in seinem Buch »Visuell wahrgenommene Figuren« (Kopenhagen-Berlin 1921, Gyldendalske Boghandel), II. Abschnitt, § 14: »Ausdehnungslose Gegenstände« (S. 193ff.). Er glaubt experimentell die schlichte Wahrnehmbarkeit von absolut ausdehnungslosen wiewohl farbigen Punkten und von absolut breitelosen farbigen Linien gezeigt zu haben. Auf S. 193 heißt es: ». . . es kommt eine Entfernung [von einem gezeichneten schmalen Streifen], wo es keinen Sinn mehr hat, innerhalb des erlebten Gegenstandes zwischen einem rechten und einem linken Teil zu unterscheiden«. Allerdings sagt er weiter (S. 194): »Daß senkrecht auf die Längsrichtung keine Teile zu unterscheiden sind und daß keine Breite festzuhalten [soll heißen »festzustellen« ?] ist, sind zwei verschiedene Erfahrungen. Vielleicht kann die erste Erfahrung unter Umständen gemacht werden, wo die zweite nicht gemacht werden kann; dagegen muß man annehmen, daß, wo die zweite, auch die erste Erfahrung gemacht werden kann«. Aber dann heißt es doch wieder von »Punkten« (S. 194): »Bringt man auf einem Stück hellen Karton eine kleine dunkle Fläche an, so gibt es, wenn man sich nahe

Damit haben wir, so genau als es uns möglich war, das limesbildende Grundphänomen in präspatialen Feldern[1]) beschrieben. –

Mit Hilfe des beschriebenen Grundphänomens können wir die anderen elementaren präspatialen Limesgebilde, nämlich die »Linien« gewissermaßen konstruktiv herstellen. Eine »Linie« (ein eindimensionales Kontinuum) ist dadurch charakterisiert, daß sie durch eine Anzahl von Punkten in getrennte Stücke zerlegt werden kann. (Das ist die in § 3, C, 1 besprochene, von Helmholtz und H. Poincaré herrührende und nach Brouwer zu verbessernde »natürliche Definition« der eindimensionalen Mannigfaltigkeit.) – Man kann aber auch die Linie direkt durch einen elementaren limesbildenden Prozeß, analog wie den Punkt erzeugen. Man geht von einem präspatialen »Flächenstreifen« aus (womit aber natürlich nicht ein Stück einer

---

beim Reiz befindet, innerhalb des erlebten Gegenstandes etwas, das oben, und etwas, das unten, etwas, das rechts, und etwas, das links ist. Entfernt man sich vom Karton, so kommt ein Abstand, wo solche Unterscheidungen schwer fallen und von einer bestimmten Entfernung an lassen sie sich innerhalb des erlebten Gegenstandes nicht mehr machen; man kann gleichzeitig feststellen, daß dieser keine anschauliche Ausdehnung hat.« – Der erste Punkt: daß man im erlebten Gegenstand nicht mehr rechts und links, oben und unten unterscheiden kann, ist zuzugeben. Aber die damit, nach E. Rubins eigener Meinung (s. das 2. Zitat), nicht notwendig zusammenfallende Eigenschaft der Breiten- und Ausdehnungslosigkeit müssen wir nach wie vor bestreiten. Wir sind der Meinung, daß den betreffenden Gegenständen (»Linien« und »Punkten«), so wie sie wahrgenommen sind, zwar keine eigentliche, mit einer normalen, endlich irgendwie ausgedehnten, vergleichbare Ausdehnung zukommt, aber daß ihnen doch eine gewisse »Ausdehnungshaftigkeit« (»Voluminosität«, ein schwer beschreibbares Phänomen sui generis) noch anhaftet. Deswegen ist ein präspatialer »Punkt« oder eine präspatiale »Linie« eben nicht schlicht gegeben, sondern bloß »indiziert«. – Andrerseits muß betont werden, daß jene »Indizierung« des »Punktes« kein unbegrenzt verfolgbarer »Grenzprozeß« ist (wie er dann im homogenen Raum auftritt). Man kann nicht sagen, daß sich das den Punkt »indizierende« minimum visibile anschaulich noch weiter »verkleinern« könnte, man kann auch nicht sagen, ein farbiger Punkt sei größer als der andere, eine farbige Linie breiter als die andere. (Darüber macht Rubin l. c. S. 200 gute Bemerkungen.) – Rubin hat das Verdienst, auf diese von ihm offenbar klar gesehenen Phänomene von psychologischer Seite aus nachdrücklich aufmerksam gemacht zu haben. Aber seine Deskriptionen mit der harten Alternative »ausgedehnt – ausdehnungslos« scheinen uns der feineren Struktur der sehr subtilen Phänomene nicht gerecht zu werden.

1) Die Organ-Bewegungsfelder dürften gegenüber den Sinnesfeldern hier nichts Neues bieten. Denn gemäß der Weise ihrer Konstitution »erweitern« sie wohl die Sinnesfelder (an ihrem »Außenhorizont«), sie »entwirren« sie aber niemals über die höchste im Sinnesfeld (z. B. im Zentralgebiet des Sehfeldes) vorhandene Klarheit hinaus, die durchaus ein in dieser Konstitutionsschicht nicht überschreitbares »Optimum« darstellt.

Fläche im Raum gemeint ist) und läßt dessen eine Dimension, die »Breite« stetig abnehmen.[1]) Ebenso wie beim »Punkt« läßt sich dann evident machen, daß der Prozeß des Abnehmens der Breite gegen einen gewissen niemals stetig zum Verschwinden zu bringenden Limes konvergiert. Dieser Limes ist dann aber die »Linie«. –

Folgt nun aus den eben angestellten Betrachtungen, daß ein präspatiales Feld endlich oder unendlich teilbar ist? Im Grunde trifft keine der beiden Möglichkeiten, die sich auszuschließen scheinen, zu: Weder ist das präspatiale Feld endlich, noch unendlich teilbar. Z. B. enthält ein gewisses Linienstück in ihm weder eine endliche noch eine unendliche Anzahl Punkte. Man kann nur so viel sagen: Schachtelt man Linienstücke oder auch Flächenstücke ineinander, so kann man diese Operation nicht beliebig oft iterieren. Man kommt bald zu ineinander verschwimmenden Strukturen. Ebensowenig gibt es zwischen zwei präspatialen Punkten auf einer Linie immer einen dritten Punkt, derart, daß die drei Punkte voneinander wohl getrennt sind. – Andererseits kann man aber nicht eine bestimmte Strecke aus Punkten in endlicher Anzahl zusammensetzen.[2]) Denn ein präspatialer Punkt ist ja nicht als festes, präzises Gebilde schlicht-anschaulich gegeben, sondern in einem anschaulichen Grenzgebilde nur »indiziert«. Das morphologische, den Punkt indizierende Gebilde hat eine gewisse, aber nicht fest bestimmte und nicht mit »endlich« ausgedehnten Gebilden vergleichbare Ausdehnung. Der Punkt selbst ist aber niemals anschaulich gegeben, sondern nur »proleptisch« im limitierenden Prozeß erfaßt.

Aus Punkten läßt sich also auch im präspatialen Feld kein endliches Gebilde zusammensetzen. Dagegen ist es wohl denkbar, eine »Minimalstrecke« zu bestimmen, die ihrer Größe nach noch mit längeren Strecken zahlenmäßig verglichen werden kann. So gibt es z. B. sehr wohl eine untere Grenze der Feinheit einer abzulesenden Skala. Eine noch unterhalb der Grenze gelegene Skala verschwimmt, ist nicht mehr ablesbar; als präspatial-geometrisches Gebilde existiert sie gar nicht mehr. Da es nun im Sehfeld, bzw. im okulomotorischen Feld auch gewisse Maximalstrecken gibt (im

---

1) Die rein topologische Beschreibung eines »Flächenstreifens« scheint unmöglich zu sein und die metrische Charakteristik unumgänglich (Gebilde, dessen Ausdehnung in einer Dimension gegenüber der in der zweiten Dimension relativ klein ist). Deshalb ist die vorhin gegebene Definition der »Linie« durch Zerlegung methodisch reiner.

2) Wie Hume meint: Treatise Bd. I, S. 45 (in der Übersetzung von Th. Lipps).

Sehfeld den Durchmesser des noch »deutlichen« zentralen Teils, im okulomotorischen Feld einen größten Kreis der »Sphäre«, aus der es besteht), so gibt es ein bestimmtes Verhältnis der Maximalstrecke S_{max} zur Minimalstrecke S_{min}. Den Wert dieses Quotienten $S_{max} : S_{min} = M_f$ bezeichnen wir als den »immanenten Modul der Genauigkeit im präspatialen Feld«. Er mißt die größtmögliche Genauigkeit, die eine metrische Relation im präspatialen Feld haben kann.[1]) –

Die Limiten Punkt und Linie sind die »geometrischen Idealgebilde« im präspatialen Feld. Bevor wir untersuchen, ob damit das mit dem Ausdruck »Idealgebilde« Gemeinte schon voll erreicht ist, müssen wir noch die Frage erörtern, weshalb nicht auch in nichträumlichen Kontinuis derartige Gebilde auftreten. Betrachten wir z. B. eine Linie im Tonkontinuum, etwa die Gesamtheit der Töne von gleicher Höhe und Klangfarbe, aber verschiedener Stärke. Zieht sich eine Strecke dieser Linie (eine gewisse Variation der Lautstärke dieses Tones) immer mehr zusammen, so kommt man nicht zum »Nichts«, sondern zu einem Ton von ganz bestimmter Intensität. Dies ist das Analogon zu einem Punkt im präspatialen Feld. Es bestehen aber wesentliche Unterschiede. Zwei verschiedene Elemente einer qualitativen Mannigfaltigkeit sind im allgemeinen nicht zugleich originär gegeben. Es handelt sich ja um eine Mannigfaltigkeit möglicher Qualitäten. Wenn mehrere Qualitäten zugleich gegeben sein sollen, müssen sie in einem entweder zeitlichen oder räumlichen principium individuationis ausgebreitet sein.[2]) Im Falle des Raumes werden wir auf unseren schon behandelten Fall zurückgeführt. Die Frage, ob es in der Zeit ideale Punkte gibt, ist zu schwierig, um sie hier im Vorübergehen zu erledigen. Die Antwort hängt ab von der Natur des »Jetzt«. Es ist im urimpressionalen Sinn allein originär gegeben, gegenüber allen »Soeben« und »Sogleichs«. Ist es aber urimpressional als exakter Punkt gegeben? Dies hängt wiederum mit der Frage zusammen, ob es vollanschauliche frische Erinnerung gibt, oder ob die unmittelbare Rentention immer leer ist und erst

1) Dieser Genauigkeitsmodul ist ein Begriff, der sich auf immanente Phänomene bezieht. Er ist nicht zu verwechseln mit dem psychophysischen Begriff der Unterschiedsschwelle, der Sehschärfe u. dgl. Dort ist immer eine Beziehung auf Transzendentes, auf den »Reiz«, mit im Spiele.

2) Allerdings können verschiedene Töne, wie schon an einer früheren Stelle auseinandergesetzt wurde (S. 446, Anm. 1), noch in einer gewissen anderen Weise »gleichzeitig« gegeben sein, z. B. in einem Akkord. Aber dann treten sofort Verschmelzungsphänomene ein. Auf diese eigentümliche Tonmannigfaltigkeit kann hier nicht näher eingegangen werden.

durch Wiedererinnerung erfüllt wird. Dies können wir hier nicht entscheiden. – Es bleibt somit das räumliche Kontinuum als das Einzige zurück, in dem sicher »benachbarte« Elemente zugleich vollanschaulich gegeben sein können; d. h. wo man das aufschauliche Phänomen eines Flecks, der zusammenschrumpft und im Limes zu einem Punkte tendiert, beobachten kann. Dieses Phänomen ist aber gerade das Fundament der sogenannten »Idealgebilde«. Es gibt also solche nur im räumlichen Kontinuum. –

Die Verhältnisse in den präspatialen Feldern überblickend, können wir zusammenfassend sagen: Die geometrischen Idealgebilde werden durch die Phänomenologie der präspatialen Felder nach einem gewissen Teil ihrer Eigenschaften verständlich gemacht: Es wird begreiflich, daß sie echte positive Limiten sind, keine gegen Null limitierenden Gebilde. Es wird ferner gezeigt, warum in nichträumlichen Kontinuis Idealgebilde gleicher Art nicht auftreten. Aber in anderer Hinsicht fehlen uns noch wichtige Eigenschaften, die gemeinhin den geometrischen Idealgebilden zugeschrieben werden. So vor allem ihre unbegrenzte Approximierbarkeit, d. h. die Möglichkeit, sich ihnen (prinzipiell, nur durch empirische Umstände evtl. gehindert) unbegrenzt anzunähern. Das rührt daher, daß sich die geometrischen Idealgebilde erst völlig in höheren Schichten der Räumlichkeit konstituieren. Ihre Eigenschaften können daher auch erst im weiteren Verlauf unserer Betrachtungen sämtlich klargestellt werden.

B. Idealgebilde im orientierten Raum.

Das neue Element, das für den orientierten Raum im Vergleich zu den präspatialen Mannigfaltigkeiten charakteristisch ist, ist die »Tiefe« oder, anders ausgedrückt: der Gegensatz »Nähe – Ferne«. Der orientierte Raum wird ja gerade dadurch zum Raum – während alles frühere in der Stufenreihe der konstitutiven Schichten noch vorräumlich (präspatial) ist –, daß er dem Subjekt eine bestimmte Stelle anweist, nämlich das »Hier«, den Nullpunkt der Orientierung. Die Tiefe bestimmt sich als Abstand von diesem Nullpunkt. In diesem orientierten Raum konstituieren sich die »Skiagraphen« in der drehenden Bewegung. Im Vollzug der Drehung um eine nicht gerade radial gelegene Achse, offenbart sich die Äquivalenz der Tiefen- und der beiden Flächenerstreckungen, indem beide ineinander übergehen können. Bei dieser Gelegenheit tritt zuerst eine neue Erscheinung auf: Das Phänomen des »Innenhorizonts«.

Die Erweiterung des Sehfeldes zum okulomotorischen Feld (noch in der präspatialen Sphäre) geschieht ausschließlich durch eine Ausweitung des Feldes am Rand, ohne Änderung seiner inneren Struktur.[1]) Wendet sich dagegen bei einer Drehung im orientierten Raum eine bisher perspektivisch verkürzte Fläche in ihrer ganzen Ausdehnung mir zu (gelangt sie in eine Stellung, senkrecht zu meinen »Sehstrahlen«), so wird sie während dieser Bewegung ihrer inneren Struktur nach anders: es entwickeln sich kleine undeutliche Gebilde zu größeren, deutlicheren, differenzierteren, bis mit der senkrechten Stellung das Optimum erreicht ist.

Mit dieser Möglichkeit des »Sichentwirrens« des inneren Horizontes muß sich auch der Begriff des idealen Limesgebildes ändern; denn es tritt jetzt die Möglichkeit auf, daß ein Idealgebilde im Sinne der bloß umgedeuteten präspatialen Auffassung, d. h. eine in die Tiefe gesetzte präspatiale Figur, durch Entwicklung von innen heraus bei einer Zuwendung durch Drehung den Charakter des Idealgebildes verliert. So wird z. B. ein Punkt in Schrägansicht zu einem kleinen Fleck in gerader Ansicht, eine Linie zu einem Flächenstreifen usw. [illegible] diesem Prozeß der »Verbreiterung«, wie wir kurz sagen wollen, verlieren also Gebilde, die einen Limes im präspatialen Sinn indizierten, diesen limitierenden Charakter.[2]) Wir werden offenbar diese Gebilde nicht mehr als echte Limesgebilde im orientierten Raum anerkennen können, vielmehr werden wir an die echten Limesgebilde dieser neuen Konstitutionsstufe eine neue Forderung stellen müssen, nämlich die, sich im Entwicklungsprozeß in den inneren Horizont hinein als unzerstörbar, als echt zu erweisen. Wir werden sagen können, die echten Limesgebilde »beharren«, sie verbreitern sich nicht. Unser neues Kriterium trifft also eine engere

---

1) Ganz strikt ist dies wohl nicht zu nehmen. Die okulomotorische Bewegung einer peripheren Sehfeldfigur nach dem zentralen Gebiet ist bekanntlich mit einer Zunahme der Deutlichkeit verbunden bis zu einem gewissen Optimum. Dies bedeutet schon ein Hineingehen in einen Innenhorizont.

2) Hier müssen wir auf einen Unterschied gegenüber dem präspatialen Innenhorizont (s. vor. Anm.) aufmerksam machen. Eine periphere Figur des Sehfeldes hat in sich stets den Charakter der Undeutlichkeit (indiziert also kein Idealgebilde) und kann sich bei okulomotorischer Bewegung ins zentrale Gebiet in ein deutliches Gebilde (u. U. Idealgebilde) verwandeln. Eine »schräge« Figur im orientierten Raum dagegen kann in sich durchaus deutlich sein (Idealgebilde im präspatialen Sinn indizieren). Was mit ihr geschieht bei der Drehung in eine gerade Richtung ist folgendes: jene scheinbar indizierten Idealgebilde verwandeln sich in »verbreiterte« Gebilde, die nun kein Idealgebilde mehr indizieren.

Auswahl unter den sich zunächst als Limiten präsentierenden Phänomenen.

Es kann aber an Stelle der einfachen »Verbreiterung« noch etwas anderes eintreten. Es kann das Gebilde zwar seinen limesartigen Charakter beibehalten, aber das Ziel des Limesprozesses kann sich als ein anderes erweisen, als es zunächst den Anschein hatte. So z. B. kann ein Gebilde, das eine ideale gerade Linie indizierte, im Innenhorizontprozeß sich so entwickeln, daß es einer flachen Wellenlinie als Limes zustrebt. Hier sprechen wir von einer »Entfaltung« des Gebildes.[1]) Auch auf der Stufe des orientierten Raumes haben unsere Limesphänomene noch nicht die Eigenschaft der unbegrenzten Approximierbarkeit gewonnen. Das liegt daran, daß der Prozeß des Hineingehens in den Innenhorizont mit der Erreichung des Optimums sein Ende findet. Im homogenen Raum wird diese Beschränkung wegfallen.

C. Idealgebilde im homogenen Raum.

Im homogenen Raum verliert das Ich seine ausgezeichnete Stelle. Es kann wandern und damit seine Orientierung wechseln, und alle seine möglichen Orientierungszentren sind gleichberechtigt. Damit erwächst ihm die Möglichkeit, sich Gegenständen anzunähern. Diese Annäherung ist, sofern sie durch Selbsttätigkeit des Ichleibes erfolgt, durch die begleitenden kinästhetischen Daten charakterisiert, und umgekehrt werden wir jede Veränderung eines Körpers, die kinästhetisch rückgängig gemacht werden kann, als starre Bewegung im homogenen Raum auffassen müssen. Diese Annäherung kann erfolgen aus beliebiger Ferne und bis in beliebige Nähe. Annäherung in diesem Sinne ist auch die Betrachtung eines Objekts durch ein Fernrohr, eine Lupe oder ein Mikroskop. Das Wesentliche ist in allen diesen Fällen das Sichentfalten des Phänomens in seinen Innenhorizont hinein. Der fundamentale Unterschied gegenüber den Verhältnissen im orientierten Raum besteht aber darin, daß diese Entfaltung unbeschränkt vor sich gehen kann. Ihre Schranken sind nur empirisch, nicht wesensgesetzlich. Es ist stets

1) Wenn man genauer zusieht, wird man vielleicht sagen müssen, daß als Zwischenstadium im Entfaltungsprozeß Verbreiterung eintreten kann. Das führt hier, auf der Stufe des orientierten Raumes, zu einer gewissen Unentschiedenheit. Da der Entfaltungsprozeß begrenzt ist durch die Erreichung des Optimums, bleibt im Falle der Verbreiterung unter Umständen der Verdacht berechtigt, ob nicht bei Fortsetzung des Prozesses Entfaltung eintreten würde, ohne daß man dessen sicher sein kann.

noch ein Fortschritt der Entwirrung und Differenzierung denkbar; niemals kommt man zu einem wesensgesetzlich bestimmten Optimum.[1]) Es ist dabei jedoch in Rücksicht zu ziehen, daß ein bestimmtes Ding, so wie es apperzipiert ist, eine optimale Entfernung besitzt und daß bei der Annäherung über diese hinaus es »unübersehbar« wird. Z. B. einem Haus kann man sich zwar beliebig annähern, aber es gewinnt dadurch als solches nicht an Deutlichkeit. Nähert man sich ihm etwa bis auf 1 m, so hat man keinen Gesamteindruck mehr, während etwa ein bestimmter Ziegelstein in der Wand an Deutlichkeit wesentlich zugenommen und vielleicht sein Optimum erreicht hat.[2]) –

Nun kann, wie wir aus der Betrachtung des Limes im orientierten Raum wissen, entweder (1) der Limescharakter eines Gebildes durch den Innenhorizontprozeß zerstört werden. Das Gebilde verbreitert sich, wir haben einen unechten Limes. Oder (2) der Limescharakter bleibt erhalten: Dann sind zwei Unterfälle denkbar, entweder (a) der spezielle Limes beharrt, – oder (b) der spezielle Limes entfaltet sich zu einem anderen Limes. Wir haben also das folgende, disjunktive Schema:

(1) (2)
Verbreiterung ←—→ Erhaltung
Beharrung ←—→ Entfaltung
(a) (b)

Dies ist genau so wie im orientierten Raum. Aber die Unklarheit von damals ist verschwunden. Man braucht nicht mehr zu fürchten, daß ein beharrender Limes sich noch verbreitern, oder ein sich verbreiterndes Gebilde sich noch entfalten könnte. Denn der Entwirrungsprozeß ist jetzt nicht mehr gehemmt, und in seinem Verlauf muß sich alles entscheiden.

Jetzt haben wir also die scharfe Definition: ein Limes ist dann und nur dann echt, wenn niemals Verbreiterung eintritt.[3])

1) Kinästhetisch beruht die Möglichkeit einer unbeschränkten Annäherung, wie schon erwähnt, auf einer eigentümlichen Verbindung einer sich periodisch wiederholenden Bewegungsfolge mit dem Effekt einer fortschreitenden Veränderung der wahrgenommenen skiagraphischen Gebilde. Gerade die Periodizität ermöglicht es, die Bewegung beliebig oft zu wiederholen und damit das Fortschreiten beliebig zu verlängern (Beispiel: die Gehbewegung: periodische Wiederholung der Kinästhese bei jedem Schritt).

2) Vgl. darüber H. Hofmann, »Über den Empfindungsbegriff« S. 65–67.

3) Vom Standpunkt der Brouwerschen Theorie der unendlichen Folgen ist diese Formulierung allerdings zu beanstanden, denn daß niemals Verbreiterung eintritt, kann man nur auf Grund einer bestimmten Gesetzmäßigkeit, die für alle Zukunft gilt, wissen. (Näheres in § 10.)

Damit ist die Möglichkeit einer Definition der geometrischen Idealgebilde gegeben, die der Forderung der unbegrenzten Approximierbarkeit genügt. Ein räumliches Idealgebilde ist ein echter, sich erhaltender Limes. Ein eigentliches Idealgebilde im klassischen Sinn liegt im Falle eines Beharrungslimes (2a) vor. Denn dann ist die Anschaulichkeit des Gebildes dieselbe, wie die eines präspatialen Gebildes, denn in jedem Stadium des Entwirrungsprozesses wird ein präspatialer Limes indiziert. – Dagegen haben wir ein bloß uneigentliches Idealgebilde im Falle der Entfaltung unseres Limes beim Hineingehen in den Innenhorizont (2b). Denn hierbei wechselt der Anblick des Gebildes ständig. (Beispiel: Die Kurve $y = \sin\frac{1}{x}$ mit unendlich vielen Oszillationen in der Nähe von $x = 0$.)

Diese Phänomene werden wir im nächsten Paragraphen bei der Besprechung der Anschauung F. Kleins näher betrachten.

§ 10. Phänomenologische Bemerkungen zu F. Kleins Theorie der geometrischen Idealgebilde.

Felix Klein hat sich in seinen berühmten Vorlesungen über »Die Anwendung der Differential- und Integralrechnung auf Geometrie. Eine Revision der Prinzipien« (autographiert, Leipzig 1902) ausführlich mit dem Unterschied der Präzisions- und Approximationsgeometrie befaßt und dabei u. a. auch das Wesen der geometrischen Idealgebilde behandelt. Er kommt zu folgendem Ergebnis (l. c. S. 261 f.): »Sei bezüglich eines Koordinatensystems x, y einerseits ein Kreis, andererseits eine Peano-Kurve durch die zugehörigen Formeln $x = \varphi(t)$; $y = \psi(t)$ definiert. Besteht hinsichtlich unserer Fähigkeit, uns die so definierten Gebilde räumlich vorzustellen, in den beiden Fällen ein prinzipieller Unterschied? Ich glaube es nicht. Beidemale können wir uns durch Fixierung der Aufmerksamkeit auf einzelne Werte von t die Lage der einzelnen Punkte der in Betracht kommenden Gebilde in Gedanken, aber immer nur mit beschränkter Genauigkeit, festlegen; wir können uns auch, indem wir uns solcherweise benachbarte Punkte fixiert denken, mit beschränkter Genauigkeit die Richtung der Verbindungslinie vorstellen; aber an das Idealgebilde selbst kommen wir weder das eine Mal, noch das andere Mal mit unserer Vorstellungskraft heran.«

Im Gegensatz dazu steht A. Köpkes Auffassung[1]), der einen prinzipiellen Unterschied zwischen »glatten« (beliebig oft differen-

1) Siehe Klein, l. c. S. 40 u. S. 58 Anm. – A. Köpke, Mathemat. Annalen Bd. 29 (1887).

zierbaren) und »kritzeligen« Kurven (stetigen Kurven ohne Differentialquotient u. ä., »crincly curves« nach Moore; Beispiele: die Weierstraßsche und die Peano-Kurve) macht. Die erste Art hält er für anschaulich im Sinne eines echten Idealgebildes; die zweite nicht.

Unsere Entscheidung in dieser Streitfrage ist durch unsere vorstehenden Betrachtungen vorgezeichnet. »Glatte Kurven«, wie Kreis und Gerade, sind »eigentliche« Idealgebilde. Sie erhalten sich beim Hineingehen in den Innenhorizont, indem sie »beharren«; d. h. sie fahren ständig während des Entwirrungsprozesses fort, dasselbe präspatiale Idealgebilde zu »indizieren«, wie am Anfang des Prozesses. Sie sind also gewissermaßen stationäre Gebilde im Verlaufe der Entwirrung. Die »Kritzelkurven« dagegen erhalten sich zwar auch als limesanzeigende Figuren während der Annäherung, aber der Ziellimes, nach dem sie tendieren, wechselt im Verlaufe der Entwicklung; er »entfaltet sich« in gesetzmäßiger Weise. Alle Limesgebilde sind also werdende. Das entspricht ja nur unserer, sich an Brouwer anlehnenden Grundauffassung des Kontinuums. Der Unterschied ist nur der: Im Falle des »Beharrens« weiß man, daß nichts Neues auftritt, die Phantasie gelangt zur Ruhe; im Falle der Entfaltung erscheinen stets neue und immer reichere Gebilde; das Ganze erscheint der Vorstellungskraft unerschöpflich.[1]) Freilich sind auch im Falle der Entfaltung zumeist (immer?) gewisse Momente an den Figuren (z. B. die Kurvenmaxima u. dgl.) stationär. Darauf beruht dann das, was noch an jenen Gebilden im eigentlichen Sinne anschaulich ist.

So können wir jetzt beiden, F. Klein und A. Köpke, in bestimmter Hinsicht Recht geben: Klein hat ausschließlich das Moment des Werdens, des nie vollendet Gegebenseins im Auge; Köpke betont einseitig den Unterschied zwischen Beharrung und Entfaltung.

Kleins z. T. glänzende Beispiele, die in reichem Maße in seiner Vorlesung geboten werden, können wir für unsere Zwecke in drei Gruppen teilen: (Alle Beispiele haben den Zweck, zu zeigen, daß geometrisch und arithmetisch wohl definierte Gebilde nicht exakt vorstellbar sind.)

---

1) Wesentlich ist, daß solche Idealgebilde nur durch Gesetze gegeben werden können. Niemals können sie in der Anschauung gewissermaßen »beobachtet« werden. Denn dann sind sie unvollendbare werdende Gebilde im Sinne einer Brouwerschen »Wahlfolge«. Und niemand kann sagen, ob sie sich nicht schließlich doch noch einmal »verbreitern«, d. h. als »unecht« erweisen werden.

Die erste Gruppe umfaßt reine Entfaltungslimiten; wie die Weierstraßsche und die Peano-Kurven, oder die einfacheren Kurven $y = \sin \frac{1}{x}$ oder $y = x \sin \frac{1}{x}$. Bei der Entfaltung wachsen ihre Oszillationen unbegrenzt an Zahl für eine bestimmte endliche Strecke der Abszissenachse. Sie lassen sich auflösen in eine unendliche, jedoch gesetzmäßige »Folge« von Bildern, die glatte Kurven (»Partialkurven«) darstellen, nur daß jedes Bild komplizierter ist als das vorhergehende.[1]) Die »Verhältnisse im Limes selbst« sind nur insoweit vorstellbar, als sie stationär (beharrend) sind. Vom Brouwerschen Standpunkt aus ist es widersinnig, sich fertige, »im Limes« liegende Gebilde vorstellen zu wollen. Das, was man glaubt, sich vorstellen zu können, sind die beharrenden Momente, die sich bei dem Ablauf des Prozesses nicht entwickeln. Es ist im Prinzip dasselbe, wie bei dem unendlichen periodischen Dezimalbruch 0,333 . . ., die 3 ist auch »im Limes« »vorstellbar«, denn sie ist ja nichts als eine genaue Wiederholung der ersten 3. –

Die zweite Gruppe der Kleinschen Beispiele[2]) dagegen scheint uns in einem nach Brouwer aufgefaßten Kontinuum gar nicht existieren zu können. Sie wird repräsentiert durch gewisse arithmetisch definierte unendliche Punktmengen im Cantorschen Sinn: nämlich z. B. durch die Menge der im Segment $\overline{01}$ enthaltenen reellen Zahlpunkte, ohne die Endpunkte 0 oder 1. Oder durch die Menge der in der Einheitsstrecke $\overline{01}$ enthaltenen irrationalen Punkte, also diejenige Punktmenge, die übrig bleibt, wenn man aus der Einheitsstrecke alle rationalen Zahlpunkte »herauspickt«. Die Menge der rationalen oder der algebraischen Zahlpunkte ist als Entfaltungslimes vorstellbar, denn sie kann gesetzmäßig konstruiert werden durch Fortschreiten von n^{ten} zum $(n+1)^{\text{ten}}$ Konstruktionsstadium. Sie ist deshalb auch abzählbar. Die nicht abzählbaren Restmengen sind aber gar keine »entscheidungsdefiniten« Mannigfaltigkeiten. (Vgl. § 2, B, 3.) Diese Mengen scheiden deshalb schon aus formal-mathematischen Gründen für uns aus, a fortiori können wir nicht von ihnen verlangen, daß sie geometrische Idealgebilde sind.

Die dritte Gruppe der Kleinschen Beispiele endlich wird gebildet von den durch rein geometrische (nicht arithmetische)

---

1) Vgl. die schöne Abbildung der ersten Teilkurven der Weierstraß-Kurve, bei Klein l. c. S. 86–87. – Zur Peano-Kurve s. S. 238 ff. – Über die Kurven $y = \sin \frac{1}{x}$ und $y = x \sin \frac{1}{x}$ s. l. c. S. 51–52.

2) l. c. S. 18–19.

Methoden gewonnenen unendlichen Punktmengen, wie sie vor allem durch iterierte »Inversion« an Kreisen erhalten werden.[1]) Von diesen ist es uns zweifelhaft, ob sie als Entfaltungslimiten aufzufassen sind oder ob sie gar keine »entscheidungsdefiniten« Mannigfaltigkeiten bilden. Eine dritte Möglichkeit scheint uns schwerlich denkbar. Doch möchten wir darüber kein abschließendes Urteil fällen. Diese Fälle bedürften einer speziellen Untersuchung, die uns hier zu weit führen würde.

Zusammenfassend können wir wohl sagen, daß sich unsere Begriffsbildung hinsichtlich der verschiedenen Arten der Limiten der Aufgabe des phänomenologischen Verstehens der modernen mathematischen Untersuchungen über die geometrischen Idealgebilde gewachsen gezeigt hat.

Zweiter Teil.

Die Überwindung der apriorischen Kontingenz der geometrischen Axiome.

(Der ausgezeichnete Charakter der euklidischen Geometrie und der Sinn der Anwendung nicht-euklidischer Raumformen in der Physik.)

Vorbemerkung.

Der erste Teil hatte die prinzipielle Möglichkeit gezeigt, im Gebiete des anschaulichen Kontinuums exakte Gesetze aufzustellen. Gehen wir nun zu der Frage nach dem materialen Gehalt jener Gesetze über, so ergibt sich die zunächst erstaunliche Tatsache, daß von den unendlich vielen Möglichkeiten solcher Systeme von Gesetzen ein bestimmtes, ganz singuläres, nämlich das sogenannte euklidische System, sich uns mit dem Anspruch apriorischer Einsichtigkeit aufdrängt. Es ist, wie man meint, von axiomatischem Charakter, d. h. einer weiteren Begründung und folglich auch eines weitergehenden Verständnisses weder fähig, noch bedürftig. Vom philosophischen Gesichtspunkt aus können wir uns mit dieser Problemlage unmöglich zufrieden geben. Die Auszeichnung der euklidischen Geometrie, die ihr vor allen anderen zuteil wird, erscheint uns von hier aus gesehen als ein Rätsel, dessen Aufklärung – auf phänomenologischem Wege – zu versuchen ist. Die positive Wissenschaft (die mathematische Physik) hat aber diese, von der Philosophie noch

---

1) Klein, l. c. S. 213–233; 275–317.

nicht in genügendem Maße geleistete Klärung nicht abgewartet, sondern hat bald nach der Entdeckung der mathematischen Kontingenz der euklidischen Geometrie, d. h. nach der Auffindung des Beweises der Widerspruchslosigkeit einer großen Anzahl von »nicht-euklidischen« Geometrien, sich daran gemacht, dieser ihre ausgezeichnete Stellung streitig zu machen und hat – unbekümmert um die für den Unbefangenen keineswegs verminderte intuitive Evidenz des euklidischen Systems – nicht-euklidische Maßbestimmungen in die Physik eingeführt, d. h. dem Weltraum einen nicht-euklidischen Charakter zugesprochen. Die Physik konnte das auf Grund einer »positivistischen« philosophischen Grundhaltung, die dem Apriori überhaupt und besonders dem der »reinen Anschauung« skeptisch gegenübersteht und an jener unbequemen »Evidenz« der euklidischen Axiome vorbeisieht. Der Positivismus ist aber, wie hier nicht auseinandergesetzt werden kann, nach unserer phänomenologischen Auffassung in seinen Grundprinzipien unhaltbar. So können wir uns auch seine bequeme Art, mit dem Problem der nicht-euklidischen Geometrien in der Physik fertig zu werden, nicht zu eigen machen.

Somit ergeben sich für uns zwei Aufgaben:

1. Die ausgezeichnete Rolle, die die euklidische Geometrie als Gesetzmäßigkeit des »wirklichen« Raumes (im Sinne des Raumes der vor der physikalischen Wissenschaft uns anschaulich gegebenen »Welt«) spielt, phänomenologisch zu begründen (Abschnitt I).

2. Den Sinn und das Recht der Anwendung nicht-euklidischer Maßbestimmungen in der Physik nach phänomenologischer Methode zu untersuchen (Abschnitt II).

Endlich werden wir noch diejenige physikalische Theorie, in der die nicht-euklidische Geometrie nicht bloß in Erwägung gezogen, sondern als positive Grundlage physikalischer Gesetze benutzt wird, nämlich die Einsteinsche Relativitätstheorie besonders untersuchen (Abschnitt III).

Erster Abschnitt.

Phänomenologische Grundlegung der euklidischen Geometrie für den »wirklichen« Raum.

§ 11. Der Umkreis der möglichen Raumformen.

Ehe wir an die Aufgabe der transzendental-phänomenologischen Begründung der euklidischen Geometrie im »wirklichen Raum« herangehen, müssen wir uns einen Überblick über die Möglichkeiten verschaffen, die für das Axiomensystem einer Geometrie des »wirklichen« Raumes (d. h. des vorwissenschaftlich angeschauten Raumes der »Natur«) ganz formal bestehen. Wir werden mit anderen Worten den singulären, vom formalen Standpunkt aus kontingenten Charakter des euklidischen Axiomensystems dadurch herausstellen, daß wir es in die Gesamtheit der möglichen Axiomensysteme hineinstellen und ihm darin seinen Platz anweisen.

Wir werden bei Bestimmung dieses Umkreises von geometrischen Möglichkeiten nicht von dem sehr weiten und eine ganz ungeheure Menge von Gestaltungen in sich bergenden Begriff der allgemeinsten definiten Mannigfaltigkeit ausgehen können, sondern werden uns gleich von vornherein darauf beschränken, lediglich homogene Kontinua in Betracht zu ziehen. Wir werden also B. Riemanns[1]) Spuren folgen und mit seinem Begriff der »n-fach ausgedehnten Größe« beginnen. Dieser entspricht durchaus dem homogenen n-dimensionalen Kontinuum, das wir in § 3, B behandelt haben. Dort sahen wir, daß die geometrischen Gebilde durch eine fortgesetzte »Verdichtung« des topologischen Gerüstes einer Mannigfaltigkeit gewonnen werden, und betrachteten ausführlich den dabei auftretenden Grenzprozeß.[2]) Jetzt wird es dagegen unsere Aufgabe sein, die Haupttypen der topologischen Netze hinzustellen. Denn der Limesprozeß ist allen raumartigen Mannigfaltigkeiten gemeinsam; ihre Unterschiede können nur in der Beschaffenheit des topologischen Netzes ihren Grund haben.

Nach zwei Seiten nun kann ein solches Netz Unterschiede aufweisen:

1. nach seinen topologischen Eigenschaften im engeren Sinne, insbesondere seinen Zusammenhangsverhältnissen; –
2. nach seiner Maßbestimmung. –

1. Wir sahen schon im ersten Teil, daß ein topologisches Netz entweder offen oder geschlossen sein kann – d. h. entweder eine unendliche Anzahl Elemente enthält oder nur eine endliche Anzahl. Innerhalb dieser Hauptgruppen gibt es wieder Untergruppen. Ihre genauere Definition ist Aufgabe der Analysis situs als mathematischer

---

1) Vgl. »Über die Hypothesen, welche der Geometrie zugrunde liegen« (1854). Neu herausgegeben von Weyl. Berlin 1919.

2) Dort schon ergaben sich ganz bestimmte Stetigkeitsaxiome, die rein inhaltlich, wenn auch nicht methodisch, mit den Cantor-Dedekindschen äquivalent sind, und der Ausschluß nicht-archimedischer Geometrien als Konsequenz unseres Ansatzes für den Limesprozeß. (Vgl. § 3, C, Schlußanmerkung auf S. 434.)

Disziplin.[1]) Uns muß es hier genügen, die von uns näher zu betrachtenden Typen nach bekannten Gebilden vom betreffenden Zusammenhangstypus zu benennen. So enthält das topologische Netz einer Ebene und eines Zylinders je eine unendliche Anzahl von Elementen, aber beide sind doch durch die Art ihres Zusammenhangs verschieden. Ebenso sind die Kugelfläche und die Ringfläche beide geschlossen. Aber auch sie sind im Connexus verschieden.

2. Das Wesen der Metrik haben auch wir schon im ersten Teil (§ 3, D) kurz erörtert. Grundlegend ist der Begriff der Gleichheit. Die Maßbestimmung gibt an, welche Stücke eines Kontinuums (d. h. welche topologisch ausgezeichneten, in das Kontinuum eingezeichneten Gebilde) gleich sind. Als Kennzeichen dieser Gleichheit dient uns entweder der direkte Gleichheitseindruck, bei der Schätzung, oder die Koinzidenz mit einem unveränderlichen Maßstab, bei der Messung.

Die Einteilung der Raumformen hinsichtlich ihrer Metrik erfolgt durch die Angabe des sogenannten »Krümmungsmaßes« (Riemann). Ist es konstant im ganzen Raum, so können beliebig große Körper kongruent verpflanzt werden an eine beliebige Stelle. Ist die Krümmung insbesondere überall gleich Null, so gibt es Parallelverschiebungen beliebig großer Körper auf beliebige Entfernungen: wir haben die euklidische Maßbestimmung. — Ist das Krümmungsmaß variabel, so ist nur die kongruente Verpflanzung unendlich kleiner Gebilde möglich. (Es ist bemerkenswert, daß auch stets eine infinitesimale Parallelverschiebung möglich ist.) Diese Eigentümlichkeit der von uns betrachteten metrischen Mannigfaltigkeiten heißt nach Riemann »Ebenheit in den kleinsten Teilchen«.[2])

Wir haben nun zwei Gesichtspunkte für die Klassifikation der Raum-Mannigfaltigkeiten kennen gelernt, den topologischen und den metrischen. Diese beiden Einteilungen kreuzen sich. Jedoch ist es wichtig, zu bemerken, daß die topologischen von den metrischen Verhältnissen nicht ganz unabhängig sind, wenn sie auch keineswegs durch sie eindeutig bestimmt werden. Die folgende Tafel gibt (nach den Forschungen Cliffords, F. Kleins, H. Poincarés,

---

1) Siehe M. Dehn und P. Heegaard, Analysis situs. Enzyklopädie d. math. Wissenschaften, III, A, B, 3; — C: »Connexus« (S. 205 ff.)

2) Diese Eigenschaft einer metrischen Mannigfaltigkeit ist bekanntlich äquivalent damit, daß das Linienelement in ihr von quadratischer Form ist. Dies ist vom formalen Standpunkt aus eine Beschränkung, die wir gleichwohl von Anfang an den metrischen Mannigfaltigkeiten auferlegen wollen. Die Gründe dafür werden sich später herausstellen. (S. u. § 17, C.)

u. a.) die Einteilung der raumartigen Mannigfaltigkeiten nach unseren beiden Gesichtspunkten.[1])

Metrische Eigenschaften (C = Krümmungsmaß)

Topologische Eigenschaften (Connexus)	C : konstant C = 0 (parabolisch)	C : konstant C > 0 (elliptisch)	C : konstant C < 0 (hyperbolisch)	C : variabel C = f (x, y, z; t)
	offen (Ebene)	–	offen (»hyperb. Ebene«)	offen
	schicht- od. röhrenf. (Zylinder)	–	geformt wie ein Fundamentalbereich einer automorphen Funktion. (Poincarés Kreisbogenfiguren)	eine große Reihe von Möglichkeiten (abhängig vom Krümmungsmaß »im großen«).
	kastenförmig (Ringfläche)	–		
	–	sphärisch (Kugel)		
	–	elliptisch (Geradenbündel)		

Man sieht hieraus, daß die euklidische Raumform nach ihrer topologischen Eigentümlichkeit »offen« ist, und in metrischer Hinsicht gekennzeichnet durch das Krümmungsmaß Null. Sie ist vom Typus der »Ebene«. Bezeichnen wir den *euklidischen* Typus als den *normalen*, so sind Abweichungen nach zwei Richtungen möglich: Anomalien in *topologischer* und in *metrischer* Hinsicht. Diejenigen abnormalen Raumformen werden unser Interesse besonders in Anspruch nehmen, die nur in *einer* Hinsicht Abweichungen zeigen, weil sie gestatten, den Einfluß dieser Abweichung rein, isoliert zu verfolgen. So beschaffen sind einerseits die *Klein-Cliffordschen* Raumformen (metrisch normal, topologisch abnormal), andererseits die *Lobatschewskischen* Raumformen (topologisch normal, metrisch abnormal).

In diesem Abschnitt werden wir uns jedoch nur mit der normalen *euklidischen* Form beschäftigen und ihre ausgezeichnete Stellung phänomenologisch zu begründen versuchen.

§ 12. Versuch einer transzendental-phänomenologischen Begründung der Gültigkeit der euklidischen Geometrie für den Raum der schlicht anschaulichen Natur.

Der Raum der uns umgebenden schlicht anschaulichen »Welt« hat nach Ansicht des unbefangenen Menschen drei Fundamental-

1) Vgl. F. *Klein*, »Mathematische Annalen« 1890 (Bd. 37); F. *Enriques*, »Enzycl. d. math. Wissensch.« III. AB 1. VI. Zusammenhangsverhältnisse des unbegrenzten Raumes, Nr. 36–38.

eigenschaften, die sich in mathematischer Sprechweise so ausdrücken lassen:

a) Er hat das Krümmungsmaß Null,

b) er ist offen,

c) er hat drei Dimensionen.

Alle drei Eigenschaften bedeuten eine anscheinend kontingente Spezialisierung der allgemeinen Idee der Raumform. Es erhebt sich also das Problem, die ausgezeichnete Stellung dieser euklidischen Geometrie verständlich zu machen. Wir müssen sie als notwendig und ihre Kontingenz als nur scheinbar nachweisen. Dabei werden wir uns auf unsere Kenntnis der phänomenologischen Konstitution des Raumes stützen. Es wird dabei darauf ankommen, den euklidischen Charakter des homogenen Raumes zu erweisen. Die niederen Konstitutionsschichten müssen so beschaffen sein, daß sich dieses Resultat ergibt; ob sie selbst ebenfalls euklidisch sind, muß die Untersuchung lehren.

A. Phänomenologische Begründung der euklidischen Metrik.

Wir teilen unsere Untersuchung nach der benutzten Methode in zwei Unterabschnitte. Im ersten wollen wir »ontologisch« vorgehen, d. h. untersuchen, welche Bestimmungen aus dem Wesen des fertig konstituierten Raumes zu entnehmen sind. Im zweiten gehen wir dann, in einer im engeren Sinn »phänomenologischen« Betrachtung, zurück auf die Konstitution des Raumes im reinen Bewußtsein und behandeln die in den einzelnen konstitutiven Schichten bestehenden Verhältnisse.

1. Ontologische Untersuchung der euklidischen Metrik.

Die Grundbestimmung des homogenen Raumes ist es, principium individuationis zu sein. Genauer gesagt, ist er das sekundäre Individuationsprinzip der Natur, während die (kosmische) Zeit das erste ist. Ist diese Eigenschaft des Raumes vielleicht im Stande, das Bestehen einer konstanten und verschwindenden Raumkrümmung zu erklären?

Schon von Riemann und Helmholtz[1]) ist bekanntlich der Gedanke ausgesprochen worden, daß die Forderung der »Existenz von Körpern unabhängig vom Ort« (Riemann) oder »der freien

1) Riemann, Über die Hypothesen, welche der Geometrie zu Grunde liegen. Habitilations-Vortrag 1854. Helmholtz, Über die Tatsachen, welche der Geometrie zu Grunde liegen. Göttinger Nachrichten 1868, math.-phys. Klasse.

Beweglichkeit« (Helmholtz) mathematisch äquivalent sei mit der Konstanz des Krümmungsmaßes überall im Raum. Es liegt nun offenbar im Sinne des principium individuationis als Mediums der Wiederholbarkeit, daß allenthalben in ihm ihren »inneren« Eigenschaften nach (d. h. bis auf die »Lage«) identische Körper existieren können. Die einfache Besinnung auf die wesensmäßige Bedeutung eines principium individuationis genügt also, um die Existenz der kongruenten Verpflanzung und damit die Konstanz des Krümmungsmaßes ontologisch und transzendental (als Bedingung der Möglichkeit, als principium individuationis zu fungieren) zu begründen.

Damit ist aber noch nicht die Notwendigkeit nachgewiesen, daß der konstante Wert des Krümmungsmaßes gleich Null ist. Um dies zu erweisen, bedarf es einer Verschärfung des eben dargelegten Gedankengangs. Zu ihr gelangt man durch folgende Überlegung: Wiederholbarkeit im strengsten Sinn besagt, daß keines der wiederholten Objekte vor dem andern in irgendeiner Hinsicht ausgezeichnet zu sein braucht. Die die »Wiederholung« (die individuatio des vollen Konkretums Raumfigur) ausdrückende geometrische Transformationsgruppe[1]) darf also keine ausgezeichneten Punkte besitzen. Daraus folgt aber, daß jene Transformation eine Translation ist. Genauer: es muß möglich sein, eine beliebige Anzahl Objekte so im principium individuationis, im Feld der freien Wiederholbarkeit an einer beliebigen Stelle anzuordnen, daß keines von ihnen und auch kein Paar, Tripel usw., das aus ihnen gebildet ist, ausgezeichnet ist. Um diese Möglichkeit sicherzustellen, ist es notwendig, daß die Gruppe der kongruenten Verpflanzungen (starren Bewegungen) als Untergruppe die Gruppe der Translationen besitzt. Das besagt aber nach bekannten mathematischen Sätzen, daß die Metrik des Raumes euklidisch ist (daß das Riemann'sche Krümmungsmaß überall verschwindet).[2])

Eine etwas andere Fassung derselben Bedingung ist folgende: Es ist gefordert durch die Eigenschaft des Raumes, principium individuationis zu sein, die Möglichkeit einer Zerlegung des gesamten Raumes in kongruente Gebiete, insbesondere in reguläre Polyeder

---

1) Im Sinne Lie's und Hilberts. – Vgl. Lie, Leipziger Berichte, math.-physik. Klasse 1890 und »Theorie der Transformationsgruppen«. (Leipzig 1893), III. Abschn., Abteilung 5. – Hilbert, Grundlagen der Geometrie. (3. Aufl., Leipzig 1909), Anhang IV.

2) Vgl. über die Translationsgruppe: Weyl, Raum, Zeit, Materie. (4. Aufl., Berlin 1921), S. 13ff. – Brouwer, Math. Ann. 72, S. 37ff. – Über das Verschwinden des Krümmungsmaßes, Weyl, l. c. S. 106 oben.

(bzw. der Ebene in reguläre Polygone). Diese sind dann zugleich die natürlichen Einheitsmaße des Raumvolumens. Nur im dreidimensionalen euklidischen Raum gibt es einen solchen raumfüllenden regulären Körper, den Würfel, nur in der euklidischen Ebene derartige Vielecke, nämlich: Das reguläre Dreieck, Viereck (d. i. das Quadrat) und Sechseck. –

Damit ist eine transzendentale Begründung der euklidischen Metrik angegeben. Erwähnt seien noch zwei andere Gedankengänge, die vielleicht zu einer ebensolchen Begründung ausgestaltet werden können, wenn sie auch weniger direkt sind. a) Die Existenz geometrisch ähnlicher Figuren ist charakteristisch für die euklidische Metrik. Die Ähnlichkeit ist aber eine notwendige Bedingung dafür, daß es eine von der Größe einer Figur unabhängige Gestalt gibt. Man könnte nun vielleicht die Forderung an den Begriff des individuierenden Prinzips stellen, die von den eigentlichen »inneren« Eigenschaften von gewissermaßen qualitativem Charakter[1]), nämlich den gestaltlichen Eigentümlichkeiten, unabhängige Größenbestimmung mit zu leisten, in derselben Weise, wie es die Ortsbestimmung leistet. Dann wäre ein echtes Konkretum seiner Größe nach noch unbestimmt und die Fixierung derselben würde nicht durch weitergehende Spezialisierung, sondern durch »Vereinzelung« im principium individuationis zu erfolgen haben, wozu dann noch die weitere Vereinzelung der Lage nach käme. Natürlich wäre hierbei die Vereinzelung erster Art von der gewöhnlich allein so genannten zweiter Art zu unterscheiden. Daß es sich aber auch bei der »Vereinzelung« der Größe nach nicht um eine »Spezialisierung« im qualitativen Sinn handelt, scheint uns daraus mit Evidenz hervorzugehen, daß im homogenen Raum alle Größenbestimmungen relativ auf eine bestimmte Maßeinheit sind.[2]) – Diese Gedankenreihe bedarf aber noch der näheren Ausführung und schärferen Fassung. b) Die Unabhängigkeit der Richtung vom Ort ist ebenfalls ein Kennzeichen der euklidischen Metrik. Indessen ist es besser, diese Frage einer phänomenologischen Betrachtung im engeren Sinn zu unterziehen (s. S. 489). –

1) »qualitativ« ist hier von einer Eigenschaft der Raumfiguren gebraucht und hat mit den Qualitäten der Raumfülle nichts zu tun.

2) Man könnte hiergegen einwenden, daß bei nichtverschwindendem Krümmungsmaß diese Relativität der Größe nicht mehr bestände und doch der Raum, sofern nur die Krümmung konstant bliebe, als homogen bezeichnet werden müßte. – Aber was wir sagen wollen, ist ja nur, daß ein solcher Raum seine Funktion als princ. indiv. nicht voll erfüllen würde, indem nämlich in ihm eine Bestimmung, die (bei anderer Raumstruktur) relativ sein könnte, absolut wird (also gewaltsam zu einer qualitativen gemacht wird).

2. Phänomenologische Untersuchung der euklidischen Metrik.

Obwohl die transzendentale Notwendigkeit der euklidischen Metrik durch die vorstehenden ontologischen Betrachtungen völlig gesichert erscheint, so ist es doch nichtsdestoweniger von Wichtigkeit, zu untersuchen, wie in den verschiedenen konstitutiven Unterschichten des Raumes die metrischen Verhältnisse liegen müssen, damit für den homogenen Raum die euklidische Metrik zustande kommt.

Fundamental für die Begründung der euklidischen Metrik im homogenen Raum war das Bestehen der kongruenten Verpflanzung. Wie konstituiert sich diese Transformation in den verschiedenen räumlichen Schichten? Kongruenz von Figuren kann man zurückführen auf die Gleichheit der entsprechenden (homologen) Strecken; die Frage ist also zurückführbar auf folgende: Wie konstituiert sich die Streckengleichheit? Diese nun ist zurückführbar auf zweierlei Grundphänomene: Erstens: den unmittelbaren Gleichheitseindruck. (D. h. auf die »sinnliche« Gleichheit im orientierten Raum.) Zweitens: das Bewußtsein der subjektiven Bewegung (Kinästhese). D. h. diejenige Veränderung eines anschaulichen Gegenstandes der betreffenden phänomenologischen Schicht ist eine kongruente Verpflanzung (starre Bewegung), die durch eine subjektive Bewegung kompensiert werden kann. (Dieses Phänomen tritt in jeder konstitutiven Schicht auf.)

Die erste Art von Gleichheit tritt in der ersten und dritten Konstitutionsschicht gewissermaßen isoliert auf: im »orientierten« präspatialen Feld (dem Sinnesfeld, als hervorragendstes Beispiel: im Sehfeld) und im orientierten Raum. Im Sinnesfeld begründet sich in primitivster Weise eine »Geometrie« der sinnlichen Figuren. Obwohl hier schon anschauliche »Idealgebilde« auftreten, so sind sie doch nicht unbegrenzt approximierbar (§ 9); deshalb trägt auch die sich auf sie beziehende Geometrie einen approximativen Charakter. Ebenso verhält es sich mit der anschaulichen Gleichheit im orientierten Raum, der »skiagraphischen« Gleichheit: auch sie ist stets nur approximativ gegeben, denn sie hat ja als Kriterium den unmittelbaren Eindruck, wobei die anschauliche, intuitiv den beiden »Breiten«-Dimensionen angeglichene »Sehtiefe« mit in das direkt gegebene Phänomen eingeht. Von einem Hineingehen in einen »Innenhorizont« ist hier keine Rede.

Im Gegensatz dazu bilden die in den einzelnen Raumschichten kinästhetisch sich konstituierenden Gleichheitsrelationen ein sich durch den ganzen konstitutiven Aufbau hindurchziehendes System. Die Konstitution einer höheren Schicht aus der ihr vorangehenden (der $[n+1]^{\text{ten}}$ Schicht aus der n^{ten}) erfolgt dadurch, daß eine Mannigfaltigkeit von Gegenständen der ersten Schicht (d. h. der n^{ten}) zu **einem** Gegenstand der nächsthöheren Schicht (der $[n+1]^{ten}$) zusammengefaßt wird; der Art, daß die Gegenstände der n^{ten} Stufe auf der $(n+1)^{ten}$ Stufe als »Erscheinungen« (Aspekte) des Gegenstandes der $(n+1)^{ten}$ Stufe fungieren. Auf jeder Stufe ist aber ein Gegenstand (dieser Stufe) dadurch gekennzeichnet, daß er mit sich identisch bleibt im Wechsel seiner Aspekte und dies ist wiederum dadurch feststellbar, daß jener Aspektwandel durch subjektive Bewegung rückgängig gemacht werden kann. Bei der Erreichung einer höheren Konstitutionsstufe kommt demnach eine neue Art Aspektwandel hinzu, gegenüber dem der nunmehr erreichte Gegenstand invariant ist. D. h. die Gruppe der den Gegenstand nicht ändernden Transformationen, (der kongruenten Verpflanzungen oder starren Bewegungen) gewinnt neue Transformationen hinzu, wenn eine höhere Stufe erreicht wird. Die umfassendste Transformationsgruppe ist somit die der starren Bewegungen im homogenen Raum, davon sind die »Bewegungen« (soweit sie kinästhetisch charakterisierbar sind) im orientierten Raum eine Untergruppe (es handelt sich um die Drehungen und die Bewegungen »senkrecht« zu den »Radien« des orientierten Raumes), von diesen sind wieder die okulomotorischen Bewegungen eine Untergruppe (nämlich die eben »senkrecht« genannten Bewegungen für sich genommen). Weiter gelangt man aber auf diesem Wege **nicht**; die kinästhetisch charakterisierten Bewegungen im Raume sind damit erschöpft.

Das Nebeneinanderbestehen dieser beiden Arten, die »Bewegung« zu kennzeichnen, führt zu einer gewissen Schwierigkeit. Es erhebt sich nämlich die Frage, in welchem Verhältnis die »eindrucksmäßig« charakterisierten Bewegungen (die »sinnliche« und die »skiagraphische«) zu den »kinästhetisch« gekennzeichneten stehen. Dem inneren Wesen der beiden Kennzeichnungen nach scheint ein Zusammenhang nicht notwendig bestehen zu müssen. Die beiden zur Charakteristik benutzten Grundphänomene sind offenbar ganz unabhängig voneinander. Es ist andererseits ein kontingent apriorischer Umstand gegeben, der jene Phänomene zusammenkoppelt. Im Zentralgebiet des Sehfeldes und ganz ebenso im Zentralgebiet des orientierten Raumes fallen sinnliche bzw. skiagraphische Gleichheit mit der kinästhetisch charakterisierten Kongruenz zusammen; – in den peripheren Gebieten aber weichen sie in stetig nach dem »Rand« zu wachsendem Maße ab. Es handelt sich beim präspatialen Feld um die schon von **Helmholtz** festgestellte Tatsache, daß ein sinnlich gleich gearbeitetes Quadratnetz vom Standpunkt der okulomotorischen Gleichheit aus an den Rändern verzerrt ist. (**Helmholtz**' »Schachbrettfigur«)[1]). Beim Raum selbst kommt die bekannte Erscheinung in Betracht, daß sich entfernende Gegenstände zunächst ihre »Sehgröße« beibehalten (Stumpf)[2]), dann aber, sobald die eigentliche »Nahsphäre« überschritten ist, sich »perspektivisch« verkleinern. – Die Lösung dieser Schwierigkeit liegt nun darin, daß die ganze in sich einheitliche Struktur der Raumkonstitution eine Harmonie der beiden Gleichheitsdefinitionen erfordert. Nur vermöge des Umstandes, daß unmittelbar anschauliche und kinästhetisch charakterisierte Gleichheit wenigstens in gewissen Sphären übereinstimmen, ist es möglich, zu einer eindeutigen Bestimmung der Kongruenz zu gelangen. Nur so ist es möglich, die in den Randgebieten auftretenden Diskrepanzen durch die Begriffe »Schein« und »Wirklichkeit« auszugleichen. Würde sich der perspektivische »Schein« unter keinen Umständen als solcher entpuppen, niemals auch anschaulich in Wirklichkeit übergehen, so würde die letzte rein anschauliche Bestätigung der auf Grund der Kinästhese vollzogenen Gleichheitsapperzeption fehlen. Hierbei fällt noch besonders ins Gewicht, daß ein wichtiges Moment bei der Konstitution der okulomotorischen Figur aus der sinnlichen und ebenso bei der Konstitution des homogenen geometrischen Körpers aus dem »Skiagraph« im orientierten Raum die Eigenschaft der jeweiligen Zentralgebiete ist, optimale Gebiete der Deutlichkeit und Fülle der anschaulichen Qualitäten zu sein. Im optimalen Gebiet trügt die unmittelbare Anschauung nicht, weder hinsichtlich der qualitativen Raumfülle, noch hinsichtlich der Raumgestalt und -größe. Deshalb muß hier die Gleichheit am unmittelbaren Eindruck sicher erkannt werden können und in ihm ihr primäres Kennzeichen haben. Soll man nicht in einen unlösbaren Konflikt kommen, so muß also hier das kinästhetische Kriterium mit diesem primären Kennzeichen übereinstimmen.

Nachdem wir so die Grundzüge der Konstitution des Gleichheitsbegriffs dargelegt haben, gehen wir zu der Frage über, welche Metrik in den einzelnen Raumschichten herrschen muß, damit die Metrik des homogenen Raumes euklidisch wird.

Der orientierte Raum kann aufgefaßt werden als bestehend aus einem Strahlenbündel mit dem Standpunkt des Ichleibes als Scheitel

1) v. Helmholtz, Handbuch der physiologischen Optik. 2. Aufl. Hamburg 1896, S. 695. – Vergl. auch: Hering, der Raumsinn und die Bewegungen des Auges in Hermanns Handbuch der Physiologie III, 1. Leipzig 1879; S. 370.

2) Über den psychologischen Ursprung der Raumvorstellung (Leipzig 1873), S. 207.

(genau genommen handelt es sich um das Orientierungszentrum), wobei die in der Ferne gelegenen Stücke der Strahlen gewissermaßen in ein Medium der Ungewißheit tauchen, das als äußere Grenze des Raumes fungiert, den Fernhorizont. Nur die Nahsphäre ist einer geometrischen Bestimmung zugänglich. Und in ihr herrscht die euklidische Metrik, d. h. die skiagraphische Gleichheit ergibt, wenn man sie als Maßrelation zugrunde legt, die Raumkrümmung Null. Die Orientiertheit um einen Punkt als Zentrum ändert daran nichts. Irgendeine Schwierigkeit tritt nicht ein.

Für das okulomotorische Feld ergibt dies eine sphärische Struktur. Denn jedem Strahl des Orientierungsbündels entspricht eindeutig ein Punkt des okulomotorischen Feldes.

Das Sehfeld (wie auch u. U. die Tastfelder) hat auf Grund seiner »sinnlichen« Maßstruktur einen euklidischen Charakter. Dies folgt auch daraus, daß es das vor aller transzendenten Konstitution gelegene, rein immanente prinzipium individuatonis zweiter Art, d. h. das zweite nach der immanenten Zeit ist.

Nun führt dies aber zu einer Schwierigkeit. Das okulomotorische Feld entsteht aus dem Sehfeld durch eine einfache Ausweitung, d. h. ein Hineingehen in den Außenhorizont. Die innere Struktur des Sehfeldes bleibt dabei notwendig erhalten. Zu dieser gehört aber auch seine euklidische Metrik. Also müßte auch das okulomotorische Feld eine solche euklidische Metrik besitzen, was aber, wie wir sahen, nicht der Fall ist. – Man könnte daran denken, für diese Diskrepanz zwischen der Metrik der beiden präspatialen Felder die beiden möglichen Gleichheitsdefinitionen (sinnliche und kinästhetische) verantwortlich zu machen. Aber bei näherer Überlegung wird man finden, daß dies nicht angeht. Denn im Zentralgebiet des Sehfeldes decken sich ja beide Definitionen und man kann durch geeignete »Augenbewegungen« jeden Teil des okulomotorischen Feldes mit dem Zentralgebiet des Sehfeldes zur Deckung bringen. Überall im okulomotorischen Feld müßte also die euklidische Metrik herrschen. – Die Auflösung der Schwierigkeit ergibt sich aber auf folgende Weise: Man besinne sich auf die eigentümliche Struktur der präspatialen Kontinuen. (Vergl. § 9 A.) In ihnen gibt es eine immanente Schwelle der Meßgenauigkeit. Es gibt eine kleinste noch eben mit anderen Strecken vergleichbare Strecke und ebenso eine größte meßbare Strecke. Den Quotienten (Maximalstrecke : Minimalstrecke) nannten wir den »immanenten Genauigkeitsmodul« (s. S. 469). Die Minimalstrecke ist beim Sehfeld und beim okulomotorischen Feld offenbar dieselbe, denn Sehfeld und okulomotorisches Feld verhalten sich wie Darstellendes und Dargestelltes; im Grenzfall der »optimalen Darstellung« kommen sie deshalb ihrer inneren Struktur nach zur Deckung. Aber die Maximalstrecke ist verschieden: sie ist beim Sehfeld der Durchmesser des noch voll deutlichen Zentralgebiets, beim okulomotorischen Feld ein um die von ihm gebildete sphärische Mannigfaltigkeit herumlaufender »größter Kreis«. Die letztere Strecke ist bedeutend größer als die erste. Mithin ist der »immanente Genauigkeitsmodul« im okulomotorischen Feld wesentlich größer als im Sehfeld. D. h. eine die maximale Ausdehnung noch nicht erreichende okulomotorische Figur (z. B. ein Dreieck) kann schon ein deutliches Anzeichen von sphärischer Krümmung zeigen (ein deutliches Übertreffen der »euklidischen« Winkelsumme 2 R, d. h. einen sog. »sphärischen Exzeß«), während selbst eine maximale Sehfeldfigur wegen ihrer geringeren Ausdehnung noch keine Krümmung aufweist, innerhalb der Grenzen ihrer wesensmäßig beschränkten Genauigkeit[1]). — Somit haben wir folgende Lösung: das Sehfeld ist »approximativ« euklidisch, das okulomotorische Feld »approximativ« sphärisch; es ist dies kein Widerspruch, wenn auch das eine ein »Stück« des anderen ist, denn relativ kleine Teile sphärischer Mannigfaltigkeiten (seien sie nun exakt oder approximativ sphärisch) sind approximativ eben (euklidisch). —

Es bleibt uns noch übrig, ehe wir die Phänomenologie der euklidischen Metrik verlassen, einen Blick auf die oben angegebene Charakteristik derselben zu werfen, daß sie dadurch ausgezeichnet sei, daß sie die »Unabhängigkeit der Richtung vom Ort« gestatte. Dies läuft nämlich offenbar darauf hinaus, daß die Gruppe der Bewegungen im homogenen Raum zerspaltbar ist in die der Verschiebungen ohne Drehung (Translationen) und die der reinen Drehungen ohne Verschiebung. Nun sind die genannten Gruppen aber durch ihre konstitutiven Eigenschaften wirklich reinlich geschieden. Versetze ich mich in den zu bewegenden Körper, so entspricht eine Drehung einer rein okulomotorischen Bewegung, d. h. einer Transformation des vom Orientierungszentrum ausgehenden Strahlenbündels in sich selbst. Eine reine Verschiebung aber entspricht einem Hineingehen in die »Tiefe«, den Innenhorizont, unter Festhaltung des Sehfeldmittelpunktes, d. h. unter Vermeidung jeder okulomotorischen Be-

1) Es handelt sich hier um durchaus immanente, in den puren Phänomenen selbst gelegene Eigentümlichkeiten. Die Sehfeldfigur hat nicht etwa eine »nicht merkliche« Krümmung. Dies würde voraussetzen, daß man ihr eine beliebig genau zu machende »Idealfigur« im transzendenten Sinn substruieren könnte. Aber das ist wesensmäßig unmöglich, denn das Sehfeld hat als solches ja keinen »Innenhorizont«.

wegung. – Hieraus kann man, wie hier nicht näher ausgeführt sei, ebenfalls eine transzendentale (und zwar phänomenologische, nicht ontologische) Begründung der euklidischen Raummetrik entnehmen.

Anmerkung: Die vorstehenden Betrachtungen zeichnen sich durch eine ausschließliche Berücksichtigung des visuellen Raumes aus. Das hat seinen Grund darin, daß hier die Verhältnisse sehr viel durchsichtiger sind als im Tastraum. Prinzipiell ergeben sich auch dort die analogen Fragen, die aber noch wenig erforscht und schwierig sind. Wir müssen uns deshalb darauf beschränken, gelegentlich einzelne Punkte, in denen die Abweichung gegenüber dem visuellen Raum für die gerade behandelten Probleme wichtig ist, zu erörtern.

B. Phänomenologische Begründung des euklidischen Connexus.

Die eben transzendental begründete euklidische Metrik bestimmt zwar nicht eindeutig die Zusammenhangsverhältnisse (den Connexus) der Mannigfaltigkeit, in der sie herrscht, aber sie gestattet doch nur wenige topologische Möglichkeiten: außer dem offenen, einfach zusammenhängenden Raum der euklidischen Geometrie gibt es nur noch die sogenannten Klein-Cliffordschen Raumformen, die das Krümmungsmaß Null besitzen.

Für den zweidimensionalen Fall ist die Sache leicht anschaulich zu machen. Außer der Ebene (euklidischer Fall) gibt es noch den Zylindermantel und eine Mannigfaltigkeit, die den Zusammenhang der Oberfläche eines Ringes (Wulstes) besitzt, welche mit dem Bestehen einer euklidischen Maßbestimmung vereinbar sind.[1])

Betrachten wir den »zylindrischen« Fall näher: Schneidet man den Zylinder längs einer Mantellinie durch und rollt ihn auf, so erhält man einen ebenen Flächenstreifen von unendlicher Länge aber endlicher Breite. Unendlich viele solcher aneinandergelegter Flächenstreifen machen erst die ganze Ebene aus. Denkt man sich auf dem Zylindermantel eine Fülle (etwa materieller Art) ausgebreitet, so wird diese nur einen Teil der Ebene ausfüllen. Will man den geschlossenen Charakter des Zylinders darstellen, so muß man die Struktur der Fülle unendlich oft, identisch in jedem Streifen wiederholen.

---

1) Alles Nähere in mathematischer Hinsicht über die Klein-Cliffordschen Raumformen findet man in dem Aufsatz F. Kleins »Über die sogenannte nichteuklidische Geometrie«. Math. Ann. Bd. 37 (1890).

Der ringförmige Fall wird durch die Teilung der Ebene in Rechtecke dargestellt, innerhalb deren sich alles identisch wiederholt (so wie die Werte einer doppelt-periodischen Funktion in der komplexen Ebene). Man erkennt dies leicht, wenn man den Ring einmal quer durchschneidet und dann nochmals einen kreisförmigen Schnitt durch ihn führt, längs des Weges eines seiner Punkte, bei der ihn erzeugenden Rotation (der Ring entsteht ja bekanntlich durch Rotation eines Kreises um eine außerhalb seiner befindliche Achse). Man erhält so eine einfach zusammenhängende Fläche, die man unter Verzerrung in ein ebenes Rechteck umformen kann.

Im dreidimensionalen Fall sind derartige Veranschaulichungen durch Zerschneiden von geschlossenen Flächen nicht möglich. Man kann sich aber fragen, welche Möglichkeiten der Periodizität es gibt. Die Antwort ist klar: es gibt einfache, zweifache und dreifache Periodizität. Man kann den unendlichen Raum

1. durch eine Schar paralleler äquidistanter Ebenen in »Schichten« zerlegen oder
2. durch zwei Scharen solcher Ebenen in lauter kongruente vierkantige »Röhren« oder
3. durch drei Ebenenscharen in kongruente Parallelepipede (»Kästen«).

Alle Klein-Cliffordschen Raumformen können also dadurch auf den unendlichen euklidischen Raum abgebildet werden, daß man alle möglichen Inhalte dieses Raumes sich einfach, zweifach oder dreifach periodisch wiederholt denkt. Man kann aber nicht umgekehrt den ganzen euklidischen Raum auf eine Klein-Cliffordsche Form abbilden.

Nach diesen Erläuterungen führt uns eine einfache ontologische Betrachtung zum transzendentalen Verstehen der ausgezeichneten Natur des euklidischen Raumes.

Die Periodizität des Rauminhalts ist eine Beschränkung desselben durch die bloße Raumform, die doch lediglich das principium individuationis sein soll. Die euklidische Form leistet als principium individuationis dasselbe wie die Klein-Cliffordschen Formen. Diese letzten fügen lediglich eine neue Gesetzmäßigkeit hinzu, nämlich die Periodizität. Eine solche, die Freiheit des Inhaltes einschränkende Gesetzmäßigkeit, ist nicht mehr Sache des principium individuationis. Deshalb muß – unter Voraussetzung der euklidischen Metrik – die unperiodische (d. h. keine Perioden ausschließende, aber auch keine vorschreibende) Form des Zusammenhangs gewählt werden, und das ist: der einfache, offene Connexus des euklidischen Raumes. –

Damit beschließen wir den Abschnitt über den Connexus des wirklichen Raumes, weil hier eine phänomenologische Betrachtung (im engeren Sinne) nichts Neues hinzufügen könnte.

C. Phänomenologische Begründung der Dreidimensionalität des wirklichen Raumes.

Es bleibt uns noch übrig, die dritte für den euklidischen Raum charakteristische Eigenschaft zu betrachten, die vorzugsweise als kontingent und nicht aus einem größeren Zusammenhang heraus verständlich angesehen wird, nämlich seine Dreidimensionalität.

Daß der Raum der Natur gerade drei Dimensionen hat, nicht mehr und nicht weniger, gilt im allgemeinen sogar als eine empirische Tatsache. Aber schon eine geringe Besinnung zeigt, daß es sich hier nicht um das Ergebnis einer naturwissenschaftlichen Beobachtung handelt, sondern daß alle räumlichen Objekte, die man jemals wird beobachten können, a priori als dreidimensionale bestimmbar sind. Der dreidimensionale Weltraum ist der Rahmen, in den alle materiellen Bestimmungen der Natur hineingezeichnet werden. Wir haben hier ein typisches Beispiel des »kontingenten Apriori« vor uns.

Bei dieser Kontingenz kann sich aber die transzendental gerichtete Phänomenologie niemals beruhigen. Es wird für sie zum Problem, diese Kontingenz zu überwinden durch das tiefere Eindringen in die transzendentale Struktur der Raumkonstitution, d. h. in die Art und Weise des notwendigen Bedingtseins der Eigenschaften des homogenen Raumes durch die der niederen Schichten.

Bevor wir zur Darlegung eines Versuchs der transzendentalen Begründung der Dreidimensionalität des Raumes übergehen, wollen wir noch kurz zu einer Bemerkung Weyls Stellung nehmen, die ebenfalls das Ziel hat, jene scheinbar zufällige Eigentümlichkeit des Raumes verständlich zu machen. Weyl zeigt[1]), daß in einer anderen als gerade vierdimensionalen Welt (mit drei Raum- und einer Zeitdimension) eine gewisse, dem universellen »Wirkungsprinzip«, das die Naturvorgänge regelt, zugrunde liegende Invariante von besonders einfachem Bau nicht existieren kann und zwar aus rein formalmathematischen Gründen. Daraus, meint Weyl, wird die Dreidimensionalität des Raumes begreiflich. Wir müssen dazu bemerken, daß, so merkwürdig die Weylsche Beziehung ist, sie doch keinesfalls transzendental gewendet werden kann. Daß eine möglichst »einfache« Formel in der Natur gilt, könnte allenfalls seinen Grund

1) Raum, Zeit, Materie (4. Aufl. Berlin 1921), S. 259 und 282.

in einer in ihr waltenden »Vernünftigkeit« haben (»harmonices mundi« nach Keplers Ausdruck). Der Grundgedanke der transzendentalen Betrachtungsweise besteht aber gerade darin, alle Notwendigkeit in die Konstitution der Welt im reinen Bewußtsein zu verlegen, so daß alle »Harmonie der Welt« sich als eine Bedingung der Möglichkeit einer Welt überhaupt verstehen läßt, ohne die eine Welt überhaupt nicht würde bestehen können. Dagegen ist bei Weyl die »Weltharmonie« ein metaphysisches Prinzip, das das Walten einer göttlichen oder kosmischen Vernunft da anerkennt, wo an sich auch Unvernunft möglich wäre; dies läuft etwa auf Leibnizens Konzeption der »besten aller möglichen Welten« hinaus. – Damit soll die philosophische Bedeutsamkeit der Weylschen Bemerkung in keiner Weise herabgesetzt werden; nur weisen wir ihr ihre richtige Stelle an: in der Metaphysik, nicht in der transzendentalen Phänomenologie. Allerdings würde eine gelungene transzendentale Begründung der Dreidimensionalität auch die metaphysische Bedeutung der Weylschen Beziehung zunichte machen. Denn es wäre dann ja die Dreidimensionalität als eine notwendige Bedingung der Existenz einer Welt überhaupt erwiesen, es könnte also aus ihr ein Schluß auf ein kosmisches Vernunftprinzip nicht mehr gezogen werden[1]). –

Nunmehr wenden wir uns zu dem Versuch einer transzendentalen Begründung der Dreidimensionalität des »wirklichen« Raumes und zwar sogleich zu phänomenologischen Betrachtungen im engeren Sinne, da uns die Frage auf ontologischem Wege nicht angreifbar erscheint.

Wir vollziehen die »transzendentale Deduktion« in drei Schritten:

1. zeigen wir, daß der homogene Raum eine Dimension mehr hat als das Sinnesfeld, von dem die Konstitution ausgeht, d. h. ein n-dimensionaler homogener Raum bedingt ein (n – 1)-dimensionales Sinnesfeld und umgekehrt;
2. weisen wir nach, daß das Sinnesfeld nicht nur eine Dimension haben kann, sondern mehrdimensional sein muß;
3. geben wir Gründe dafür an, daß das Sinnesfeld nicht drei oder mehr Dimensionen besitzen kann. – Es bleibt somit nur die Möglichkeit, daß das Sinnesfeld zweidimensional ist, und dies besagt nach (1) daß der homogene Raum dreidimensional ist, womit die Deduktion vollendet ist.

1) Zur Idee einer Metaphysik und eines göttlichen Prinzips in der Natur vgl. Husserl, »Ideen« § 58 und die Anmerkung am Schluß des § 62 (S. 119) ferner in der Einleitung S. 4–5.

Wir gehen nun zu den einzelnen Beweisschritten über:

1. Das Sinnesfeld besitzt eine Dimension weniger als der homogene Raum. – Das Sinnesfeld wird durch Erweiterung, Hineingehen in den Außenhorizont, zum organomotorischen Feld (präspatialen Feld zweiter Stufe). Dabei bleibt das Sinnesfeld in Deckung mit einem Stück des präspatialen Feldes zweiter Stufe. Dies ist nur möglich, wenn beide präspatialen Felder in der Zahl ihrer Dimensionen übereinstimmen. In ganz demselben Sinne ist der orientierte Raum wenigstens in seinem Zentralgebiet ein echtes Stück des homogenen Raumes. Daraus ergibt sich, daß beide die gleiche Anzahl Dimensionen haben. Somit läuft alles hinaus auf den Vergleich des orientierten Raumes mit einem organomotorischen Feld, z. B. dem okulomotorischen Feld, hinsichtlich der Dimensionenzahl. Es läßt sich aber leicht zeigen, daß man beim Übergang vom okulomotorischen Feld zum orientierten Raum eine Dimension gewinnt. Denn einmal entsteht die Tiefe aus der Umdeutung einer im präspatialen Felde 2. Stufe ausgebreiteten Qualität (die sich also wie ein »Skalar« in der Vektoranalyse verhält). Andrerseits ist beim orientierten Raum eine derartige zentrale Symmetrie vorhanden, daß die Beziehung »Entfernung vom Orientierungszentrum« eine durchaus ausgezeichnete Rolle spielt. Sie mißt gewissermaßen den Grad der Nähe bzw. Ferne vom Ich-Standpunkt, oder auch den Grad der Verschiedenheit des »dort« vom »hier«. Diese Grade bilden offenbar wesensmäßig eine eindimensionale Steigerungsreihe. Endlich ist noch auf das schon oft angeführte »Hineingehen in den Innenhorizont« zu verweisen, in dem sich die »Tiefe« konstituiert. Auch dieser Entwirrungsprozeß ist wesensmäßig eindimensional, ein einfaches Fortschreiten von geringerer zu größerer Differenziertheit. Man beschreibt also den orientierten Raum richtig, wenn man ihn als ein Strahlenbündel, mit dem Orientierungszentrum als Scheitel auffaßt. Dabei entspricht jedem Punkt des okulomotorischen Feldes ein-eindeutig ein Strahl und die auf diesem Strahl vom Scheitel aus abgetragene Tiefenstrecke dem Grad der Steigerung in der eben genannten Reihe. Aus alledem geht hervor, daß der orientierte Raum eine Dimension mehr als das okulomotorische Feld besitzt, womit dann die Behauptung (1) nachgewiesen ist.

2. Das Sinnesfeld hat mehr als eine Dimension. – Wäre das Sinnesfeld eindimensional, so würde uns jede direkte Anschauung eines homogenen mehrdimensionalen Kontinuums fehlen. Es würde unmöglich sein, unter Hinzunahme der zunächst aus-

gezeichneten, gewissermaßen qualitativen »Sehtiefe« eine höherdimensionale, homogene Mannigfaltigkeit zu bilden. Wir erfassen z. B. bei der Drehung eines »radial« (in Richtung unserer »Sehstrahlen«) stehenden Stabes in eine »tangentiale« (zu den »Sehstrahlen« senkrechte) Richtung den kontinuierlichen Übergang der »Tiefe« in die »Breite«. Aber ein derartiger Übergang ist nur möglich, wenn schon vorher die Idee einer homogenen mehrdimensionalen Mannigfaltigkeit von uns ergriffen ist. In einem solchen Kontinuum gibt es keine ausgezeichneten »reinen« Richtungen. Jede von einem Punkte ausgehende Richtung und die in ihr liegende Strecke hat prinzipiell denselben Charakter, sie hat dieselbe »Länge« in allen Richtungen. Dagegen ist es z. B. im zweidimensionalen Tonkontinuum (Ordnung der Töne nach Höhe und Stärke) nur möglich, reine Unterschiede der Höhe oder der Stärke als »Entfernungen« aufzufassen, aber nicht direkt die »Entfernung« eines Tones a von einem zweiten b, der von a nach Höhe und Stärke zugleich differiert. Insbesondere gibt es keinen stetigen Übergang von einem musikalischen Intervall in eine Differenz der Intensitäten des »gleichen« Tons. Das würde aber dem oben bei der Drehung des Stabes beschriebenen Übergang von der Tiefenerstreckung in die Breitenerstreckung entsprechen. – Da es im Wesen des Raumes als principium individuationis liegt, eine homogene Mannigfaltigkeit zu sein, so ist es eine notwendige Bedingung seiner Existenz, daß es eine bereits mehrdimensionale, homogene präspatiale Mannigfaltigkeit gibt, von der als Keimzelle gewissenmaßen seine Konstitution im reinen Bewußtsein anhebt. Damit ist der transzendentale Nachweis der Mehrdimensionalität des Sinnesfeldes geführt.

3. Das Sinnesfeld hat nicht mehr als zwei Dimensionen. – Hier kommen wir zum schwierigsten Teil unserer transzendentalen Deduktion und die folgenden Überlegungen besitzen nicht den Grad der Stringenz, den wir für die vorhergehenden in Anspruch nehmen möchten. Immerhin glauben wir bestimmt, daß sie einer strengeren Fassung in Zukunft fähig sein werden.

Das Sinnesfeld zeigt ein reines »Nebeneinander« von Elementen; ein »Hintereinander«, eine Verdeckung ist in ihm unmöglich. Dies gehört zu seinem Wesen; denn, da es die Basis aller Konstitution ist, wäre eine »Verdeckung« in ihm selbst nicht aufdeckbar. Denn eine solche »Aufdeckung« würde einen Apperzeptionswechsel (von der Auffassung des »Zusammenfallens« zu der des »Hintereinander-Liegens«) erfordern, der im Sinnesfeld unmöglich ist. Nur wissen wir schon aus dem ersten Teil der Deduktion, daß das »Hintereinander« nur durch eine einzige Raumdimension, die Tiefe, zustande kommt, die vor allen anderen im orientierten Raum noch ausgezeichnet ist. D. h. im n-dimensionalen (orientierten) Raum gibt es eine Tiefen- und (n – 1) Flächen- (oder Breiten-) Dimension. Die präspatialen Felder würden sich durch (n – 1) Dimensionen erstrecken. Bei einem vierdimensionalen Raum würde also das Sehfeld z. B. drei »nebeneinander« geordnete (Breiten)Dimensionen besitzen. Es scheint also, als ob darin eine dreidimensionale Figur (mit einer zweidimensionalen Begrenzung ihrer Oberfläche) denselben Grad von Anschaulichkeit besitzen würde, wie eine zweidimensionale Figur (mit einer eindimensionalen Begrenzung) in unserem gewohnten Sehfeld. Dies ist aber ein Irrtum und gerade darauf gründet sich unsere Deduktion!

Der Umriß einer Figur im zweidimensionalen Feld kann mit dem Blick oder der Aufmerksamkeit sukzessiv lückenlos durchlaufen werden, denn er ist eindimensional ebenso wie die Zeit, in der das Durchlaufen stattfindet. Er ist also sozusagen auf die Zeit abbildbar: man kann das Durchlaufen als ein sukzessives Erleben der Krümmungen und Ecken des durchlaufenen Weges auffassen, ähnlich dem Erleben einer bald beschleunigten, bald gehemmten Bewegung. In diesem Umstand, daß ein derartiges Durchlaufen mit dem Blick möglich ist, scheint die außerordentliche Anschaulichkeit einer Sinnesfeldfigur zum größten Teil zu bestehen. – Man kann dies noch etwas näher begründen: Wir erfassen eine sinnliche Gestalt durch »sinnliche Vergleiche«, z. B. die Gestalt des Kreises durch den Vergleich seiner Radien. Die volle Anschaulichkeit einer Linie wird uns gegeben durch eine stetige, eindimensionale Mannigfaltigkeit von Vergleichsakten, die wir sukzessiv, in der ebenfalls eindimensionalen Zeit, vollziehen können.[1])

Diese hohe Anschaulichkeit wäre in einem drei- (oder mehr-) dimensionalen »Nebeneinander« niemals zu erreichen! Der Umriß wäre darin zweidimensional, eine im allgemeinen krumme Fläche. Eine solche aber läßt sich niemals eindeutig, sozusagen zwangsläufig durchlaufen. Denken wir uns z. B. eine Kugelfläche, in einem puren Nebeneinander ausgebreitet. Auch dann könnten wir sie nur längs einer Linie durchlaufen, etwa längs eines Meridians oder eines

1) Ästhetische Erfahrungen scheinen für diese Auffassung zu sprechen. So ist der ästhetische Eindruck der Linie von dem der Fläche oder des Reliefs usw. toto genere, nicht etwa nur quantitativ verschieden. Vgl. für dieses weite Thema z. B. H. Wölfflin, Kunstgeschichtliche Grundbegriffe, München 1915.

Parallelkreises. Aber niemals könnte man sich so die ganze krumme Fläche zu eigen machen. Von jedem Punkte aus gäbe es unendlich viele (∞^1) Richtungen, in denen man fortschreiten könnte. Es wäre durchaus willkürlich, welche man auswählte. Die unsichere Art, in der man ein Relief mit dem Auge abtastet, im Gegensatz zu der zwangsläufigen Führung des Blickes, die uns ein linearer Umriß gewährt, macht dies anschaulich. (Wobei von der weiterhin die Klarheit der Raumform beeinträchtigenden qualitativen Verschiedenheit der »Tiefe«, die anschaulich doch niemals völlig sich der Breitendimensionen angleicht, abzusehen ist.)

Die räumlichen Figuren würden also der letzthin möglichen Anschaulichkeit, die sich in letzter Instanz immer auf die der sinnlichen Feldfiguren zurückführen läßt, entbehren, wenn das Sinnesfeld drei oder mehrere Dimensionen besäße. Sofern also dieser höchste Grad von Anschaulichkeit für die letzte Ausweisung der Evidenz geometrischer und auch schon morphologischer Beziehungen notwendig erscheint, ist uns die transzendentale Deduktion der Dreidimensionalität gelungen. Sofern diese Notwendigkeit nicht einleuchtet, hat unsere Deduktion eine Lücke. Wie dem auch sei, wir glauben, die Richtung gezeigt zu haben, in der die transzendentale Lösung der Frage der Dreidimensionalität des Raumes gesucht werden muß.

Damit haben wir sämtliche Eigentümlichkeiten des euklidischen Raumes ihrer Kontingenz entkleidet und transzendental begreiflich gemacht. Es ist nunmehr wohl begründet, den euklidischen Raum als den anschaulichen Rahmen jeder möglichen intersubjektiven Welt anzusehen.

§ 13. Die euklidische Raumform als die geometrische Grundlage der klassischen Physik.

Im vorigen haben wir den »wirklichen« Raum der Anschauung lediglich seiner formalen Verfassung nach untersucht. Wir sind nicht auf das Verhältnis von Raumform und Raumfülle eingegangen. Unsere bisherigen Erkenntnisse hatten ihre Quelle in dem Umstand, daß der Raum principium individuationis ist, und in der konstitutiven Gesetzmäßigkeit, nach der der Raum als abstraktes Moment der Natur sich im reinen Bewußtsein aufbaut. Jetzt müssen wir uns der Natur als konkreter Einheit von Raumform und Erfüllung zuwenden und zur Erkenntnis der für sich genommenen Raumform muß die der materiellen Natur und des Verhältnisses ihrer Gesetze zu denen des reinen Raumes treten. Dabei gehen wir aus von der »klassischen« Fassung, die die Grundlagen der Physik durch Newton erhalten haben. –

A. Der zur physikalischen Dinglichkeit führende »subtraktive« Prozeß.

Obwohl die Entwicklung der Physik stetig vor sich gegangen ist, und wir diese historische Kontinuität seit der Antike verfolgen können, hat es doch seinen guten Sinn, die Epoche von Galilei bis Newton als die Zeit der Begründung der »klassischen« Physik anzusehen. Denn in jener Zeit ist ein wissenschaftliches System in seinen Grundlinien umrissen worden, das für Jahrhunderte diesen Umriß bewahrt hat und auch noch heute, nach einer aus mannigfachen Motiven vollzogenen tiefgreifenden Wandlung in der zweiten Hälfte des 19. und dem Beginn des 20. Jahrhunderts, als Grenzfall im System der »modernen« Physik weiter lebt. Während von der Physik des Altertums nur die archimedische Statik bestehen geblieben ist, bezeichnet nicht nur die Galilei-Newtonsche Dynamik, sondern auch die Galilei-Newtonsche Gesamtauffassung der Aufgabe und Methode der physikalischen Wissenschaft für immer eine notwendige Stufe in unserer Naturerkenntnis, die ihren bestimmten Wert niemals verlieren wird, weil sie wesensmäßig begründet ist. Dies ist auch der tiefere, sachliche Grund dafür, daß Kants Vernunftkritik an Newtons »Principia« anknüpfen konnte.

Wir haben hier die Aufgabe, diese Newtonsche Gesamtauffassung der Natur nach der uns hier interessierenden Seite, die eine ihrer wesentlichsten ist, kurz zu charakterisieren, um sie dann später mit der sich in der Gegenwart erst durchsetzenden »modernen« Anschauung zu kontrastieren.

Zwei Punkte haben wir vor allem hervorzuheben: das Verhältnis der räumlichen Eigenschaften zu den Qualitäten, wie sie unmittelbar sinnlich wahrgenommen werden und das Verhältnis des Raumes zur Kausalität und zum physischen Geschehen überhaupt.

Beide Fragen sind schon in der aristotelischen Physik behandelt worden. Während aber die »klassische« Physik im ersten Punkte sich auf Aristoteles stützt, bekämpft sie ihn im zweiten. Die bekannte Lockesche Formulierung einer Erkenntnis, die bereits Galilei besaß, daß die Physik lediglich die »primären« Qualitäten der Dinge, d. h. die räumlichen, zeitlichen, kinematischen und auch dynamischen zurückbehält und die »sekundären«, Farbe, Ton, Tastqualitäten usw. für »Schein« und subjektiv bedingt erklärt, geht letzten Endes auf des Aristoteles psychologische Lehre von den *αἰσθητὰ κοινά* zurück.[1]) — Dagegen steht die klassische Physik in geradem Gegensatz

1) Aristoteles, de anima III, c. 1—2 (425a, 13ff.). Noch früher findet sich der Gedanke bei Demokrit. (Diels, Fragm. d. Vorsokr.[2] Bd. I, S. 389 [fr. 55 B, 11]) Z. 11.

zu der aristotelischen Lehre von der physikalischen Bedeutung des Ortes [1]) im Kosmos. Aristoteles unterschied (innerhalb der Ortsbewegungen [φοραί]) zwei Arten von Bewegungen: »natürliche« (φύσει, κατὰ φύσιν) und »gewaltsame« (βίᾳ, παρὰ φύσιν); zu den ersten gehören (außer den Bewegungen der Tiere, die uns hier nichts angehen), die Kreisbewegungen der Gestirne und die Bewegungen der schweren und leichten Körper, die einfach unter der Einwirkung des Ortes vor sich gehen. Alle Körper haben die Tendenz, ihren natürlichen Ort zu erreichen, die schweren den Mittelpunkt der Welt, die leichten die äußere kosmische Sphäre. – Im Gegensatz dazu ist der Raum der klassischen Physik das völlig gleichgültige, homogene Medium, in dem sich die physikalischen Vorgänge, nur Kräften physikalischer Natur gehorchend, abspielen. [2]) Auf dieser Vorstellung basiert Kants Konzeption der »reinen Raumanschauung« und des Raumes als Form der Erscheinungen.

Es handelt sich nun für uns darum, den systematischen, wesensmäßigen Gehalt der geschilderten historischen Auffassung der »klassischen« Physik zu bestimmen.

Der Gegenstand der Physik ist das intersubjektiv sich identisch durchhaltende materielle Ding und die darauf sich beziehenden Sachverhalte, die also in allgemeingültigen Urteilen erfaßt werden können. Diese Bestimmung gilt für die klassische, wie für die moderne Physik. Charakteristisch für die klassiche Physik ist aber, daß ihre Objekte rein »subtraktiv« aus den voll anschaulichen, aber dem einzelnen nur gerade so und nicht anders erscheinenden Wahrnehmungsdingen entstehen. D. h. gewisse »Qualitäten« (wenn wir uns vorläufig mit diesem die intentionalen Strukturen nicht bezeichnenden Ausdruck begnügen), die »primären« beharren unverändert auch an jenen »intersubjektiven« Gegenständen, gewisse andere, die »sekundären«, variieren von Subjekt zu Subjekt, je nach den physiologischen und psychophysischen Bedingungen; man erhält also das physikalische Objekt durch Zurückbehalten jener invarianten »primären« Qualitäten nach Abstreifung der »sekundären« variablen Qualitäten.

1) Aristoteles, Physik IV, c. 1 (p. 208b, 8 – 11).

2) Äußerst klare Formulierungen darüber finden sich schon bei Gilbert (»De Mundo nostro sublunari Philosophia Nova« [Amstedol. 1651], lib. III c. 5 [S. 241]; lib. I, 21 [S. 61] u. lib. II, 8 [S. 144]). Vgl. darüber E. Cassirer, das Erkenntnisproblem in der Philosophie und Wissenschaft der neueren Zeit (Berlin 1906/07), Bd. I, S. 275–76 u. Anm. 66 (auf S. 563). – – Die moderne Physik kehrt demgegenüber mit ihrem Begriff des »Feldes« (Faraday) in gewissem Sinne zu aristotelischen Anschauungen zurück.

Das ist ungefähr der systematische Gehalt jener von Galilei, Descartes und Locke herrührenden Anschauung. Vom phänomenologischen Standpunkt aus haben wir an ihr jedoch noch sehr erhebliche Korrekturen anzubringen.

Wir haben zu unterscheiden zwischen den beiden folgenden konstitutiven Stufen der Dinglichkeit[1]): dem »puren Sinnending« oder »Phantom« und dem »materiellen Ding«. Das letztere ist der normale Gegenstand unserer natürlichen Wahrnehmung. Ihm kommen die spezifisch »materiellen« und »kausalen« Eigenschaften zu, wie Schwere, Massenträgheit, Elastizität, Zähigkeit, Leichtflüssigkeit usw. Einen scharfen Unterschied zwischen »materiellen« und »kausalen« Eigenschaften (Kräften) gibt es nicht. Wir erkennen die Elastizität an der Art, wie ein Körper beim Stoß, Druck, Zug usw. reagiert, seine Schwere und Trägheit an seiner leichten oder schweren Beweglichkeit usw. Alle diese Eigenschaften der materiell-kausalen Schicht sind nicht im eigentlichen Sinne sinnlich wahrgenommen. Zwar sind sie durchaus anschaulich gegeben, nicht etwa begrifflich oder kategorial auf Anschauung lediglich fundiert, oder gar aus beobachteten Gesetzmäßigkeiten erschlossen. Aber sie sind doch nicht direkt wahrgenommen, wie die eigentlichen sinnlichen Qualitäten der Farbe, des Tons, der Härte und Rauhigkeit u. dgl. Wir sagen, sie sind »mitwahrgenommen«, aber in einer besonderen Weise. Es gibt nämlich verschiedene Arten von »Mitwahrnehmung«: erstens die Art und Weise, wie die mir verdeckte Rückseite eines Dings oder ein Ding hinter meinem Rücken von mir »mitgesehen« wird, ohne doch eigentlich gesehen zu sein. Hier kann die »Verdeckung« aufgehoben werden und dann sehe ich jenes Ding oder jene Seite von ihm unmittelbar. Zweitens die hier in Frage kommende Art, wo den sinnlichen Qualitäten und Strukturen des Dinges gewisse eigentlich unsichtbare Eigenschaften »angesehen werden«, indem sie sich im Sinnlichen »äußern«, sozusagen »ausdrücken«.

Beschränkt man sich dagegen auf das im eigentlichen Sinne Wahrgenommene (nebst dem Mitwahrgenommenen der ersten Art), so hat man das pure Sinnending (Phantom) im Auge. Dieses Phantom spaltet sich nun wieder in das »Leerschema« (die leere Raumform) und die sinnliche »Fülle« (die aus den reinen sinnlichen Qualitäten, optischen, akustischen, haptischen, thermischen usw. besteht). Eine ausgezeichnete Rolle spielen hierbei die visuellen und taktuellen Daten;

---

1) Die folgenden Unterscheidungen, nebst den Terminis, stammen von Husserl (noch unveröffentlicht, doch in Vorlesungen mitgeteilt).

sie allein »füllen« die Raumform im prägnanten Sinn »aus« (während Töne, Wärmedaten, Gerüche usw. eine viel unbestimmtere Art der Lokalisierung »am« Raumschema haben), sie bilden daher mit der Raumform zusammen das »konkrete Schema«.

Das »materielle« Ding steht in der Stufenleiter der Konstitution um eine Stufe höher als das Phantom. D. h. es konstituiert sich als Einheit in einer Mannigfaltigkeit von Phantomen, die unter sich nach einer bestimmten Regel in anschaulicher Kontinuität zusammenhängen. Ein materielles Ding offenbart sich als solches nur in seinem Tun und Leiden, in seiner Wechselwirkung mit anderen ebensolchen Dingen, kurz in seinen kausalen Beziehungen, die es als einzelnes zu der Gesamtheit der einzelnen Gegenstände im Weltraum hat.

Um nun eine schärfere Abgrenzung der (»kausalen«) Naturgesetze zu erhalten, gehen wir aus von der Betrachtung des Phantomgeschehens, in dem sie sich der sinnlichen Wahrnehmung zeigen. Das reine Phantomgeschehen, die κίνησις der Phantome im weiten aristotelischen Sinn (ihre Bewegung, Veränderung, ihr Wachsen und ihr Schwinden usw.) hat zunächst seine in ihm selbst liegende Kontinuität und wesensmäßige Regel. Soll ein Phantom als solches Bestand haben, so müssen seine »Abschattungen«, in denen es sich der Wahrnehmung gibt (seine »Skiagraphen«, seine »perspektivischen Aspekte« usw.), einer bestimmten Regel unterworfen sein; bei der Drehung muß es uns seine Rückseite zeigen usw. Ist diesen »immanenten« Regeln des Phantomgeschehens genügt, so besteht immer noch eine große Freiheit in der näheren Bestimmtheit des Vorgangs. Fragt man nun nach den Gesetzen, die die jetzt noch freien Möglichkeiten regeln, so kommt man auf einen grundlegenden Unterschied zweier Gesetzestypen, indem man das Verhältnis zu der Intersubjektivität betrachtet. Jedes Phantom wird zunächst, nebst seinem Geschehen, dem einzelnen Subjekt in seinem Bewußtsein gegeben. Es ist a priori nicht sicher, ob es in derselben Weise einem zweiten Subjekt erscheint. Aber erst dann, wenn das der Fall ist, kann es als »intersubjektive« Wirklichkeit und das Gesetz, dem es gehorcht, als allgemeingültig, als »Wahrheit an sich« anerkannt werden. (Dabei ist ein Einfühlungszusammenhang zwischen den in Frage kommenden Subjekten anzunehmen.) Diejenigen Eigentümlichkeiten der Phantome und ihre »κίνησις«, die von Subjekt zu Subjekt variabel sind, werden als »subjektiv«, die sich als identisch erweisenden, konstanten als »intersubjektiv« zu bezeichnen sein. Damit sind wir aber noch nicht zu dem entscheidenden Unterschied gelangt. Es gibt nämlich eine »normale« Subjektivität; die allen »normalen« Subjekten (wobei die »Normalität« vorzüglich in der Beschaffenheit des Leibes liegt) gleich erscheinenden Eigentümlichkeiten der Phantome sind als »intersubjektiv« zu charakterisieren (mit der Beschränkung auf den Umkreis der »normalen« Subjekte). Wird ein Subjekt »abnormal«, so äußert sich das in einer Veränderung der gesamten Phantomwelt; häufig auch begleiten spezifische »Leibgefühle« (Schmerz usw.) den Vorgang. Die Besonderheiten, die ein abnormales Subjekt wahrnimmt, und ihre Regeln schalten wir aus. Dann kommen wir zu einem guten Sinn von »Objektivität« (gleich »Intersubjektivität« zwischen Normalen), der im täglichen Leben brauchbar ist. Er ist aber nicht »exakt« und deshalb als Grundlage einer rational gerichteten »exakten Naturwissenschaft« nicht verwendbar. Denn nicht alle Eigentümlichkeiten der Phantome können in eine definite Mannigfaltigkeit von Begriffen und Gesetzen eingespannt werden. Aber erst die Konstruierbarkeit mittels eines rationalen Algorithmus würde ein für alle (nicht bloß die normalen) Subjekte geltendes Urteil über Eigenschaften und Sachverhalte ermöglichen, die sich auf Phantome beziehen. Nur die Sätze und Algorithmen der formalen Logik sind schrankenlos intersubjektiv gültig. Dieser Forderung der schrankenlosen Allgemeingültigkeit, der Konstruierbarkeit durch rationale Algorithmen genügen in erster Linie die räumlichen, zeitlichen und kinematischen Eigenschaften und Relationen. Wären nun die Gesetze der räumlichen Deformation in der Zeit (worunter als Spezialfall die Bewegung fällt) in sich abgeschlossen und mit den Gesetzen der qualitativen Veränderungen nicht irgendwie zusammenhängend, so könnte man von der qualitativen Raumfülle ganz absehen und sie als »sekundäre Qualität« aus der Physik ausschalten. Aber dies ist nicht der Fall; eine »geometrische« Physik im Sinne des Descartes erweist sich als undurchführbar. Somit steht man vor der Aufgabe, die Mannigfaltigkeit der qualitativen Variationen irgendwie zu einer definiten zu machen. Das Prinzip ihrer Lösung ist folgendes: man substituiert den sinnlichen Qualitäten physikalische, »materielle« Eigenschaften, die man durch ihre »Wirkung«, die durch sie hervorgebrachte Deformation, mißt. Ihre Existenz besteht im Grunde nur in dieser Wirkung. Hier trifft man auf das glücklichste zusammen mit jenen für die naive Anschauung »materiellen« Eigenschaften, die in der Art der »κίνησις« der Phantome »mitwahrgenommen« werden. Man macht jene »morphologischen« in naiver Weise mitwahrgenommenen Eigenschaften zu »exakten« (im verallgemeinerten Sinn »geometrischen«), indem man sie vermöge ihres Funktionalzusammenhangs mit den definiten »Deformationen« (geometrisch-kinematischer Art) aus diesen konstruiert und sie damit in die geometrisch-kinematische definite Mannigfaltigkeit hineinnimmt. Das ist in den Grundzügen der Weg, der von der anschaulichen Kausalität zum mathematisch-physikalischen Funktionalzusammenhang führt.

Zusammenfassend können wir also sagen, daß die der Einteilung der »Qualitäten« in »primäre« und »sekundäre« zugrunde liegende Sachlage die folgende ist: Objektive, d. h. schrankenlos intersubjektiv gültige Sätze können nur von den rational konstruierbaren Eigenschaften gelten. Dies sind zunächst die geometrisch-kinematischen und dann die von ihnen aus vermittels der von ihnen ausgeübten deformierenden oder bewegenden Wirkung konstruierten »materiellen« Eigenschaften. Subjektive oder höchstens für eine gewisse Gruppe sich »normal« nennender Subjekte gültige Sachverhalte gründen sich auf die eigentlichen sinnlichen Qualitäten. Aber auch die morphologischen räumlichen Strukturen können unter gewissen »täuschenden« Umständen bloß eine derartig »subjektive« Geltung haben; z. B. bei den sog. »optischen Täuschungen«, wie sie von der experimentellen Psychologie untersucht werden.

Was folgt daraus nun für das Verhältnis des Raumes zur materiellen Natur in der klassischen Physik? – Die geometrisch-kinematischen Sachverhalte bilden die Grundlage der exakten Naturgesetze. Sie brauchen »in Wirklichkeit« nicht so zu sein, wie sie sich im einzelnen Fall dem Augenschein ergeben. Aber ihrer prinzipiellen Struktur nach erwachsen sie doch aus den Gesetzen des Phantomraums. Es wird nur einer »scheinbaren« Raumfigur eine andere als »wirkliche« substituiert, die aber selbst ebenso anschaulich gemacht werden könnte.[1]) Der Raum ist für die »materielle« Fülle in demselben Sinn principium individuationis, wie er es für die sinnliche Fülle der Phantome ist. Die Materie ist in ihm genau so ausgebreitet, wie die Qualität des Phantoms. Für ihn gelten also unverändert alle Überlegungen, die wir in diesem Abschnitt über den anschaulichen Raum als principium individuationis angestellt haben: sowohl der Phantomraum, wie der Raum der materiellen Natur im Sinne der klassischen Physik ist e u k l i d i s c h.

---

1) Dies ist nicht zwingend aus dem Gedankengang, den wir verfolgten, abzuleiten. Es handelt sich vielmehr um eine besondere, in der klassischen Physik s t i l l s c h w e i g e n d gemachte Voraussetzung, die wir später fallen lassen werden. Sie hängt damit zusammen, daß die geometrisch-kinematische Gesetzmäßigkeit Konstruktionsausgang und -mittel der gesamten »exakten« Naturgesetze ist, an dem nicht gerüttelt werden darf, soll nicht der ganze Bau zusammenstürzen.

Geometrie und klassische Physik sind also völlig reinlich geschieden. Die geometrischen (euklidischen) Gesetze bilden den Rahmen, in dem sich die materiell-kausalen Gesetze einzeichnen. Niemals haben physikalische Vorkommnisse auf geometrische Verhältnisse irgendeinen Einfluß. Umgekehrt entbehrt auch der »Ort« durchaus der physikalischen Bedeutung. Das besagt: die Naturgesetze sind rein kausale, die wirkenden Kräfte sind an die Materie gebunden und üben einen Zwang auf die ihnen unterworfenen Körper aus. »Von selbst« geht keine Bewegung (oder überhaupt Veränderung) vor sich, mit Ausnahme der Trägheitsbewegung. Die Struktur der Welt, z. B. die Verteilung der Materie im Raum ist ganz »zufällig«, nur den Gesetzen der Wahrscheinlichkeit[1]) unterworfen. Kosmische Strukturgesetze gibt es nicht. Trotzdem ist es natürlich möglich, rein formal mathematische Funktionalzusammenhänge, in denen die Zeit als (unabhängige) Variable auftritt, von solchen zu unterscheiden, die frei von der Zeitvariablen sind. Aber ein eigentliches Naturgesetz liegt doch nur dann vor, wenn man es wenigstens indirekt auf Zusammenhänge der ersten Art zurückführen kann. Zusammenhänge der zweiten Art, die nicht auf andere reduzierbar sind, sind nichts als »Ansätze«, d. h. willkürliche Bedingungsgleichungen, die nicht weiter begründet werden, sondern nur zur präzisen Stellung mathematischer Einzelprobleme der theoretischen Physik dienen.

In dieser Auffassung der Natur als einer lediglich von kausalen Gesetzen beherrschten liegt ebenfalls eine unbegründete Voraussetzung der klassischen Physik, auf die wir hier nur hinweisen. Sie hängt zusammen mit einer schon herausgestellten ebenso nicht weiter begründeten Überzeugung, nämlich dem Glauben an die euklidische Gesetzlichkeit des Raumes, in dem das physikalische Geschehen sich abspielt, was nichts anderes besagt, als daß dieses Geschehen in der Art eines Phantomgeschehens vorstellbar sein soll (wenn auch nicht das in jedem Fall beobachtete Phantomgeschehen rein durch Weglassen der »sekundären« Qualitäten zum physikalischen Geschehen wird). Beide Voraussetzungen besagen, daß das physikalische Geschehen gegenüber dem Phantomgeschehen keiner neuen »strukturalen« Gesetzmäßigkeit unterliegt, sondern daß lediglich eine rein »kausale« die Weltstruktur nicht berührende Gesetzmäßigkeit hinzukommt.

1) In dieser zunächst paradoxen Begriffsbildung der Gesetzmäßigkeit des Zufalls liegt ein sehr wichtiges Problem der transzendentalen Logik vor, das wir aber hier nicht behandeln können. Es fehlt zur Zeit noch, trotz vieler darauf gerichteten Bemühungen, an einer wirklich befriedigenden Begründung der Wahrscheinlichkeitsrechnung.

Die hier zuerst auftretende Gedankenreihe wird während unserer weiteren Untersuchungen von größter Wichtigkeit sein, und ihre Hauptbegriffe »Kausalität«, »Struktur« usw.[1]) werden einer fortschreitenden Klärung unterzogen werden und das hauptsächlichste Mittel zum Verständnis der physikalischen Anwendung der nichteuklidischen Geometrien bilden.

B. Die Rolle der Messung in der klassischen Physik.

Wir hatten schon im ersten Teil (§ 3, D) die prinzipielle Bedeutung der Metrik charakterisiert. Sie dient dazu, unter vielen topologisch gleichwertigen Möglichkeiten eine Wahl zu treffen und dadurch eine eindeutige Koordinatenbestimmung zu ermöglichen. Die Hauptrolle spielt dabei der Begriff der Gleichheit: die Abstände der topologisch ausgezeichneten Punkte sollen in gleiche Teile geteilt werden. – Es erhebt sich nun die Frage nach dem Kriterium einer solchen Gleichheit. Wir hatten in § 12, A, 2 (phänomenologische Betrachtung der euklidischen Metrik) die Konstitution des Phänomens der anschaulichen kongruenten Verpflanzung untersucht. Dieses Phänomen gibt uns offenbar die Grundlage der »Schätzung« der Gleichheit. »Das Messen« dagegen »besteht« (um Riemanns Worte zu gebrauchen)[2]) »in einem Aufeinanderlegen der zu vergleichenden Größen; zum Messen wird also ein Mittel erfordert, die eine Größe (unverändert [Zusatz des Vf.]) als Maßstab für die andere fortzutragen«. Das Verhältnis ber beiden Methoden der Größenbestimmung ist dieses: solange eine »Schätzung« möglich ist, ist eine Messung überflüssig. Soll eine Messung einen selbständigen Wert haben, so darf die Unveränderlichkeit des Maßstabes während der Messung nicht auf Grund von Schätzungen festgestellt werden, sondern muß anderswoher begründet werden. Erscheint so die Schätzung als das primäre Mittel der Gleichheitsbestimmung, so hat sie doch den entscheidenden Mangel, nicht genau zu sein. Das hat wesensmäßige Gründe. Die Schätzung beruht (wir wir § 12, A, 2 ausführlich erörterten) entweder auf dem sinnlichen Gleichheitseindruck oder auf der kinästhetischen Kompensierbarkeit der anschaulichen Größenverschiedenheit der beiden als gleich geschätzten Figuren. Nun ist die Schätzung nach dem sinnlichen Gleichheitseindruck (»Augenmaß« usw.)

---

1) Zu diesen Terminis vgl. Stumpf, Zur Einteilung der Wissenschaften (Abhandl. d. Berliner Akademie 1906), S. 61 ff.

2) Über die Hypothesen, welche der Geometrie zugrunde liegen (1854) I, § 1.

wegen der »approximativen« Struktur des präspatialen Kontinuums (§ 9, A) wesensmäßig nur von beschränkter Genauigkeit und daher für die unbeschränkt approximierbaren geometrischen Figuren des homogenen Raumes (§ 9, C) nicht zu gebrauchen. – Das kinästhetische Kriterium scheint uns weiter zu führen; es erstreckt sich offenbar auf alle konstitutiven Schichten und durch fortgesetztes Hineingehen in den Innenhorizont und wiederholter Anwendung des sinnlichen Gleichheitskriteriums scheint man, analog wie im Falle der »eigentlichen« geometrischen Idealgebilde, die als »Beharrungslimiten« definiert sind, zu einer unbegrenzt genauen Gleichheitsbestimmung kommen zu können. Man denke etwa daran, daß man unter dem Mikroskop sehr kleine Abstände schätzend vergleichen kann und daß man, wenn man die Länge eines größeren Körpers aus diesen kleinen Abständen zusammensetzte, eine hohe Genauigkeit erreichen würde. Aber dies ist nur scheinbar richtig: ein größerer Körper wird »unübersehbar«, wenn man sich ihm zu sehr annähert (auch mit Instrumenten wie dem Mikroskop); man verliert also Teile von ihm aus den Augen, wenn man einzelne Stücke von ihm genau betrachtet. Soll das Gesamtergebnis Geltung haben, so muß also vorausgesetzt werden, daß der seiner Größe nach zu bestimmende Körper während der ganzen Dauer des Durchmusterns aller seiner kleinen Teile unverändert bleibt. Wohlverstanden, dies ist eine in dem Vollzug der Teilschätzungen nicht begründete Voraussetzung, die aber doch notwendigerweise gemacht werden muß, wenn es gestattet sein soll, die Resultate der Teilschätzungen zu einem Gesamtergebnis zusammenzufassen. Es ist also ein von aller Schätzung unabhängiges[1]) Kriterium erforderlich, um das Sich-gleich-bleiben eines materiellen Körpers sicherzustellen. Das ist aber dieselbe Forderung, durch die wir oben die Messung von selbständigem Wert charakterisiert hatten (S. 505). Wir kommen also zu dem Ergebnis, daß eine Schätzung zur beliebig genauen Größenbestimmung unbrauchbar ist und daß dazu die für die Messung grundlegende Bedingung erfüllt sein muß, die Unveränderlichkeit eines materiellen Körpers seiner Ausdehnungsgröße nach mit prinzipiell beliebiger Genauigkeit feststellen zu können.

Die klassische Physik macht nun in der Tat von der Unveränderlichkeit eines starren Maßstabes den ausgedehntesten Gebrauch. Wie begründet sie den Glauben an die Unveränderlichkeit eines be-

1) Eine Schätzung des ganzen Körpers »aus der Ferne« auf Gleichheit während einer gewissen Zeit wäre natürlich zu ungenau.

stimmten Maßstabes? Setzt sie diese vielleicht gar ganz willkürlich (»konventionell«) voraus? Nein, sie ist in ihrer Überzeugung von der Unveränderlichkeit der von ihr benutzten starren Maßstäbe durchaus von vernünftigen Motiven geleitet. Indem sie die Alleinherrschaft der Kausalität in der Natur proklamiert, kann sie mit Grund die Konstanz des Maßstabes annehmen, wo keine verändernde Ursache vorhanden ist. Der Sitz solcher Ursachen sind die Materie-Partikel, die zufällig oder gemäß unserer Willkür im Raum verteilt sind. Ob ein bestimmtes Materiestück Wirkungen ausübt, kann man durch leichtveränderliche, »empfindliche« Körper (»Reagenzien«) erkennen, die man in seine Nähe bringt. Man geht nun bei der Auswahl eines Körpers als Maßstab davon aus, ihn erstens aus einem möglichst unempfindlichen Material zu machen. Dieses Material erkennt man daran, daß es in die Nähe von Körpern gebracht, die stark auf ihre Umgebung wirken, sich gar nicht oder nur wenig verändert. Zweitens bringt man den so gefertigten Maßstab in eine möglichst wenig Wirkungen ausübende Umgebung, was man daran erkennt, daß in ihr selbst sehr empfindliche Körper nicht reagieren. (Beispiel: Der Meter-Etalon in Paris : unempfindliches Material : Platin-Iridium; wirkungslose Umgebung : Keller mit sehr gleichförmiger Temperatur usw.) Die Wahl des Maßstabes ist also in der klassischen Physik keineswegs konventionell. Sie hängt indessen ab von gewissen Voraussetzungen, die darin liegen, daß alle Naturgesetze Kausalgesetze sind. Darin ist mitbeschlossen, daß alle Ursachen materielle sind, strukturlos im Weltraum verteilt, und daß gleiche Ursachen (falls nur alle mitwirkenden aufgezählt sind) gleiche Wirkungen ausüben. Endlich noch die (meist stillschweigend gemachte) Annahme, daß die Intensität einer Wirkung mit der Entfernung von ihrer Quelle abnimmt. – So sehen wir, daß auf Grund des Ansatzes der physischen Wirklichkeit als einer materiell-kausalen die klassische Physik durchaus konsequent zu einer Begründung der Metrik gelangt. Der Ansatz selbst indessen, die in ihm liegende Ablehnung einer regelmäßigen, von der Materie unabhängigen oder auch ihre Verteilung im Raume selbst regelnden Weltstruktur, ist nicht tiefer begründet, als in der Forderung, das materielle Geschehen genau wie das Phantomgeschehen, das als sein Abbild fungiert, zur Anschauung bringen zu können. Hier bleibt also eine Lücke im Systemzusammenhang, und diese Lücke ist von den Modernen als Bresche benutzt worden, um in das Bollwerk der klassischen Physik einzudringen. – Die Darstellung dieser Gedankenentwicklungen wird die Aufgabe der nächsten Abschnitte sein.

Zweiter Abschnitt.

Der Sinn der Anwendung nicht-euklidischer Raumformen in der Physik.

§ 14. Einleitende Bemerkungen und Problemgliederung.

Aus den Untersuchungen des letzten Abschnitts ergibt sich, daß der Raum als principium individuationis der anschaulichen Körperwelt euklidisch sein muß. Genauer gesagt, der Phantomraum ist euklidisch und, sofern die Naturgesetze als rein kausale gefaßt werden, stimmt der Raum der materiellen Dinge mit dem der reinen Sinnendinge in seiner geometrischen Struktur überein. Wir können also schon jetzt sagen: die Möglichkeit der Anwendung nicht-euklidischer Geometrien beruht einzig und allein auf der Möglichkeit, jene Voraussetzung der klassischen Physik von der Alleinherrschaft der Kausalität in der Natur nicht gelten zu lassen, und nicht-kausale, d. h. strukturale Gesetzmäßigkeiten in der Natur zuzulassen.

Trotzdem wollen wir unsere Untersuchungen über die nicht-euklidischen Raumformen ganz naiv beginnen. Denn der Begriff des »Strukturgesetzes« ist zunächst nur rein negativ als der eines »nicht-kausalen« Gesetzes bestimmt und wir werden ihn erst durch die folgenden Betrachtungen konkret und inhaltsreich machen können. – Wir werden also so vorgehen, daß wir der Reihe nach die typischen, aus der formalen Mathematik bekannten nicht-euklidischen Raumformen als für den Raum der Natur geltend ansetzen und dann die Konsequenzen verfolgen, bis in die letzten anschaulichen Raumphänomene hinein, die sich ergeben. Wir werden uns also mögliche[1]) Naturen mit nicht-euklidischer Raumstruktur zur Gegebenheit bringen und sie in ihren ontologischen und phänomenologischen Grundstrukturen untersuchen. –

Die Gliederung unserer Betrachtungen wird demgemäß von der Einteilung der nicht-euklidischen Raumformen abhängen. Wir charakterisieren diese für unsere Zwecke am besten durch ihre Abweichungen von der euklidischen Form; d. h. wenn wir diese (was an sich willkürlich, aber bei unserer Problemstellung zweckmäßig ist)

1) Darin, daß wir diese in ihrer abstrakten (signitiven) Idee angesetzten Naturen als »möglich« bezeichnen, liegt eigentlich die Vorwegnahme eines unserer Resultate: daß jene »Naturen« wirklich widerspruchsfrei bis ins Einzelne bestimmbar sind.

als die normale bezeichnen, nach der Art und Weise ihrer Abnormalität.

Nun hat die euklidische, die normale Raumform drei Hauptmerkmale aufzuweisen:

1. Sie ist dreidimensional.
2. Sie ist offen und einfach zusammenhängend (topologisches Merkmal: Situs, speziell Connexus).
3. Sie besitzt das konstante Krümmungsmaß Null (metrisches Merkmal).

Welches sind nun die möglichen Abweichungen von diesen Merkmalen?

Mit einer Abweichung von der Dimensionenzahl drei werden wir uns nicht befassen. Es scheint uns ausgeschlossen, daß eine höhere Dimensionenzahl eine andere als eine symbolische Verwendung finden kann. (Auch die vierdimensionale Minkowskische Raumzeitmannigfaltigkeit, von ihm »Welt« genannt, ist im Grunde symbolisch, wie wir im III. Abschnitt sehen werden.)

Dagegen sind Abweichungen von der topologischen oder metrischen Beschaffenheit des euklidischen Raumes möglich und für uns wichtig. Diejenigen Formen, die nur in einer Hinsicht abnormal sind, werden besonderes Interesse haben, weil sie die Äußerungsweise der betr. Abweichung isoliert zu betrachten gestatten. Wir werden also zu unterscheiden haben: nicht-euklidische Raumformen mit:

1. Abnormalem Situs (Connexus), aber normaler Metrik.
2. Abnormaler Metrik, aber normalem Situs.
3. Abnormaler Metrik und abnormalem Situs.

Wir werden uns aber nicht starr an dieses formale Schema halten, sondern unsere Darlegungen so einrichten, daß mit jedem Paragraphen neue phänomenologisch wichtige Probleme zur Besprechung gelangen.

Demgemäß werden wir behandeln:

In § 15: die lediglich topologisch abnormalen Klein-Cliffordschen Raumformen. (Einführung einer nicht-kausalen Naturgesetzlichkeit.)

In § 16: alle Raumformen mit konstantem, aber von Null verschiedenem Krümmungsmaß, gleichgültig, ob sie topologisch normal sind oder nicht. D. h. 1. die hyperbolischen (Bolyai-Lobatschewski); 2. die sphärischen (Riemann) und die elliptischen (Klein) Raumformen. – (Prinzipielle Untersuchung des physikalischen Messens.)

In § 17: die Raumformen mit variablem Krümmungsmaß; d. h. die allgemeinen Riemann-Weylschen Räume. – (Abschluß und Vertiefung der Theorie der Metrik. Reine Infinitesimalgeometrie.)

§ 15. Die topologisch abnormalen Raumformen vom Krümmungsmaße Null. (Klein-Cliffordsche Räume.)

Bezüglich der mathematischen Eigenart der Klein-Cliffordschen Raumformen verweisen wir auf unsere Darlegungen in § 12B. Es sei nur daran erinnert, daß sich jene Raumformen auf den »offenen« euklidischen Raum abbilden lassen, indem man ihn in lauter kongruente Schichten, Röhren, Kästen (durch 1, 2, 3 Scharen äquidistanter paralleler Ebenen) einteilt und sich den Rauminhalt identisch in jeder der Parzellen wiederholt denkt, um die Geschlossenheit der Klein-Cliffordschen Räume auszudrücken.

Daß der mit materiellen Dingen erfüllte Raum der Natur von Klein-Cliffordscher Struktur ist, äußert sich also in nichts anderem, als darin, daß sich die Verteilung aller materiellen Dinge (einschließlich der Leiber aller psychophysischen Wesen) identisch (d. h. genauer: kongruent und homothetisch in gleichem Abstand) wiederholt. Je nach der besonderen Art der Raumform wiederholt sich der Weltinhalt in jeder Schicht, jeder Röhre oder jedem Kasten (er ist einfach, zweifach oder dreifach periodisch). Und zwar ist dies so in jedem Zeitmoment, so daß sich alles Geschehen streng simultan in jeder Parzelle zugleich abspielt. Wäre die Parzelle klein genug, um von ihr in die Nachbarparzelle hinübersehen zu können, so würden wir dort an der korrespondierenden Stelle unser genaues Ebenbild genau dasselbe tun sehen, was wir selbst tun; ganz wie im Spiegelbild, nur ohne Seitenverkehrung. Wir würden hinüber wandern können, aber drüben unser Ebenbild nicht antreffen, denn es liefe in konstanter Entfernung vor uns her und in derselben Entfernung folgte uns ein zweites Ebenbild unserer selbst. Die Ebenbilder unserer Bekannten, die wir eben verließen, würden uns sagen, wir hätten sie soeben verlassen, und uns für unseren eigenen Doppelgänger halten.

In alledem liegt eine ungeheure Paradoxie, aber – soweit die materielle Natur allein in Frage kommt – nichts Unmögliches. Freilich würde es mit jener Doppelgängerei der Personen wohl anders stehen; es ist zu vermuten, daß für Personen das Leibnizsche principium identitatis indiscernibilium besteht. – Wir beschränken uns auf die Betrachtung der materiellen Natur. Und da konstatieren wir, daß die genaue Wiederholung aller Objekte und alles Geschehens eine Gesetzmäßigkeit sui generis bedeutet, die nicht kausal erklärbar ist. Was dies bedeutet, müssen wir nun genauer bestimmen.

Wir hatten schon (in § 13) auf die Entwicklung der »klassischen« Physik Galileis und Newtons im Kampfe mit der aristotelischen Tradition hingewiesen. Seit der Naturphilosophie der Renaissance[1]) (Campanella, Telesio) wird die dynamische Bedeutung des Raumes aufgegeben. Bei Gilbert wird die absolute Gleichgültigkeit des Raumes gegen den ihn erfüllenden Inhalt auf das schärfste ausgesprochen. Damit korrelativ geht die Erkenntnis, daß es keine ausgezeichneten Punkte, keinen »Mittelpunkt« im Weltraum gibt. Noch Copernicus, obwohl er den Gedanken der Relativität der Bewegung (die die Relativität des Ortes einschließt) formuliert, verwickelt sich in Widersprüche; selbst Kepler ist zwar nicht aus physikalischen aber doch aus metaphysischen Gründen von der Kugelgestalt und Zentriertheit des Universums überzeugt; erst Galilei spricht es rückhaltlos aus, daß alle Orte im Raum physikalisch und kosmologisch völlig gleichberechtigt seien.

Die beiden Gedanken, daß der Raum gleichgültig gegen seinen Inhalt und daß er in allen Punkten gleichförmig sei, führen zu einer immer konsequenteren Auffassung des Naturgeschehens als eines rein kausalen Vorgangs. Bei Newton erreicht diese Gedankenentwicklung einen bestimmten Abschluß. Außer den Gesetzen, nach denen die Naturkräfte wirken, gibt es bei ihm als Bestimmungsstücke des konkreten materiellen Geschehens nur noch die »Anfangsbedingungen«, d. h. die anfängliche Verteilung der Orte und Geschwindigkeiten aller Massen des Weltalls. Über diese hat Newton keine Theorie aufgestellt; über sie gibt er sich keine Rechenschaft. Die Naturgesetze (so besonders das Gravitationsgesetz) setzen erst ein mit den Kräften, die die so und so verteilten Massen aufeinander ausüben. Von diesen Kräften erhalten die Massen ihre Beschleunigungen, über die Lagen und Geschwindigkeiten, die sie zuvor hatten, sagt Newton nichts. Die Kausalität ist also ein Wirken des einzelnen Masseteils auf den anderen, welche Wirkungen sich superponieren. Schon Laplace wandte auf die ganz willkürlich gelassene Massenverteilung die Regeln

1) Am zweckmäßigsten orientiert man sich über jene historischen Theorien in Ernst Cassirers sorgfältiger Darstellung, in dem Werk: »Das Erkenntnisproblem in der Philosophie und Wissenschaft der neueren Zeit« (2 Bände, Berlin 1906/07). – Für Campanella f.: I, 230; für Telesio: I, 233; für Gilbert: I, 275–76; für die Entwicklung der Lehre vom Mittelpunkt der Welt: I, 315–317 (Copernicus, Kepler, Galilei). – Man beachte die zahlreichen Belegstellen und Zitate im Anhang!

der Wahrscheinlichkeitsrechnung an (z. B. auf die Neigung der Kometenbahnen gegen die Ekliptik); ferner versuchte die Kant-Laplacesche Theorie die Entstehung so regelmäßiger Strukturen, wie die des Planetensystems, rein kausal zu erklären; unter der Annahme einer ursprünglich zufälligen Massenverteilung. Neuerdings endlich wandte man das Maxwellsche statistische Gesetz über die Verteilung der Geschwindigkeiten der Gasmolekeln auf das Fixsternsystem an.

Das alles besagt, daß man aus kausalen Gesetzen über die Verteilung der Materie im Raum nichts sagen kann. Sie ist also entweder ganz »zufällig« (d. h. lediglich den statistischen Gesetzen unterworfen) oder sie wird durch eine Gesetzmäßigkeit sui generis, die jedenfalls nicht kausal ist, geregelt. Wir bezeichnen sie als »Strukturgesetzlichkeit«. Und zwar hat diese auf die räumliche Materie-Verteilung bezügliche Art von Strukturgesetzlichkeit die Eigentümlichkeit, die kausalen Wirkungen niemals stören zu können, da sie ihnen ja gewissermaßen erst die Ansatzpunkte ihres Wirkens gibt.

In dem Bestehen einer derartigen »Strukturgesetzlichkeit« erschöpft sich in der Tat der Sinn der Aussage, daß der Weltraum von Klein-Cliffordscher Form ist. Es gibt absolut keine andere Weise der Kenntnisnahme von einem Raum jenes Typs, als das Bemerken der ein-, zwei- oder dreifachen Periodizität der materiellen Verteilung. Also besteht, nach dem grundlegenden Prinzip des tranfzendentalen Idealismus, auch »objektiv«, in »Wirklichkeit«, kein Unterschied zwischen der Existenz eines Klein-Clifordschen Raums und einer periodischen Materie-Verteilung gemäß einem nicht-kausalen Strukturgesetz im euklidischen Raum. – Bei einer zweidimensionalen Mannigfaltigkeit ist es allerdings möglich, einen Unterschied zwischen einem Zylinder und einer in gleichbreite Streifen geteilten Ebene zu machen; aber doch nur mit Hilfe von Kriterien, die in die dritte Dimension hinausgehen. Beim Raum können wir aber nicht in eine vierte Dimension hinausgreifen. –

Die Klein-Cliffordsche Raumform ist also dadurch ausgezeichnet, daß sie in den konstitutiven Aufbau des homogenen Raumes gar nicht eingreift. Die rein topologische Anomalie der Raumform greift nicht einmal die fertig konstituierte physische, d. h. materiell-kausale Welt Newtons an, sie determiniert nur die »Anfangsbedingungen«, die er freigibt. Nicht die klassische, nur die moderne statistische Physik (in den Fragen der Fixsternverteilung usw.) würde von ihr berührt. Von der tranfzendentalen Begründung des euklidischen Raums geben wir nichts auf, als principium individuationis bleibt der Raum euklidisch. Trotzdem ist eine sinnvolle Anwendung der Klein-Cliffordschen nicht-euklidischen Geometrie auf die Natur möglich, aber sie drückt dann nicht mehr lediglich die formale Verfassung des sekundären principium individuationis der materiellen Körperwelt aus, sondern sie umfaßt zugleich das Strukturgesetz der Massenverteilung der Welt. – Es ist daher vielleicht die Formulierung der Sachlage, der Weltraum könne von Klein-Cliffordscher Art sein, nicht unbedenklich, vorzuziehen ist die ganz einwandfreie Fassung: Die Klein-Cliffordsche Geometrie kann für eine materielle Welt möglicherweise gelten.

§ 16. Die Raumformen von konstantem Krümmungsmaß ($\neq 0$). (Hyperbolische [Bolyai-Lobatschewskische] und sphärisch-elliptische [Riemannsche] Geometrie.)

Wir fassen die sämtlichen Raumformen mit konstantem, nichtverschwindendem Krümmungsmaß zusammen. Denn für die phänomenologische Problematik bilden sie eine Einheit, vor allem wegen ihres gleichmäßigen Verhaltens zur Kausalität und zur Messung. Die topologischen Anomalien, die bei einigen von ihnen auftreten, spielen nur eine geringe Rolle und bieten gegenüber den Darlegungen des vorigen Paragraphen nichts Neues.

A. Schwach gekrümmte Räume.
(Das Phänomen der Desorientierung.)

Wir beschäftigen uns zunächst mit einer Raumform, die lediglich in metrischer Hinsicht eine geringe Anomalie aufweist, in topologischer aber normal ist. D. h. wir betrachten einen schwach gekrümmten hyperbolischen Raum.

Die Konstanz des Krümmungsmaßes in einer Raumform ist, wie wir wissen (§ 12 A), äquivalent mit der Existenz der kongruenten Verpflanzung. Diese ist notwendig gegeben mit der Idee des Raumes als principium individuationis. Sie resultiert ferner aus dem Phänomen der starren Bewegung, die transzendental beschreibbar ist als eine durch subjektive Bewegung kompensierbare Veränderung. Das Verschwinden des Krümmungsmaßes (d. i. das Kennzeichen des euklidischen Raumes) drückt sich aus in der Existenz einer ausgezeichneten Untergruppe der Bewegungsgruppe, nämlich der der Translationen (mit der charakteristischen Eigenschaft, keinen Raumpunkt auszuzeichnen). Wir sahen (§ 12 A), daß man durch eine radikale Fassung des Begriffs des principium individuationis die Existenz der Translationsgruppe transzendental begründen kann.

Demgemäß gilt die euklidische Metrik sicher für den Phantomraum. An den Wesensgesetzen der Raumkonstitution und an der Bedeutung des Raumes als principium individuationis ist nicht zu rütteln. Wenn die hyperbolische Geometrie auf den Weltraum angewandt werden soll, so kann es sich wieder nur um ein Strukturgesetz der Welt handeln, das sich in der Geltung jener Geometrie ausdrückt. Und dieses Gesetz kann erst in der materiellen Welt, noch nicht aber in der Phantomwelt auftreten.

Worin kann sich nun in der materiellen Welt die (nichtverschwindende) Raumkrümmung äußern? Wir betrachten zunächst nur den Effekt einer schwachen Krümmung. Da kleine Körper (im Verhältnis zum »Krümmungsradius« des Raumes) annähernd euklidisch sind,[1]) so wird sich in kleinen Raumbezirken, also z. B. in der Nahsphäre des orientierten Raumes, kein Einfluß der Raumkrümmung bemerkbar machen. Wie aber äußert er sich für größere Bezirke?

Wir haben hierfür ein großes Beispiel vor Augen in der gekrümmten Erdoberfläche. An ihm können wir uns das Wesentliche klar machen. Wir müssen davon absehen, daß wir durch ein Hinausgreifen in die dritte Dimension etwas über die Gestalt der Erde erfahren können (etwa durch Beobachtung des Himmels u. dgl.). Dann ist die Erdoberfläche zunächst von einer Ebene nicht unterschieden (in ebener Gegend oder auf dem Meere). Der Unterschied tritt aber zutage, wenn man größere Landstücke trigonometrisch vermißt. Dann ergibt sich bei größeren »geradlinigen« Dreiecken ein Überschuß über zwei Rechte bei der Winkelsumme (sphärischer Exzeß).

Im Prinzip kommt dies darauf hinaus, daß sich auf der Kugel und allgemein in einer gekrümmten Mannigfaltigkeit eine gegebene Richtung wohl von einem Punkte P nach dem Nachbarpunkt P' ungeändert, d. h. mit sich parallel, verpflanzen läßt, nicht aber nach einem weit entfernten Punkte Q. Dies zeigt sich, wenn man längs einer großen geschlossenen von P ausgehenden und wieder zu ihm zurückkehrenden Kurve eine Richtung unverändert mit sich zu führen sucht (gleichsam einen Richtungskompaß). Man findet dann nämlich bei der Rückkehr, daß sich jene Richtung doch geändert hat, obwohl sie von Punkt zu Punkt mit sich parallel blieb. Anders ausgedrückt: die Richtungsübertragung in einem gekrümmten Raume ist nicht integrabel. Die Größe jener auf die Raumkrümmung

1) Hieran knüpft sich eine gewisse Schwierigkeit, die wir später besprechen müssen (s. S. 521 f.).

zurückzuführenden Richtungsänderung ist geradezu ein Maß für diese.[1])

Man erlebt also bei einer Rundreise durch einen gekrümmten Raum etwas Ähnliches, wie jene Wüstenwanderer, die sich in gerader Linie fortzubewegen meinen und dann nach langer Wanderung zu ihrem Entsetzen bemerken, daß sie einen großen Kreis beschrieben haben und unversehens zu ihrem Ausgangspunkt zurückgekommen sind.

Es handelt sich in beiden Fällen um eine Täuschung über die eingeschlagene Richtung, eine »Desorientierung«. Natürlich mit dem Unterschied, daß beim gekrümmten Raum die Desorientierung prinzipiell nicht zu vermeiden ist.

Wir kommen also zu dem Ergebnis, daß eine positive oder negative Raumkrümmung sich in einer unvermeidlichen Desorientierung äußert. Darin besteht also das »Strukturgesetz«, das die »Raumkrümmung« der Welt auferlegt. –

Es fragt sich nun, in welchem Verhältnis dieses Gesetz zu den kausalen Naturgesetzen steht. Die strukturale Gesetzmäßigkeit, in der sich die topologische Abnormalität der Klein-Cliffordschen Raumformen ausdrückte, berührte die gesamte kausale Physik Newtons nicht. Sie bezog sich allein auf die von Newton freigegebenen »Anfangsbedingungen«. Die Struktur, die die Raumkrümmung der Welt aufprägt, steht dagegen sozusagen in derselben Ebene wie die Kausalität, sie superponiert sich den Kausalgesetzen in ganz ähnlicher Weise, wie diese sich untereinander zusammensetzen. Allerdings handelt es sich bei dem Einfluß der Krümmung nicht um eine einfache Superposition, sondern um eine verwickeltere Transformation der kausalen Gesetze. (Ein Beispiel liefern die von H. Liebmann[2]) aufgestellten und von Byk[3]) verwendeten »Keplerschen« Gesetze der Planetenbewegung in Räumen von konstanter nicht verschwindender Krümmung.) Im Grunde sind diese Verhältnisse schon von Helmholtz[4]) durchschaut worden; er hat darauf aufmerksam gemacht, daß man den Einfluß der Raumkrümmung durch gewisse Änderungen der Naturgesetze ersetzen kann, daß aber in diesen

1) Vgl. darüber Weyl, Anmerkung 4 (S. 37), in seiner Ausgabe von Riemanns »Über die Hypothesen usw.« (Berlin 1919).

2) H. Liebmann, Nichteuklidische Geometrie, Leipzig 1905 (Sammlung Schubert Bd. XLIX).

3) Byk, Annalen der Physik (4) 42, S. 1417 ff.

4) v. Helmholtz, Über den Ursprung und die Bedeutung der geometrischen Axiome. Vorträge und Reden, Bd. II (Braunschweig 1884), S. 29–31 (s. a. S. 259–66).

Gesetzen die Materiestücke wegen ihrer willkürlichen Verteilung nicht als Wirkungszentren in Frage kommen können. In seiner Polemik gegen H. Poincaré, der aus der Ersetzbarkeit des Effekts der Krümmung durch geeignet verteilte (!) physikalische Agentien den Schluß zog[1]), daß die Annahme der einen oder der anderen Raumform nur auf Konvention beruhe (»das Parallelenpostulat ist kein Axiom sondern eine Definition«), hat F. Enriques[2]) die Frage völlig aufgehellt. Er zeigte überzeugend, daß z. B. eine Temperaturveränderung im Weltall, die lediglich von der Lage abhinge, oder ein optisches Medium, dessen Brechungsindex regelmäßig im Raum sich änderte, nichts anderes als eine »räumliche« (d. h. aber eine »strukturale«) Eigenschaft darstellen würde. Es hätte also hier der »Ort« wie bei Aristoteles eine physische Wirksamkeit, nur daß in unserem Fall die Materie nicht wie in der aristotelischen Physik regelmäßig im Raum verteilt wäre. –

Nachdem wir so den Effekt der konstanten Raumkrümmung ontologisch erläutert haben, wollen wir uns noch phänomenologisch mit ihm befassen. Dabei verfolgen wir zugleich den Zweck, sein Verhältnis zur Raumanschauung, d. h. zum Phantomraum klarzustellen.

Rein ontologisch kann man sich nämlich einen gekrümmten Raum nicht anschaulich machen. Das liegt daran, daß wir ihn nicht, wie einen Klein-Cliffordschen Raum, in den euklidischen Raum der Phantome hineinbauen können. Wir müssen schon eine Stufe in der Konstitutionsskala zurückgehen, bis zum orientierten Raum, um uns die anschauliche Bedeutung der Raumkrümmung klarmachen zu können.

Der homogene Raum gibt sich im Durchwandern einer Folge von orientierten Räumen mit systematisch wechselndem Inhalt. Momentan, in einem Zeitpunkt erfaßbar, ist stets nur ein orientierter Raum. Auch dieser ist in seiner ganzen Ausdehnung nicht momentan wahrnehmbar im eigentlichen Sinne Aber das Unsichtbare, das Verdeckte und in unserem Rücken Befindliche ist uns doch anschaulich als dort seiend gegenwärtig, es ist »mitwahrgenommen« (z. B. der Stuhl auf dem Korridor, das Geld in meiner Tasche usw.). Die Gesamtheit des so als »jetzt seiend« Vorgestellten rundet sich zu einer auf mich als Zentrum orientierten Welt. Dies ist die höchste Konstitutionsstufe, die noch in dieser momentanen Anschaulichkeit erfaßt werden kann. – Im Gegensatz dazu ist der homogene Raum nur in einer Folge von Anschauungen gegeben, die in einer Bewußtseinsweise zusammen-

1) H. Poincaré, Wissenschaft und Hypothese. Leipzig 1904.

2) F. Enriques, Probleme der Wissenschaft. (Lpz. 1910) Bd. II, S. 269 ff.

gefaßt werden, die sich notwendig in der Zeit und mittels der Wiedererinnerung konstituiert.

Dieser sich so in einer Folge sukzessiver Anschauungen konstituierende homogene Raum ist nach den früher erörterten (§ 12, A) Wesensgesetzen mit einer euklidischen Metrik begabt. Was besagt dies aber? Es bedeutet, daß bei unveränderter Raumfülle (Verteilung der materiellen Dinge im Raum), – soweit sie sich nicht nach kausalen Gesetzen in bestimmter (bei genauer Kenntnis des Vorgangs vorausberechenbarer) Weise ändert, – ein »Richtungskompaß« unverändert von einer Rundreise zurückkommen muß. Ändert sich aber die Raumfülle in unberechenbarer Weise, so gilt die Invarianz des Kompasses nicht mehr. Denn es gibt ja dann keine feste Vergleichsrichtung mehr, an der seine Invarianz gemessen werden könnte. Führt man eine in geeigneter Weise sich ändernde Welt ein, so kann man den Effekt der Raumkrümmung erzielen. Daß man diesen Effekt als von der Raumkrümmung herrührend erfaßt, ist nur möglich, wenn man ein normales Verhalten der anschaulichen Gegenstände vor sich hat, mit dem man das abnormale kontrastieren kann. In einer regellosen Zauberwelt, in der man wie auf einem stürmischen Ozean umhergeworfen wird, gibt es keinen Richtungskompaß. Das heißt aber nichts anderes, als daß in einer reinen Phantomwelt, in der so etwas wie Kausalität nicht existierte, eine Raumkrümmung nichts bedeuten würde. Man könnte Desorientierungseffekte immer anstandslos dem Zufall des regellosen Geschehens zur Last legen. Die Effekte der Raumkrümmung haben ihren »phänomenologischen Ort« (d. h. die Stelle im konstitutiven Aufbau, wo sie sich dem Erleben ausweisen) in der kausalen Welt, gerade »oberhalb« der Phantomwelt. Diese letzte bleibt allein noch unangetastet (während die topologische Anomalie der Klein-Cliffordschen Räume selbst die kausale Welt nicht berührte). – Auch in phänomenologischer Betrachtung ergibt sich das Resultat: die Anomalie der Metrik äußert sich in einem nicht-kausalen, aber mit der Kausalwirkung in der Beeinflussung des Geschehens konkurrierenden Strukturgesetz, das dem Geschehen einen bestimmten, von der Materie-Verteilung unabhängigen Zwang auferlegt. –

Wir hatten bisher nur die metrische Anomalie der Räume mit konstanter Krümmung betrachtet. Zur ihr kommt im Falle des positiven Krümmungsmaßes[1]) noch eine topologische Anomalie, die

1) Es gibt allerdings auch topologisch abnormale Räume mit negativer Krümmung, die sog. Poincaréschen Räume. Mit ihnen befassen wir uns wegen ihrer großen mathematischen Verwickeltheit nicht.

sphärische bzw. elliptische Geschlossenheit (zweidimensionale Typen: Kugel oder Geradenbündel [eine einseitige Mannigfaltigkeit]). Sie drückt sich, ebenso wie die Geschlossenheit der zylindrischen (Klein-Cliffordschen) Formen, durch eine Periodizität des Weltinhalts aus; nur daß sich jetzt damit die durch die Raumkrümmung zustande kommende Desorientierung unablösbar verknüpft. So kommt es z. B. auf der Kugel zum schließlichen Konvergieren zweier ursprünglich divergierender Richtungen bis zum Zusammenstoßen im »Gegenpunkt« (beim »sphärischen« Raum) oder im Ausgangspunkt (beim »elliptischen« Raum). Die Erdoberfläche bietet auch hier wieder das schönste Beispiel. – Ein wirklich neues Elementarphänomen tritt aber nicht auf.

B. Stark gekrümmte Räume. (Phänomen der verzerrten Perspektive.)

In stark gekrümmten Räumen gibt es, sofern sie visuell wahrgenommen werden, noch eine Nebenerscheinung, die auf die Krümmung zurückzuführen ist, nämlich die Verzerrung der Perspektive. Dieser Effekt der metrischen Anomalie ist auch bereits von Helmholtz ausführlich behandelt worden.[1]) Er tritt natürlich nur dann ein, wenn die Abweichung der Raumfiguren von der euklidischen Struktur schon in den übersehbaren Dimensionen merkbar ist. Dann wird, bei sinngemäßer Weitergeltung der kausalen Naturgesetze, nach denen aus gewissen Gründen der Symmetrie die Lichtstrahlen die »geradesten« (geodätischen) Linien sind, die perspektivische Verzerrung, die ja auch im euklidischen Raum auftritt, sich in gewisser Weise modifizieren. Schon Helmholtz hat dazu bemerkt, daß man sich, falls diese Modifikation plötzlich eintreten sollte, an sie bald gewöhnen und sie dann gar nicht mehr bemerken würde. Er hat zum Beweise seine Ansicht auf Erfahrungen mit gewissen (prismatischen) Brillengläsern hingewiesen, die eine derartige Verzerrung der Perspektive bewirken. – Vom phänomenologischen Standpunkt aus kann man ihm nur zustimmen. Wie schon Stumpf[2]) gesehen hat, ist die Verkleinerung der Gegenstände mit der Entfernung eigentlich eine Anomalie in der Deutung der Daten des okulomotorischen Feldes als Aspekte dreidimensionaler Gebilde. Wäre die Homogenität der Tiefe mit den Flächendimensionen im

1) Siehe: Über den Ursprung und die Bedeutung der geometrischen Axiome. Vorträge u. Reden, Bd. II (Braunschweig, 1884), S. 24–28 (u. 264).

2) Über den psychologischen Ursprung der Raumvorstellung, Leipzig 1873, S. 202–203.

orientierten Raum (der sich aus jener Deutung zunächst ergibt) schon wirklich völlig erreicht, so müßte ein Gegenstand in jeder Entfernung gleich groß erscheinen; die Verkleinerung der okulomotorischen (»Projektions«-) Figur müßte nicht als Schrumpfung, sondern als ein einfaches In-die-Ferne-Rücken aufgefaßt werden. Das ist nun aber bekanntlich nicht der Fall, außer für relativ kleine Entfernungsdifferenzen. Das hat zur Folge, das man zwei Arten des Sich-Entfernens unterscheiden muß: das skiagraphische Sich-Entfernen, das als solches dem naiven Betrachter im orientierten Raum unmittelbar anschaulich erscheint und das »wirkliche« Sich-Entfernen, das durch (kinästhetisch charakterisiertes) Nacheilen kompensiert werden kann. Bei der ersten Art bleibt das Skiagraph unverändert, bei der zweiten das Phantom; d. h. ein um eine Konstitutionsstufe höher stehender Gegenstand als bei der ersten Art. Setzt man den homogenen (Phantom-) Raum als den »wirklichen« an, so weist der orientierte (skiagraphische Raum) ihm gegenüber eine gewisse Verzerrung auf; d. h. ein enteilendes Phantom besitzt ein zusammenschrumpfendes Skiagraph. Diese Erscheinung kann man, in Analogie zum Effekt der Raumkrümmung, als die »Scheinkrümmung« des orientierten Raumes bezeichnen. Diese Scheinkrümmung muß man auch bei der Geltung der euklidischen Geometrie in Rechnung ziehen, wenn man sich über die »wirklichen« Raumverhältnisse klar sein will. Da macht es dann wenig aus, wenn zu ihr noch eine »wahre« Raumkrümmung hinzukommt und sich mit ihr zu einer Gesamtkrümmung vereinigt. Die Überwindung dieser Gesamtkrümmung durch die kinästhetische Kompensation ist genau so gut möglich, wie die Behebung der Scheinkrümmung allein. So erscheint also die Änderung der Perspektive durch die Raumkrümmung durchaus als eine Angelegenheit minderer Wichtigkeit.

Wir erkennen aus diesen Darlegungen, daß eine sehr erhebliche Raumkrümmung auch in das Verhältnis von skiagraphischem und Phantom-Raum eingreift, damit aber doch nicht die Phantomwelt antastet, die sich vielmehr über die Anomalie der skiagraphischen Welt hinweg in normaler Weise entwickelt.

C. Probleme der Messung in konstant gekrümmten Räumen.

1. Zur prinzipiellen Auffassung der Metrik.

Die in unseren Untersuchungen über die Raumformen mit konstantem Krümmungsmaß benutzte Auffassung der Metrik verhält sich der Anschauungsweise der klassischen Physik gegenüber durchaus konservativ. Newtons Standpunkt war charakterisiert durch die Alleinherrschaft der Kausalität in der materiellen Welt und die Entkleidung des Raumes von aller physikalischen Wirksamkeit. Damit kam man zu einer vollkommenen Trennung der physikalischen und geometrischen Gesetze. Obwohl wir die Raumkrümmung als Weltstruktur interpretieren, und demgemäß zu der kausalen eine strukturale Naturgesetzlichkeit hinzutritt, bleibt doch in gewissem Sinne jene Trennung von Physik und Geometrie bestehen. Denn die Raumkrümmung ist wegen ihrer Konstanz von der Verteilung der Materie im Raum und ihrer Veränderung ganz unabhängig. Wir wissen (vgl. § 13·B), daß die Metrik der klassischen Physik nicht auf Schätzung beruht, wenn sie auch mit ihr approximativ in Übereinstimmung ist, sondern auf der Unveränderlichkeit des benutzten Maßstabs gegenüber den kausalen Einflüssen. Die Methoden, diese Invarianz gegenüber Kausalwirkungen zu sichern, sind auch im konstant gekrümmten Raum unverändert anwendbar. Der Strukturgesetzlichkeit des Raumes bleibt der »kausal invariante« Maßstab allerdings noch in vollem Ausmaß unterworfen. Dies kommt aber gerade dadurch zum Ausdruck, daß für die mit ihm gemessenen Figuren die Gesetze der nichteuklidischen (Lobatschewskischen oder Riemannschen) Geometrie gelten. Wir können also den Einfluß der Kausalwirkungen von dem Effekt der Raumkrümmung reinlich trennen unter Verwendung der klassischen Meßmethoden.

Einen Anlaß zu einer prinzipiell neuen Auffassung des Messens bietet also die konstante Raumkrümmung nur insofern, als jetzt in das Meßresultat unweigerlich die strukturale Gesetzlichkeit der Welt mit eingeht. Aber diese ist wohl ablösbar von den kausalen Gesetzen und isoliert ohne weiteres zu untersuchen. – Es fragt sich nun, wie man diese Abhängigkeit der Metrik von der Weltstruktur formulieren soll. Dem Raum als principium individuationis kann eine gekrümmte Struktur nicht zugeschrieben werden. Andrerseits kann man auch nicht die Sachlage so darstellen, daß der in einem euklidischen Raum ausgebreiteten Materie außer der kausalen noch eine strukturale Gesetzmäßigkeit auferlegt wird. Man kann die Räume mit abnormaler Metrik nicht in den euklidischen Raum in derselben Weise hineinbauen (ohne Verzerrung auf ihn »abwickeln«), wie die Klein-Cliffordschen Mannigfaltigkeiten[1]). Es hat daher in diesem Falle der abnormalen Metrik seinen guten Sinn, zwei

1) Ebensowenig wie man die gekrümmte Erdoberfläche ohne Verzerrung auf einer ebenen Karte darstellen kann.

Raumbegriffe zu unterscheiden: den »ebenen« Raum der Phantomwelt und den »gekrümmten« der materiellen Welt, der sich im Vermessen derselben und in dem Erleben der Desorientierung beim Reisen in ihr für das reine Bewußtsein konstituiert.

Völlig zweifelsfrei zulässig ist natürlich a fortiori die vorsichtigere Fassung der Sachlage: In der hier beschriebenen Welt gilt die hyperbolische bzw. sphärisch-elliptische Geometrie.

2. Über den Grad der Genauigkeit, mit welchem die konstante Raumkrümmung festgestellt werden kann.

Man kann unseren bisherigen Untersuchungen folgenden Einwand machen: Es wird in ihnen angenommen, daß ein relativ kleiner Teil eines konstant gekrümmten Raumes eben ist (nämlich die Nahsphäre des orientierten Raumes). Ist dies aber der Fall, so muß auch wegen der Konstanz des Krümmungsmaßes der ganze Raum eben sein, gegen die Voraussetzung. – Darauf kann man erwidern: Das Krümmungsmaß ist auch im kleinen von Null verschieden, aber diese Abweichung von der Ebenheit ist so gering, daß sie nicht merklich ist. Erst bei größeren Gebieten erreicht sie eine meßbare Größe. – Durch ein ganz ähnliches Argument haben wir früher (in § 12 A 2) eine analoge Schwierigkeit überwunden, die bei den präspatialen Feldern auftrat: nämlich der Widerstreit zwischen der ebenen Struktur des Sehfeldes und der gekrümmten des okulomotorischen Feldes. Aber in unserem jetzigen Fall ist es nicht ohne weiteres anwendbar. Denn die präspatialen Felder haben eine prinzipiell approximative Struktur, während die Idealgebilde im homogenen Raum einer beliebig genauen Bestimmung fähig sind. Indessen ist dies doch nicht so zu verstehen, daß man mit Hilfe des Hineingehens in den Innenhorizont beliebig genaue Größenfeststellungen durch »Schätzung« vornehmen kann. Wir sahen schon (in § 13 B), daß dies deshalb unmöglich ist, weil bei einer derartigen »mikroskopischen« Betrachtung nur ein sehr kleines Raumstück gesehen werden kann (die Maximalstrecke verkleinert sich mit der Minimalstrecke, die man noch wahrnehmen kann, in gleichem Maße und ihr Verhältnis, der »Genauigkeitsmodul« [s. S. 469], wird nicht günstiger). So bleibt nur die Messung mit »kausal-invarianten« Maßstäben übrig. Aber selbst wenn sie eine Krümmung der Nahsphäre feststellt, wird diese doch euklidisch gesehen. Denn der Phantom- und der skiagraphische Raum sind mit jenen Maßstäben nicht meßbar. Sie sind überhaupt nur approximativ schätzbar aus dem soeben dargelegten Grunde. Es ist kein Widerspruch, daß der materielle

Raum schwach gekrümmt gemessen wird, während der entsprechende Phantomraum aus transzendentalen Gründen euklidisch sein muß. Nur darf die Krümmung eine bestimmte Grenze nicht überschreiten. Ungefähr müssen Phantomraum und materieller Dingraum doch übereinstimmen.

§ 17. Die Raumformen mit nach Zeit und Ort variablem Krümmungsmaß.

A. Die Möglichkeit variabler Raumkrümmungen.

So lange wir an der Vorstellung der klassischen Physik, daß der Raum eine von der Materie prinzipiell unabhängige Struktur habe, festhalten, werden wir, um die freie Beweglichkeit der materiellen Körper gewährleisten zu können, gezwungen sein, die etwa vorhandene Raumkrümmung als konstant anzusetzen. Gerade weil Materie und Raum unabhängig sein sollen, kann der Raum der Materie nur dann den nötigen Spielraum gestatten, wenn er ihr jede mögliche Bewegung erlaubt. Dies ist der Standpunkt von Helmholtz[1]) (1868), der in sich durchaus konsequent und unwiderleglich ist. Trotzdem hatte Riemann schon erheblich früher (1854) in seinem berühmten Habilitationsvortrag[2]) eine viel tiefere Einsicht in das Problem gewonnen. Er faßte nämlich von vornherein die Möglichkeit ins Auge, daß das Krümmungsmaß des Raumes nach Ort und Zeit zugleich variabel sei, d. h. daß es erstens zu derselben Zeit an verschiedenen Orten verschieden und zweitens an demselben Ort zu verschiedenen Zeiten verschieden sein könne. Ein zweidimensionales Beispiel würde etwa die Meeresoberfläche bei bewegter See darstellen (wobei wir von überkippenden Wellen absehen wollen). Hier variiert die Krümmung nicht nur mit dem Ort wie in einer Hügellandschaft, sondern auch mit der Zeit. Nun gibt es auf dem Meere Wellen, die sich ihrer Form nach unverändert von Ort zu Ort fortpflanzen, d. h. ein in bestimmter Weise gekrümmter Flächenteil bewegt sich gewissermaßen starr fort. Würde nun mit jenem Flächenteil ein sich völlig ihm anschmiegendes materielles Flächenstück dauernd verbunden sein, so würde es sich starr von Ort zu Ort bewegen können, obwohl die Krümmung der Gesamtfläche keineswegs konstant ist. Man kann nun offenbar im Raum der Natur nicht annehmen, daß die Bewegungen der Materie zu-

1) Über die Tatsachen, welche der Geometrie zugrunde liegen. Göttinger Nachrichten, math.-phys. Kl. 1868.

2) Über die Hypothesen, welche der Geometrie zugrunde liegen. Neu herausgegeben von H. Weyl. Berlin 1919.

fällig mit der Fortpflanzung der Krümmungswellen übereinstimmen. Man muß vielmehr radikal sein und darf sich nicht scheuen, das Prinzip der Unabhängigkeit von Materie und Raum aufzugeben. Man ist zu dem Riemannschen Ansatz gezwungen, daß »der Grund der Maßverhältnisse außerhalb [der räumlichen Mannigfaltigkeit] in darauf wirkenden bindenden Kräften gesucht werden muß« (l. c. S. 20). Weyl hat diesen Gedanken mit folgenden Worten weiter ausgeführt: »Die Möglichkeit der Ortsversetzung eines Körpers ohne Änderung seiner Maßverhältnisse ist zurückgewonnen, wenn der Körper das von ihm erzeugte »metrische Feld« (welches durch die metrische Fundamentalform dargestellt wird) bei der Bewegung mitnimmt, genau so wie eine Masse, die unter dem Einfluß eines von ihr selbst erzeugten Kraftfeldes eine Gleichgewichtsgestalt angenommen hat, sich deformieren müßte, wenn man das Kraftfeld festhalten und die Masse an eine andere Stelle desselben schieben könnte, in Wahrheit aber bei (hinreichend langsamer) Bewegung ihre Gestalt behält, da sie das von ihr selbst erzeugte Kraftfeld mitnimmt«.[1])

Damit ist die Möglichkeit einer nach Ort und Zeit zugleich variierenden Raumkrümmung gezeigt. Doch kann man aus der gegebenen abstrakten Formulierung die großen Umwälzungen, die dieser Gedankengang für die Idee der Metrik und das Verhältnis von Geometrie und Physik mit sich bringt, noch kaum ahnen. Ihrer Betrachtung müssen wir uns jetzt zuwenden.

B. Die durch die variable Raumkrümmung bedingte neue Auffassung der Metrik.

Das Zugeständnis, daß eine nach Zeit und Ort variable Raumkrümmung möglich sei, hat sehr weittragende Konsequenzen für die prinzipielle Auffassung des Messens. So lange wir es nur mit einer konstanten Raumkrümmung zu tun hatten, konnten wir bei der Anschauung, die die klassische Physik vom Messungsvorgang hatte, stehen bleiben. Diese bestand im wesentlichen darin, daß Materie und Raumstruktur unabhängig sind, daß zum Messen ein gegen kausale Einflüsse invarianter Maßstab erforderlich ist und endlich, daß Schätzung zwar im Prinzip vor Messung geht, aber wegen ihrer in ihrem Wesen liegenden Ungenauigkeit doch nur das Messungsergebnis in gewisse Schranken einschließen, nicht aber wirklich kontrollieren kann. Die Methoden, die Invarianz des Maßstabes sicherzustellen,

1) Weyl, Raum, Zeit, Materie (4. Aufl. Berlin 1921) S. 88. – Anmerkungen zu Riemann S. 46.

waren: Anfertigung aus »unempfindlichem« Material und möglichst weitgehende Abschirmung aller Kausalwirkungen. Sie gründeten sich auf die Annahme der »zufälligen« Verteilung der Kausalwirkungen. Die Messung diente (das ist sehr wichtig!) zur Bestimmung räumlicher Abstände, die durch die Materie nur markiert werden, aber ihrer Länge nach keineswegs von ihr beeinflußt sind. – Dies alles ändert sich jetzt von Grund aus. Die Effekte der Raumkrümmung sind jetzt ebenso »zufällig« verteilt, wie die Materie, sie müssen ja (mindestens zum Teil) an der Materie haften, damit diese frei beweglich sein kann. Alle früher von uns benutzten Kriterien, um die strukturalen von den kausalen Effekten zu unterscheiden, werden jetzt unbrauchbar. Denn sie beruhten ja gerade darauf, daß entweder der Materie eine regelmäßige Verteilung durch die Abnormalität der Raumform gegeben wurde (Klein-Cliffordsche Räume) oder daß ein von der Materie-Verteilung unabhängiger, durch den ganzen Raum hin konstanter Effekt sich geltend machte. (Lobatschewskische und Riemannsche Räume.) Jetzt aber scheint jede Aussicht zu schwinden, Struktur des Raumes[1]) und Kausalität auseinanderzuhalten. Damit versagt aber auch die Methode der klassischen Physik zur Konstanthaltung des Maßstabes. Denn wie will man wissen, wann man alle Kausaleffekte beseitigt oder in Rechnung gezogen hat, wenn man sie nicht mehr reinlich von strukturalen Effekten trennen kann? Wie kann man diese strukturalen Effekte überhaupt noch fassen? Schwankt nicht überhaupt der feste begriffliche Boden, auf dem man bei der Definition des Unterschieds zwischen Struktur und Kausalität stand? In der Zeit unregelmäßig durch den Raum sich fortpflanzende »Struktur«, ist dies nicht dasselbe wie kausalwirkende Materie?[2]) Aber wie ist dann diese Struktur noch meßbar?

Auf diese Fragen scheint keine Antwort möglich. Wir werden, so scheint es, zurückgeworfen auf die resignierte Auffassung Poincarés (der neuerdings E. Kretschmann eine sehr präzise Formulierung gegeben hat), welche besagt, daß jede metrische Aussage auf »Konvention« beruht und nur davon abhängt, daß aus ihrer Ansetzung ein möglichst durchsichtiges und einfaches (»denkökonomisches«) System der Physik sich ergibt!

1) Hierunter ist jetzt auch mit das Gesetz der Änderung der Raumkrümmung mit der Zeit zu verstehen.

2) In der Tat hat ja schon Clifford, durch Riemann angeregt, von einer »space-theory of matter« gesprochen, wo er Materie und stark gekrümmte Stelle im Raum direkt identifiziert. (W. K. Clifford, On the space-theory of matter. Mathematical Papers Nr. V, p. 21.) S. a. Byk l. p. 515c.

Zur näheren Charakterisierung dieser Anschauung geben wir hier eine Übersicht über die Kretschmannsche Arbeit:[1]) Jede Messung raumzeitlicher Größen geschieht durch Deckung des Meßinstrumentes mit Teilen des Meßgegenstandes. Beobachtet wird das Zusammenfallen von Teilen des Meßinstrumentes mit Teilen des Meßgegenstandes; das sind rein topologische Beziehungen zwischen zwei raumzeitlichen Gegenständen (§ 1). (Alles weitere folgt mathematisch aus den Instrumentengleichungen.) — Also sind alle topologisch gleichen Abbildungen der Erscheinungswelt gleichberechtigt (§ 4). Das raumzeitliche Bezugsystem der Physik ist eine vierdimensionale Zahlenmannigfaltigkeit mit unbestimmter (!) Maßbestimmung (§ 5). Durch Beobachtungen und Abbildungspostulate[2]) allein sind keine bestimmten Maßbestimmungen zwischen räumlichen und zeitlichen Koordinaten gegeben. Es sind höchstens gewisse (nicht genau bestimmte) Ungleichungen gegeben, durch die allzu verzerrte Bezugsysteme gegenüber den »physiologischen«[3]) räumlichen und zeitlichen Mannigfaltigkeiten ausgeschlossen werden (§ 15). Nichttopologische, kinematische Aussagen eines physikalischen Gesetzessystems sind bloße Konventionen (!).

Damit verlieren alle nicht topologischen physikalischen Aussagen ihren wissenschaftlichen Wert. Sie sinken herab zu »denkökonomischen« Formulierungen topologischer Gesetzmäßigkeiten. Dies ist eine für den Bestand der theoretischen Physik geradezu vernichtende Konsequenz!

Wir wollen nun sehen, ob vielleicht die transzendentale Phänomenologie uns eine Möglichkeit gibt, ihr zu entrinnen.

C. Über die Beschränkungen, die aus transzendental-phänomenologischen Gründen den möglichen Raumkrümmungen auferlegt sind.

Den Schlüssel für die Aufstellung der notwendigen Bedingung, die einer variabel gekrümmten Mannigfaltigkeit auferlegt werden

---

1) E. Kretschmann, Über die prinzipielle Bestimmbarkeit der berechtigten Bezugsysteme einer beliebigen Relativitätstheorie. — Annalen der Physik (4) Bd. 48, S. 907 ff.

2) Darunter versteht Kretschmann die beiden Forderungen: 1. Unabhängigkeit der Abbildung von Ort, Zeit usw. — 2. Die Abbildung soll alle ausgezeichneten Punkte und Punktmannigfaltigkeiten durch solche von gleichen topologischen Eigenschaften abbilden.

3) Dieser mißverständliche, von Mach übernommene Terminus bezeichnet die phänomenalen, d. h. anschaulichen Mannigfaltigkeiten (den Phantomraum usw.).

muß, damit sie nicht mit den Gesetzen der transzendentalen Konstitution des Raumes in Widerspruch kommt, bildet die Bemerkung, daß in allen Raumformen, in denen (nach Riemanns Ausdruck) »Ebenheit in den kleinsten Teilen« besteht, ein von irgendeinem Punkte ausgehendes Strahlenbündel seiner inneren Struktur nach mit einem Strahlenbündel des euklidischen Raumes übereinstimmt. D. h. in jenen Bündeln gilt überall die sphärische Geometrie. Der Beweis des Satzes beruht einfach darauf, daß ein von einem Punkte ausgehendes Richtungsbündel nur von den Linienelementen in jenem Punkte abhängt, und diese verhalten sich, so lange im Kleinen der Raum eben ist, offenbar genau so, wie in einem überall (auch im Großen) ebenen Raum.[1])

Aus diesem mathematischen Theorem ergibt sich folgendes: Um die sphärische Struktur des Richtungsbündels im Raum zu sichern, ist es hinreichend, ihm die Bedingung der Ebenheit in den kleinsten Teilen aufzuerlegen. Nun werden wir sehen, daß alles, was wir aus den allgemeinen (d. h. von aller Kontingenz befreiten) Konstitutionsgesetzen des Raumes entnehmen können, die Notwendigkeit der Existenz eines »normalen«, d. h. sphärischen Richtungsbündels ist. Für den Tastraum der Gliedertiere läßt sich darüber hinaus noch die Ebenheit in den kleinsten Teilen direkt konstitutiv nachweisen. Somit ist die einzige Einschränkung, die wir dem variabel gekrümmten Raum auferlegen können, die Ebenheit in den kleinsten Teilen. Damit erledigt sich unsere Frage nach der Beschränkung, die man dem metrischen Kontinuum aus transzendentalen Gründen auferlegen muß. –

Es bleibt uns nun noch die Aufgabe, die versprochenen transzendentalen Gründe beizubringen.

Der orientierte Raum ist, wie wir wissen, die erste Konstitutionsstufe der Räumlichkeit, bei der wir von »Raum«, nicht mehr von »präspatialem Feld« reden können. Ihn aber kann man charakterisieren durch das von seinem Zentrum ausgehende Strahlenbündel. Gewissermaßen die wichtigste Stelle der Raumkonstitution ist dort, wo sich aus dem »Vorräumlichen« das eigentlich »Räumliche« ent-

1) Diese Betrachtung läßt sich umkehren, sobald man einen stetigen metrischen Zusammenhang von der in einem Punkte P_0 herrschenden Metrik zu der im Nachbarpunkt P_1 annimmt. Dann ist nämlich durch die Metrik in P_0 (d. h. die Struktur der Drehungsgruppe in P_0) auch die Metrik der unmittelbaren Umgebung von P_0 (also z. B. die Metrik in P_1) bestimmt. Gelten also diese Bedingungen und läßt die Drehungsgruppe in P_0 eine nicht-ausgeartete quadratische Form invariant (»euklidische« Drehungsgruppe, »sphärisches« Richtungsbündel), so hat auch das Linienelement in der Umgebung von P_0 quadratische Form. (Ebenheit in den kleinsten Teilen.)

wickelt. Das geschieht in dem Augenblick, wo die Tiefe (d. h. die Nähe und Ferne vom »Ich«) eingeführt wird. Denn damit erhält das Subjekt durch die Vermittlung seines Leibes im Raum einen Ort. Damit geht Hand in Hand der Übergang von den vielen präspatialen Feldern zweiter Stufe (dem okulomotorischen Feld usw.) zu dem einen, nicht mehr von einem Sinnesgebiet abhängenden orientierten Raum. – Die Einführung der »Tiefe« erfolgt durch die Umdeutung einer an den Punkten der präspatialen Felder zweiter Stufe haftenden »Qualität«. Diese wird ermöglicht durch die Auffassung der geschlossenen Mannigfaltigkeit der präspatialen Felder zweiter Stufe als einen Index für ein Richtungsbündel, in dessen einzelne Richtungen man hinein gehen kann und aus dessen einzelnen Richtungen man Eindrücke empfängt. Dieses Richtungsbündel ist seiner Struktur nach sphärisch. (D. h. es verhält sich wie ein Strahlenbündel im euklidischen Raum; seine Maßbestimmung ist gegeben durch eine infinitesimale euklidische Drehungsgruppe.)

Dies ist zunächst evident für das visuelle präspatiale Feld zweiter Stufe, das okulomotorische Feld. Dabei ist für die Tiefenkonstitution in diesem Fall wichtig, daß das Sehen als Fernsinn uns eine Menge zugleich seiender ferner und naher Dinge vor Augen stellt. Nur die Leistung des Gehörs läßt sich, in einem weiten Abstand, damit vergleichen. Es gibt ein dem okulomotorischen Feld analoges »aurimotorisches« Feld, ein Gehör-Richtungsfeld, das die sämtlichen Richtungen umfaßt, aus denen wir Geräusche »herkommen« hören (s. S. 446). – Für große (»kosmische«) Entfernungen versagt dann auch die Fernsinnesleistung des Gesichts. Der orientierte Raum ist nur in seiner Nahsphäre klar gegliedert, diese geht allmählich in ein immer unklarer werdendes Ferngebiet über, in dem gar keine eigentlichen Sehdinge (Skiagraphen) existieren, sondern nur Ferngebilde limesartigen Charakters, die in ihrer Gesamtheit die »Himmelskugel«, den »Fernhorizont« der Welt bilden. Diese Erscheinung bedeutet eigentlich eine Rückkehr zum okulomotorischen Feld, wie es denn ja auch besonders leicht möglich ist, die »Himmels«-Apperzeption auszuschalten und die Sterne als leuchtende Punkte im okulomotorischen Feld aufzufassen. Für die großen Entfernungen fällt also der orientierte Raum als Fernraum in sich zusammen und es bleibt von ihm nur noch das Richtungsbündel übrig: jeder Stern ist eine »Richtung in die Tiefe«.

Gehen wir nun zum Tastsinn über, so ergeben sich, was sehr bemerkenswert ist, trotz der anscheinend großen Unterschiede prinzipiell doch dieselben Verhältnisse. Wir müssen hier gliedlose und gliedbesitzende »Tiere« (psychophysische Wesen) unterscheiden. Ein gliedloses kugelförmiges Tier würde ein dem menschlichen okulomotorischen Feld ganz entsprechendes »Hautbewegungsfeld« besitzen. Es würde, da der Tastsinn kein Fernsinn ist, keinen orientierten Raum (wie im menschlichen Fall) entwickeln, sondern von dem präspatialen Feld zweiter Stufe sogleich zum homogenen Raum übergehen. Aber ganz ohne Zwischenstufe würde es doch nicht abgehen, das präspatiale Feld zweiter Stufe (das »Hautbewegungsfeld«) würde als Index für ein Richtungsbündel aufgefaßt werden müssen, in dessen Richtungen man hineingehen kann und aus dessen Richtungen man »Affektionen« empfängt. – Bei Gliedertieren konstituiert sich dagegen ein orientierter Raum als Spielraum der möglichen erreichbaren Orte bei fixiertem Rumpf. Dieser Spielraum für mögliche Gliedbewegungen ist seiner metrischen Struktur nach von derselben Art wie das taktuelle Sinnesfeld, also euklidisch. Denn man kann ja euklidische »Flächen« in ihm beliebig bewegen (eben die Oberfläche der Tastorgane, wie sie sich teils durch innere »Empfindung«, teils durch gegenseitige Berührung der Glieder untereinander und mit dem Rumpf ergeben). –

So gewinnen wir also das Resultat, daß man von allen in Frage kommenden Sinnesfeldern aus zu dem sphärischen Richtungsbündel als Grundstock des orientierten Raumes kommt, selbst wenn dieser sich nicht voll entwickelt; und daß in den Fällen, wo es zur Entstehung eines orientierten Raumes kommt (durch einen »Fernsinn« wie das Gesicht, oder durch bewegliche Glieder, mit einem Nahsinn begabt, wie dem Tastsinn), dieser eben (euklidisch) ist. Da nun die in dem letzten Fall allein in Frage kommende Nahsphäre des orientierten Raumes sehr klein ist im Verhältnis zu den kosmischen Dimensionen, so ist dies nichts anderes als die Bedingung der »Ebenheit in den kleinsten Teilen«. Und auch für die sphärische Struktur des Richtungsfeldes im orientierten Raum ist diese Bedingung, wie wir wissen, hinreichend.

Das besagt aber: Es konstituiert sich, wenn nur die Bedingung der Ebenheit in den kleinsten Teilen erfüllt ist, in jeder beliebigen metrischen Mannigfaltigkeit mit beliebig variabler Krümmung mit Notwendigkeit der normale euklidische Phantomraum als principium individuationis der materiellen Welt. Wir wissen also von den metrischen Verhältnissen des physikalischen Raumes nichts, als daß sie sich auf einem ebenen Raumelement aufbauen.

Damit versagt also scheinbar die Hilfe, die wir, um dem »Konventionalismus« Poincarés und Kretschmanns zu entrinnen, von den Wesensgesetzen der transzendentalen Raumkonstitution erwarteten. Die schärfere Analyse führt aber doch zu einem neuen Gedanken, der einen Ausweg ermöglicht. Diesen finden wir in der »reinen Infinitesimalgeometrie«, die von Riemann begründet und von Weyl vollendet wurde.

D. Die Idee der reinen Infinitesimalgeometrie. (Die Riemann-Weylsche Theorie des metrischen Kontinuums.)

Der ordnende Grundgedanke, um in dem Chaos eines nur topologisch bestimmten Kontinuums mit »unbestimmter Maßbestimmung« sich zurechtzufinden, stammt von B. Riemann (1854)[1]). Er ist, nachdem viele wichtige Arbeiten in der Zwischenzeit vorausgingen, von H. Weyl[2]) neuerdings zu einem abgeschlossenen System ausgebaut worden. Dieser entscheidende Gedankengang besteht wesentlich in der Überlegung, daß der Raum, sofern der Gedanke an die Metrik überhaupt aufgetaucht ist, nicht mehr lediglich eine »formlose stetige Mannigfaltigkeit im Sinne der Analysis situs ist«, (Weyl, Mathem. Zeitschr Bd. 12, S. 117), sondern daß damit eine ihrer möglichen Strukturgesetzlichkeit nach ganz bestimmte, wenn auch numerisch nicht im einzelnen festgelegte Maßbestimmung in ihn hineingelegt ist. Es ist möglich, in völlig präziser Weise im Ausgang vom Unendlichkleinen ein System der »Nahgeometrie« zu errichten (was gedanklich mit dem modernen physikalischen Prinzip der »Nahphysik« eng zusammenhängt.)

Wir geben eine kurze Übersicht über die Weylsche »reine Infinitesimalgeometrie«: Wir betrachten den Raum sogleich zusammen mit seiner Fülle. Dies müssen wir gleich beim ersten mathematischen Ansatz berücksichtigen. Wir setzen deshalb in jedem Punkte der räumlichen Mannigfaltigkeit eine mögliche ungerichtete (skalare) oder gerichtete Größe (Vektor, Tensor) an. Diese »Fülle« muß von den fundamentalen geometrischen Gesetzen gleich mit erfaßt werden. (Das entspricht ja nur dem Umstand, daß man bei variabler Krümmung Raum und Materie nicht ohne weiteres reinlich trennen kann.)

Wir vollziehen den Aufbau der Geometrie in drei Stufen:

1. Konstruktion der »Situs«-Mannigfaltigkeit (Weyl, l. c. § 13).
2. Konstruktion der »affinen« Mannigfaltigkeit (l. c. § 14).
3. Konstruktion der »metrischen« Mannigfaltigkeit (l. c. § 15).

---

1) Vgl. seinen schon oft zitierten Habilitationsvortrag.

2) Vgl. die grundlegende systematische Darstellung Weyls in »Raum, Zeit, Materie« (4. Aufl.) Kap. II, bes. § 14—18.

Die Dimensionenzahl ist bei der allgemeinen Konstruktion beliebig; für den Raum kommen nur drei Dimensionen in Frage. –

Wir charakterisieren die drei Stufen nun wie folgt: 1. Die Situsmannigfaltigkeit besteht in einem nur topologisch bestimmten Kontinuum, in dem in jedem Punkte ein Vektor oder Tensor existieren kann. – Man kann dann ohne weiteres das Gefälle (den »Gradienten«) dieses Vektorfeldes bilden und auch gewisse andere Differentialoperationen vornehmen – unabhängig von der Wahl des Koordinatensystems.

Die in diesem Zusammenhang immer wieder auftretende Forderung der Invarianz gegenüber einem Wechsel des Koordinatensystems ist der mathematische Ausdruck des phänomenologisch-konstitutiven Umstands, daß der homogene Raum sich als ein identischer gegenüber der Mannigfaltigkeit der orientierten Räume, die seine »Aspekte« sind, konstituiert. Mit einem Schlage wahrnehmbar ist lediglich der orientierte Raum; der (»homogene«) Weltraum wird nur im Wandel solcher Wahrnehmungen originär gegeben. Nur diejenigen Eigenschaften werden in ihm Bedeutung haben, die im Wechsel der Koordinatensysteme beharren. – Dazu kommt jetzt noch, nach Einführung einer von der Materie abhängigen Metrik, die Willkürlichkeit der Maßbestimmung, die sich in der Invarianz gegen alle stetigen Transformationen ausdrückt.

2. Die affine Mannigfaltigkeit ist dadurch gekennzeichnet, daß alle ihre Punkte im »affinen« Zusammenhang mit ihrer unmittelbaren Umgebung stehen. Das besagt: Es steht (unabhängig vom Koordinatensystem) fest, in welchen Vektor jeder Vektor im Punkt P übergeht, wenn man ihn »parallel mit sich« nach dem Nachbarpunkt P* verpflanzt.

Wir haben damit also eine Richtungsübertragung im Kleinen gewonnen. Es gibt keine Unterschiede in den verschiedenen Punkten der Mannigfaltigkeit hinsichtlich ihres affinen Zusammenhangs, auch keine Kontinuen, die sich durch die Natur ihres affinen Zusammenhangs unterscheiden.

Die Richtungsübertragung ist i. A. nicht integrabel, ihr Resultat hängt vom durchlaufenen Weg ab und eine Richtung kommt von einer Rundreise nicht unverändert zurück (Desorientierung). Darin äußert sich die »vektorielle Raumkrümmung«.

3. Die metrische Mannigfaltigkeit ist von verwickelterer Struktur. Um einer (infinitesimalen) Strecke eine Längenmaßzahl zuordnen zu können, müssen wir sie erstens vergleichen können mit allen Strecken, die vom selben Punkte P wie sie selbst ausgehen

(Möglichkeit der Drehung), und zweitens mit einer Strecke im Nachbarpunkte P* (metrischer Zusammenhang, kongruente Verpflanzung im Kleinen)[1]). Der metrische Zusammenhang ist seinem Typus nach im Raum überall gleichartig. I. A. ist die Streckenübertragung ebensowenig integrabel wie die Vektorübertragung (»Streckenkrümmung« des Raumes). –

Es bleibt noch die Frage, wie sich affiner und metrischer Zusammenhang zueinander verhalten.

Man kann dadurch eine naturgemäße Beziehung zwischen ihnen herstellen, daß man von der Parallelverschiebung einer Strecke verlangt, daß sie deren Maßzahl nicht ändert; d. h. die Parallelverschiebung (»Translation«) soll ein spezieller Fall von kongruenter Verpflanzung (»starrer Bewegung«) sein. (Wohlverstanden vollzieht sich dies alles im Infinitesimalen! Nur an Stelle der infinitesimalen Strecke kann ein Vektor treten.) – Der metrische Raum trägt demgemäß von Natur einen affinen Zusammenhang. In einem metrischen Raum vollzieht also eine Vektorübertragung die Streckenübertragung mit. Daraus folgt, daß die »Vektorkrümmung« die Streckenkrümmung als Bestandteil enthält: Sie läßt sich additiv so zerlegen: »Vektorkrümmung = Richtungskrümmung + Streckenkrümmung«.

Diese so naturgemäß aussehende Beziehung ist nicht selbstverständlich. Ihr Bestehen folgt aus der Ebenheit in den kleinsten Teilen (quadratische Form des Linienelements).

Umgekehrt kann man die Forderung jener Beziehung zwischen metrischem und affinem Zusammenhang dazu verwenden, um die bisher in der Luft schwebende Hypothese von der quadratischen Form des Linienelements (der sogenannten »pythagoreischen Maßbestimmung«) zu begründen. Dies hat Weyl getan im Zusammenhang mit einer noch tiefergreifenden Auffassung des metrischen Problems, als sie der eben skizzierte Aufbau der Infinitesimalgeometrie, der sich mehr nach formal-mathematischen Gesichtspunkten richtete, bieten konnte.

Darüber sei noch kurz berichtet unter Hinweis auf die konstitutiven Zusammenhänge, die sich jedem Gedankenschritt dieser letzten Weylschen Theorie unterbauen lassen[2]).

---

1) Hier ist Weyl über Riemann hinausgegangen. Dieser hatte einen Fernvergleich von infinitesimalen Strecken zugelassen, was aber der Idee der reinen Infinitesimalgeometrie offenbar widerspricht.

2) Zum Folgenden vgl. Weyl, »Raum, Zeit, Materie« § 16 und besonders den neuesten Aufsatz »Die Einzigartigkeit der pythagoreischen Maßbestimmung« (Mathematische Zeitschrift Bd. 12, S. 114ff., 1922).

Das Problem der Metrik ist das eigentliche Fundamentalproblem für die Infinitesimalgeometrie. – Es ist zu unterscheiden zwischen der Metrik in einem bestimmten Punkte P_0 und dem (infinitesimalen) metrischen Zusammenhang.

1. Die Metrik im Punkte P_0 ist charakterisiert durch die Struktur der Gesamtheit der »Drehungen« in P_0. [Diesen Drehungen entsprechen konstitutiv die »okulomotorischen« Bewegungen (allgemeiner: die Bewegungen in den präspatialen Feldern zweiter Stufe)]. Diese Drehungen bilden eine Gruppe; d. h. zwei hintereinander ausgeführte Drehungen lassen sich durch eine einzige, ihre »Resultante« (ihr gruppentheoretisches »Produkt«), ersetzen. Die Drehungsgruppen in zwei verschiedenen Punkten P_1 und P_2 unterscheiden sich in ihrer inneren Struktur nicht, sondern nur durch das in sie hineingelegte Koordinatensystem oder durch ihre »Orientierung«. [Das besagt vom konstitutiven Gesichtspunkt aus gesehen: Der Übergang von einem Punkt des homogenen Raumes zum anderen vollzieht sich, indem der orientierte Raum bzw. das »Richtungsbündel« unverändert »mitgenommen« wird, da es ja als konstituierende Unterschicht stets mitwirkt. Nur die Orientierung kann sich in P_2 gegenüber der in P_1 geändert haben. Siehe unsere früheren Erörterungen über »Desorientierung«, § 16, A]. Die Drehungsgruppe ist also in allen Punkten des Raumes von gleicher Art, und die Art der Drehungsgruppe ist somit für den Raum als »Form der Erscheinungen« charakteristisch. [In der Tat: Konstitutiv ergeben sich alle Eigentümlichkeiten des Phantomraums aus der inneren Struktur des »Richtungsbündels«, und diese ist überall dieselbe. Das muß auch so sein, wenn der Phantomraum als principium individuationis (= »Form der Erscheinungen«) fungieren soll.] Man muß also auch nach Weyl an der Behauptung festhalten, daß die euklidische Geometrie a priori gültig ist, »sofern man als den eigentlichen Inhalt der euklidischen Geometrie die Aussage betrachtet, daß die Drehungsgruppe aus denjenigen linearen Transformationen besteht, die eine nicht-ausgeartete quadratische Form invariant lassen« (l. c. S. 117). [Wiederum steht das in bester Übereinstimmung mit unseren konstitutiven Analysen: Die euklidische Struktur der Drehungsgruppe (oder die »sphärische« Struktur des »Richtungsbündels«) ist dasjenige Phänomen, worauf sich die intuitive Evidenz des euklidischen Phantomraumes konstitutiv aufbaut.]

2. Metrischer Zusammenhang. – Nicht durch das Wesen des Raumes bestimmt ist die gegenseitige Orientierung der Drehungsgruppen in den verschiedenen Punkten des Raumes. Das Wesen des

Raumes läßt jeden möglichen metrischen Zusammenhang zu. [Es besteht konstitutiv die Möglichkeit der »Desorientierung«]. Allerdings ist ein stetiger Übergang in der Orientierung beim Übergang von einem Punkt P_0 zum benachbarten P vorhanden. –

Fordert man nun die oben angesetzte Beziehung zwischen dem metrischen und dem affinen Zusammenhang (daß nämlich die affine Übertragung von P_0 nach P eine besondere Art der metrischen sei, nämlich die sogenannte »Translation« mit der Grundeigenschaft, daß sie für $P = P_0$ mit der Identität zusammenfällt), so lassen sich daraus auf gruppentheoretischem Wege gewisse formale Eigenschaften der »Drehungsgruppe« nachweisen. Und schließlich läßt sich auf algebraischem Wege zeigen, daß die euklidische Drehungsgruppe die einzige ist, die diesen formalen Bedingungen genügt. Damit ist die Einzigartigkeit der pythagoreischen Maßbestimmung nachgewiesen. [Konstitutiv läßt sich das so interpretieren: Die Existenz der Translation ist gleichbedeutend mit der Möglichkeit des Hineingehens in den Innenhorizont (die Raumtiefe) unter Festhaltung der okulomotorischen (allgemein: der »reduzierten« organomotorischen) Orientierung. (Möglichkeit des reinen Geradeausgehens ohne Drehung – s. o. S. 489.) Aus diesem Umstand allein läßt sich die sphärische Struktur des okulomotorischen Feldes bzw. des »Richtungsbündels« rein mathematisch deduzieren. – Diese Möglichkeit ist für den dreidimensionalen Fall nicht von ausschlaggebender Bedeutung, da sich die sphärische Struktur des Richtungsbündels auch unabhängig von ihr konstitutiv begründen läßt, aber für den vierdimensionalen Fall (wenn die Zeit mit hinzugenommen wird) ist der Weylsche Beweis von entscheidender Wichtigkeit]. – So ist also die Ebenheit im Kleinen die notwendige und hinreichende (!) Bedingung für das Bestehen eines naturgemäßen Aufbaues der reinen Infinitesimalgeometrie und diese konstitutiv so wichtige Bedingung ergibt sich hier aus rein mathematischen Gründen als das einzig Naturgemäße, ja man kann fast sagen, als das einzig Mögliche.

E. Die infinitesimalgeometrische Lösung des Problems des Messens im variabel gekrümmten Raum.

Nun haben wir die Mittel in der Hand, das Problem der Metrik im variabel gekrümmten Raum prinzipiell zu lösen. Die reine Infinitesimalgeometrie baut sich auf derselben Grundlage auf, die wir auch phänomenologisch stützen konnten: auf dem Prinzip der »sphärischen« Struktur des Richtungsbündels bzw. der Ebenheit des Raumes in den kleinsten Teilen. Nicht mehr und nicht weniger läßt sich sowohl transzendental als auch mathematisch begründen (siehe unter C.). Zwingend ergibt sich aus ihm der ganze Gang der phänomenologischen Konstitution des euklidischen Phantomraums. Und umgekehrt ist aus dem Bestehen jenes konstituierten homogenen Raumes nichts anderes zu schließen, als die Geltung jenes Prinzips für den physikalischen Raum. Sofern man also alle nicht im Wesen der materiellen Welt notwendig enthaltenen Bedingungen für den Raum der Natur aufhebt und sich die Frage nach der allgemeinsten mit den konstitutiven Wesensgesetzen vereinbaren Raumform stellt, wird man mit zwingender Notwendigkeit gerade auf die »reine Infinitesimalgeometrie« Weyls geführt. Sie ist daher die wesensmäßig vorgeschriebene Grundlage, auf welcher das metrische Problem in der Physik radikal zu stellen ist.

Damit haben wir den gesuchten Gedanken gewonnen, der über den resignierten »Konventionalismus« hinausführt.

Wir können eine Metrik begründen auf Grund eines infinitesimalen »metrischen Zusammenhangs« im Sinne Weyls. Dieser Zusammenhang, der die Richtungs- und Streckenübertragung im Raum bestimmt und damit ein Winkelmaß und Längenmaß liefert, ist von der materiellen Erfüllung des Raumes abhängig. Diese bestimmt in jedem einzelnen Fall in jedem einzelnen Punkt, in welchen Vektor bzw. in welche Strecke ein bestimmter Vektor bzw. eine bestimmte Strecke bei der Übertragung nach dem Nachbarpunkt übergeht.

Damit sind wir aber scheinbar nicht weiter gekommen. Denn die ganze Schwierigkeit des Messungsproblems im variabel gekrümmten Raum rührte ja daher (vgl. die Ausführungen sub B), daß es unmöglich schien, die Effekte der Raumkrümmung von den Kausalwirkungen zu unterscheiden. Haben wir jetzt etwa die Mittel in der Hand, diese Unterscheidung durchzuführen?

Die Antwort darauf lautet, daß wir jene Mittel allerdings noch nicht vollständig besitzen, daß wir aber einen Wegweiser haben, um zu ihnen zu gelangen. Denn wir wissen jetzt, welche mathematische Form die Naturgesetze haben müssen, die die Metrik des Raumes bestimmen. Es sind die das Bestehen des affinen und metrischen Zusammenhangs ausdrückenden Gleichungen, die uns die Form der Strukturgesetze der Welt geben, in denen sich die »Effekte« der Raumkrümmung ausdrücken. Es steht also nicht mehr in unserem Belieben, dies oder jenes metrische Gesetz »konventionell« festzusetzen; wir sind dieser chaotischen Unbestimmtheit in der »Ansetzung« der physikalischen Gleichungen nicht mehr ausgeliefert. Sondern wir müssen die physikalischen Gesetze daraufhin untersuchen, ob sich unter ihnen welche finden, die die mathematische Form des affinen oder metrischen Zusammenhangs haben. Diese sind dann die »strukturalen«, der Rest sind die »kausalen« Naturgesetze.

Dies ist also, in schematischer Form, der Weg, der zur Begründung einer nicht-konventionellen Metrik führen kann.

Versucht man ihn nun in konkreten Untersuchungen zu beschreiten, so erkennt man bald, daß man das metrische Problem des Raumes nicht isoliert behandeln kann. Wir wissen schon, daß, um der Materie überhaupt Beweglichkeit zu gestatten, man auch eine zeitliche, nicht nur eine räumliche Variation des Krümmungsmaßes zulassen muß. Damit erhebt sich aber das Problem der Zeitmessung und vor allem die Frage nach den Gesetzen der Verbindung (Koppelung) von Zeit und Raum. Wir kommen also zu einer Erweiterung des metrischen Problems auf die gesamte strukturale Verfassung der Welt in Zeit und Raum.

Dieses verallgemeinerte Problem ist der Gegenstand einer sehr umfassenden Theorie der neuesten Physik geworden, der Einsteinschen »allgemeinen Relativitätstheorie«. Es macht geradezu ihre prinzipielle Seite aus.

Wir werden also erst dann unsere Untersuchungen über die Anwendung der nichteuklidischen Geometrien auf die Physik zu einem gewissen Abschluß gebracht haben, wenn wir die Einsteinsche Theorie und besonders ihre Erweiterung und Wendung ins Prinzipielle, die sie durch H. Weyl erhalten hat, in den Kreis unserer Betrachtung gezogen haben. Dies wird die Aufgabe des folgenden dritten Abschnitts sein.

Dritter Abschnitt.

Phänomenologische Untersuchungen über die prinzipielle Bedeutung der Einsteinschen allgemeinen Relativitätstheorie.

Vorbemerkung.

Um falschen Erwartungen von vornherein vorzubeugen, sei bemerkt, daß es nicht möglich war, hier eine phänomenologische Durcharbeitung der Relativitätstheorie zu geben, die auf Vollständigkeit irgendeinen Anspruch machen könnte. Das verbot einerseits der Umfang und die Verwickeltheit der Theorie, auch die Unmöglichkeit, in dieser Arbeit die Hilfsmittel der mathematischen Analyse zu benutzen, andererseits der Mangel einer axiomatischen Durcharbeitung der Grundlagen der Relativitätstheorie,[1]) wie wir sie für die Geometrie nach jahrzehntelanger Arbeit heute besitzen. So wissen wir fast nie, in welchem Verhältnis die mannigfach sich kreuzenden Gedankenreihen der Theorie genau genommen stehen. Wir können wohl oft einsehen, daß gewisse Gedankengänge möglich und in sich konsequent sind, aber nicht, daß sie die einzig möglichen sind, oder welche anderen möglich wären. Wir kennen oft nur hinreichende, aber nicht die notwendigen Bedingungen der einzelnen Theoreme. Für die konstitutive Analyse wäre aber gerade das letzte von entscheidender Bedeutung. – Die Auswahl, die wir aus dem weitschichtigen Problemmaterial trafen, richtete sich nach dem Ziel der ganzen Arbeit: uns lag daran die prinzipiellen Gedankenreihen, die sich uns über Metrik, Struktur und Kausalität usw. zuletzt aufgedrängt hatten, bis zu der Stufe weiterzuführen, die sie in der neuesten Entwicklung der Physik implizit erreicht haben. Wir wollen also das Prinzipielle an der Einsteinschen Theorie herausheben, dessen sich die Physik als positive Wissenschaft nicht explizit bewußt ist und sein kann.[2])

§ 18. Über die Aufgabe der phänomenologischen Untersuchung einer physikalischen Theorie.

Wenn hier am Schlusse eines Versuchs einer prinzipiellen Grundlegung der Geometrie Betrachtungen über eine scheinbar spezielle physikalische Theorie stehen, so ist dies nicht ohne weiteres verständlich. Es bedarf daher einer kurzen Vorüberlegung darüber, was denn überhaupt eine phänomenologische Untersuchung einer physikalischen Theorie bezwecken kann.

---

1) Ansätze dazu bei Reichenbach, »Relativitätstheorie und Erkenntnis a priori« (Berlin 1920) und Physikalische Zeitschrift 22 (1921), S. 683 ff. (»Bericht über eine Axiomatik der Einsteinschen Raumzeitlehre«).

2) Literatur zur Relativitätstheorie. – 1. mathematisch-physikalische: a) A. Einstein, Die Grundlagen der allgemeinen Relativitätstheorie, Leipzig 1916. (Grundlegende Originalabhandlung). b) H. Weyl, Raum, Zeit, Materie. 4. Auflage (!), Berlin 1921. (Gründlichste und auch in prinzipieller Hinsicht beste Darstellung, worin sich auch reiche Literaturangaben finden.) – 2. philosophische: a) H. Reichenbach, Der gegenwärtige Stand der Relativitätsdiskussion, Logos Bd. X, S. 361 ff. (1922). (Kritische Darstellung der verschiedenen philosophischen Ansichten über die Relativitätstheorie mit reichen Literaturangaben; in der Kritik vielfach treffend, außer in den Bemerkungen gegen Weyl). b) J. Cohn, Relativität und Idealismus, Kantstudien Bd. 21, S. 222 ff. (1916). c) E. Cassirer, Zur Einsteinschen Relativitätstheorie. Erkenntnistheoretische Betrachtungen, Berlin 1921. (Vertreten

Eine physikalische Theorie ist bekanntlich eine Zusammenfassung einer großen Anzahl empirischer Feststellungen zu einem deduktiven System. Genauer gesagt: An der Spitze der Theorie stehen wenige Grundgesetze, zunächst hypothetischen Charakters. Aus ihnen lassen sich alle durch die Theorie erklärbaren Beobachtungsergebnisse als Folgerungen gewinnen und zwar mit quantitativer Genauigkeit. Eine derartige Theorie ist also ein hypothetisch-deduktives System.

Nun ist aber »Deduktion« hier nicht ganz streng im Sinne von formallogischer Deduktion zu nehmen. Außer jenen hypothetisch angesetzten Grundgesetzen, die explizit ausgesprochen werden, gehen in die Theorie apriorisch-materiale, im Wesen des betr. Sachgebiets gründende Sätze ein, die oft nur stillschweigend zugestanden werden. Nur wenn man jene Grundhypothese und jene unausgesprochenen Sätze voraussetzt, kann man rein formallogisch die Einzelergebnisse folgern. Der Wahrheitsgehalt einer physikalischen Theorie besteht also 1. aus jenen impliziten apriorisch-materialen Sätzen; 2. aus den in den expliziten »Hypothesen« zusammengefaßten empirischen Beobachtungen.

Für den Phänomenologen sind die ersten Sätze apriorisch-materialer Natur das Wichtige. Da sie nun in der positiv-wissenschaftlichen Gestaltung zumeist vermischt mit den empirischen Bestandteilen der Theorie oder überhaupt implizit auftreten, so ist es die erste Aufgabe der phänomenologischen Untersuchung, sie rein und explizit herauszustellen. Die zweite Aufgabe ist dann, jene Sätze transzendental zu begründen.

Für die Relativitätstheorie sind im folgenden diese beiden Aufgaben in Angriff genommen worden; ihre vollständige Lösung muß der Zukunft überlassen bleiben. –

Über die besondere Bedeutung der Relativitätstheorie brauchen wir nichts mehr zu sagen. Wir fassen sie, wie im letzten Abschnitt am Schluß gesagt, als ein Grundstück der Methodik der modernen Physik auf, das der Sicherung der zeitlichen und räumlichen Messung dient.

---

beide den transzendentalen Idealismus, ohne indessen bis zu konkreten Analysen vorzudringen). d) M. Schlick, Raum und Zeit in der gegenwärtigen Physik, Berlin 1919. e) Derselbe, Kritizistische oder empiristische Deutung der neuen Physik? Kantstudien Bd. 22, S. 96ff. (1921); f) H. Reichenbach, Relativitätstheorie und Erkenntnis a priori, Berlin (1920). (Beide, in Einzelheiten vielfach treffend, verkennen die Möglichkeit einer apriorisch-konstitutiven Begriffsbildung.)

Gliederung der Problematik.

Wir werden unsere Betrachtungen wie folgt einteilen:

1. Untersuchung der mechanischen (d. h. aus der Physik der Materie entspringenden) Wurzel der Relativitätstheorie. Problem der Relativität der Bewegung. Seine Rolle für die Begründung der Dynamik in ihrer historischen Entwicklung dargestellt (§ 19). 2. Untersuchung der optischen (feldphysikalischen) Wurzel der Relativitätstheorie. Problem der endlichen Fortpflanzungsgeschwindigkeit des Lichtes. Seine Bedeutung für den Begriff der Gleichzeitigkeit (§ 20). 3. Darlegung der prinzipiellen Seite der gesamten Relativitätstheorie. Lösung des Problems von Struktur und Kausalität (§ 21).

§ 19. Die mechanische Wurzel der Relativitätstheorie: (Das Prinzip der Relativität der Bewegung in seinem Zusammenhang mit der Grundlage der Dynamik.)

A. Zur geschichtlichen Entwicklung des Bewegungsbegriffs.

Die folgende Übersicht über die Geschichte des Bewegungsbegriffs beabsichtigt nicht, neues historisches Material zu bringen. Sie stellt die an sich bekannten geschichtlichen Tatsachen nur in einem Zusammenhang dar, der in seiner ganzen Folgerichtigkeit, mit der er von der aristotelischen Physik bis zur Einsteinschen Relativitätstheorie führt, wohl noch nicht gesehen worden ist.[1]) Vor allem aber hat sie den Zweck, den Grundgedanken der Relativitätstheorie selbst verständlicher zu machen. –

Die Physik der Renaissance, die in Galilei gipfelt, entstand zu einem wesentlichen Teil als Gegenbewegung gegen Aristoteles. Wir müssen daher zu ihrem Verständnis zunächst Einiges aus der aristotelischen Bewegungslehre darstellen. Hierbei sind wir uns bewußt, der Eigenart der aristotelischen »Physik« nicht gerecht zu werden; vor allem nicht ihrer Bedeutung für das philosophische Gesamtsystem des Aristoteles. Denn wir betrachten sie nur von unserer modernen naturwissenschaftlichen Problemstellung

1) Über die historischen Quellen orientiert man sich (außer für Aristoteles) am besten bei E. Cassirer, Das Erkenntnisproblem in der Philosophie und Wissenschaft der neueren Zeit. (Berlin 1906/07) Band I u. II. – Auch L. Lange, Die geschichtliche Entwicklung des Bewegungsbegriffs. Wundts philosophische Studien Band III (1886) ist zu vergleichen. – Für die moderne Physik kommen in Frage: Andrade, Leçons de mécanique physique, Paris 1898; Enriques, Probleme der Wissenschaft Band II (Leipzig 1910); Voß, Die Prinzipien der Mechanik, Enzyklopädie d. math. Wissensch. Band IV, 1.

aus; d. h. so, wie sie die Entwicklung der abendländischen wissenschaftlichen Physik (nicht Philosophie!) beeinflußt hat.

Für uns sind drei Hauptpunkte der aristotelischen Bewegungslehre bedeutsam.

1. Die Einteilung der Bewegungen in »natürliche« und »gewaltsame«. (φύσει, κατὰ φύσιν – παρὰ φύσιν, βίᾳ); wobei für uns nur die anorganischen Bewegungen in Frage kommen.[1])

Es gibt drei Arten einfacher natürlicher (anorganischer) Bewegungen (ὑπ' ἄλλου, κατὰ φύσιν): die Himmelsbewegungen (gleichförmige Kreisbewegungen), die der schweren und der leichten Körper (radial, auf das Weltzentrum zu bzw. von ihm weg). Ihnen entsprechen drei Arten einfacher Körper: die Himmelskörper, die schweren Elemente Erde und Wasser und die leichten Elemente Luft und Feuer.[2]) Alle anderen mechanischen Bewegungen, z. B. durch Druck, Stoß, Zug usw. sind gewaltsam.

2. Physikalische Wirksamkeit des Ortes (τόπος). – Die »natürlichen« Bewegungen des Schweren und Leichten gehen vor sich durch die physische Wirkung des Ortes. Sie zeigen nicht nur, daß der Ort etwas ist, sondern auch, daß er ein gewisses »Vermögen« (δύναμις) hat[3]) (man vergleiche den modernen Ausdruck »Potential«). Die Bewegungen der schweren und leichten Körper werden also ganz ähnlich erklärt, wie man sich heute die Bewegung positiv und negativ geladener elektrischer Massen im elektrischen Feld vorstellt.

3. Relative und absolute Bewegung. – Die Relativität des Ortes[4]), des Orientierungssystems[5]) (rechts – links, oben

1) Vgl. vor allem: Physik, Buch VIII (Θ), c. 4. (p. 254b, 7ff.) Aus dieser Stelle kann man folgende Einteilung des Bewegten entnehmen:

τὰ κινούμενα

κατὰ συμβεβηκός (mitgenommen durch ein anderes Bewegtes) | καθ' αὑτά (selbständig Bewegtes)

καθ' αὑτά: (organisch) ὑφ' ἑαυτοῦ (B. d. Tiere) τῶν ζῴων φύσει | ὑπ' ἄλλου (anorganisch)

ὑπ' ἄλλου: κατὰ φύσιν Himmelsbew. B. d. schweren u. leichten Körper. | παρὰ φύσιν βίᾳ (Wurf und dgl.)

2) Siehe de coelo I, c. 2 – 3 (p. 268b, 11 – 270a, 35).

3) Siehe Physik IV, c. 1 (p. 208b, 8 – 11).

4) Dies liegt schon in der Definition des Ortes, als der Umgebung eines Körpers (Physik IV, c. 4. – p. 210b, 34 – 211a, 1).

5) Siehe z. B. de coelo II, c. 2 (p. 284b, 6 – 286a, 2).

– unten) und der Bewegung[1]) wird klar erkannt. Trotzdem ist Aristoteles, vermöge der regelmäßigen Anordnung der Körper im Weltall, imstande, ein ausgezeichnetes Bezugsystem zu definieren und die darauf bezogene Bewegung als absolute aufzufassen. Dieser als (absolut) ruhend gedachte Körper ist die Erde, um die herum die Himmelssphären gelegt sind. Es ist wesentlich für die Möglichkeit einer solchen Auffassung, daß es nur ein derartiges System gibt. Daher sucht Aristoteles die Unmöglichkeit mehrerer »Himmel« zu beweisen.[2]) –

Es ist bemerkenswert, daß diese aristotelischen Anschauungen der naiven Auffassung des täglichen Lebens in hohem Maße entsprechen. Wir unterscheiden in unserer natürlichen Anschauung relative Bewegungen und »absolute« Bewegungen (mit der Erde als Bezugsystem). In anderer Hinsicht haben wir als Arten der Bewegung:

1. Die kausal-erklärbaren Bewegungen. D. h. die durch Zug und Druck hervorgerufenen mechanischen Vorgänge, denen man die Kausalität »ansieht«.[3]) Charakteristisch ist für sie die Nahewirkung und als Folge davon die Relativität der Bewegung auf den Bewegungszustand des bewegten Körpers vor der Einwirkung.
2. »Natürliche Bewegungen«: wie bei Aristoteles die Gestirnbewegungen und die Fallbewegung. Nach ihren »Ursachen« im mechanischen Sinn fragen wir nicht. Diese Bewegungen sind orientiert auf das absolute Bezugsystem, die Erde.
3. »Magische Bewegungen«, d. h. unerklärbare Bewegungen, die aber doch eine Erklärung fordern: z. B. Bewegung infolge Anziehung durch einen Magneten. Sie rufen das Erstaunen des natürlichen Menschen hervor mit ihrer »Fernwirkung«. –

Gegen die aristotelische Physik wendet sich in allen drei Hauptpunkten die Physik der Renaissance, um schließlich in Galileis und später noch ausgesprochener in Newtons Auffassung in einen geradezu extremen Gegensatz zu ihr zu geraten. Demgegenüber hat sich die moderne Physik in mancher Hinsicht dem Aristoteles wieder angenähert.

---

1) Siehe Physik IV, c. 4 (p. 211a, 19 – 21).

2) de coelo I, c. 8 (p. 276a, 18 – 277b, 26).

3) Vgl. hierzu die feinsinnigen Beschreibungen bei W. Schapp, Beiträge zur Phänomenologie der Wahrnehmung (Halle 1910). – S. 18–26; 32–36; bes. aber S. 48–52.

Das treibende Motiv dieser Entwicklung ist wohl in der neuen Kosmologie zu suchen. Durch Copernicus wird die zentrale Stellung der Erde beseitigt, wenn auch bei ihm die Welt noch einen Mittelpunkt in der Sonne hat. Selbst Kepler nimmt noch ein Weltzentrum an, wenn auch aus metaphysischen Gründen und erst Galilei macht sich von dieser Vorstellung gänzlich frei.[1]) Bei Newton sind dann die Massen der Welt ganz zufällig verteilt.[2])

Damit in Zusammenhang steht die Bekämpfung der aristotelischen Lehre von der physikalischen Wirksamkeit des Ortes. Schon Telesio[3]) leugnet den Einfluß des »Oben« und »Unten« auf die Bewegung der Dinge und Gilbert spricht die absolute Unabhängigkeit von Physik und Geometrie mit großer Klarheit aus: »Der Ort ist ein Nichts, er existiert nicht und übt keine Kraft aus; sondern alle Naturgewalt ist in den Körpern selbst enthalten und begründet.«[4]) (Gilbert, de mundo nostro sublunari philosophia nova. Amstelod. 1651. – I, 21 S. 61; II, 8 S. 144.) Es ist dies natürlich das Gegenteil der aristotelischen Behauptungen. (Vgl. Physik IV, c. 1. [S. 208b, 8–11]: *»αἱ φοραὶ τῶν φυσικῶν σωμάτων καὶ ἁπλῶν . . . οὐ μόνον δηλοῦσιν, ὅτι ἔστι τι ὁ τόπος, ἀλλ' ὅτι καὶ ἔχει τινὰ δύναμιν.«*)

Endlich folgt hieraus die Unmöglichkeit der Aufrechterhaltung der »natürlichen« Bewegung im aristotelischen Umfang. Schon Kepler fordert für alle Naturerscheinungen, kosmische wie irdische, eine »physische Hypothese.«[5]) Damit geht Hand in Hand bei ihm und Gilbert die Entwicklung des modernen Kraftbegriffs,[6]) die dann über Galileis Entdeckung der Beschleunigung zu Newtons für die ganze klassische Physik fundamentalem Begriff der vis impressa als Ursache der Änderung des Bewegungszustandes führt, als deren Maß das Produkt aus Masse und Beschleunigung dient. (Newtons lex II.) Der neuere Kraftbegriff, die Idee der mechanischen Bewegungsursache, entspringt also gerade aus denjenigen Erscheinungen, die Aristoteles als »gewaltsame« Bewegungen bezeichnet hatte. (»Ursache« ist hier etwas ganz anderes als das aristotelische *»αἴτιον«*.) Je mehr das Bestreben nach mechanisch-kausaler Erklärung wächst, um so mehr Bewegungen werden zu »gewaltsamen« gestempelt. Bei Galilei und Newton ist schließlich von der aristotelischen

---

1) Vgl. Cassirer, l. c. I, 315–16.

2) Vgl. unsere früheren Ausführungen in § 15 (S. 511–12).

3) Cassirer, l. c. I, 233.

4) Vgl. Cassirer l. c. I, 276 (nach dessen Übersetzung zitiert ist).

5) Cassirer, l. c. I, 262–69.

6) Cassirer, l. c. I, 269–281.

»natürlichen Bewegung« gar nichts mehr übrig geblieben — als die gleichförmig geradlinige Trägheitsbewegung.[1]) Newtons Gravitationslehre macht auch die Himmelsbewegungen zu erzwungenen, durch die Kraft der Gravitation. Die Kausalität wird Alleinherrscherin. In der Idee der (der natürlichen Anschauung so wenig zusagenden) Fernkraft gipfelt diese Tendenz.[2])

Das hier in den Grundzügen angedeutete System der klassischen Dynamik enthält nun eine fundamentale Schwierigkeit hinsichtlich des Bezugsystems, auf das die Bewegungen bezogen werden.

Die durch Nahwirkung verursachten Bewegungen sind relativ auf den beeinflußten Körper. Dagegen erfordern die »natürlichen« Bewegungen ein Bezugsystem, das bei Aristoteles durch die regelmäßige Struktur der Welt gegeben wurde, die eine absolute Topographie des Kosmos gestattete. Im Newtonschen Weltbild gibt es kein solches kosmisches Bezugsystem, denn die Materie-Verteilung im Weltraum ist ja durchaus unregelmäßig. Worauf soll man also die Gravitations- und Trägheitsbewegungen beziehen? Newton half sich durch den Ansatz des »absoluten« leeren Raumes. Er suchte die Existenz dieses absoluten Raumes zwar metaphysisch bzw. theologisch zu begründen (der Raum als sensorium Dei), aber später zeigten Eulers sehr klare Ausführungen, daß dieser absolute Raum nur deshalb, weil er als Bezugsystem eine ganze bestimmte unentbehrliche Funktion im Aufbau der Mechanik ausübt, angesetzt wird.[3]) (Es geht dies auch daraus hervor, daß die Newtonsche Mechanik streng genommen gar nicht einen absoluten Raum, sondern nur ein »absolutes Richtungssystem« benötigt. Denn sie ist allen Translationen der gesamten Welt gegenüber invariant.)

Soweit ist also die klassische Physik in der unangenehmen Lage, ein »absolutes« Bezugsystem ansetzen zu müssen, für das ihr ein objektives Fundament ganz und gar fehlt, das überhaupt nur denkbar ist als Auszeichnung gewisser Bewegungen, nämlich der Gravitations- und Trägheitsbewegungen. Nun hatte sich schon kurz nach Newton,

---

1) Diese würde unter den aristotelischen Begriff der »natürlichen Bewegung« fallen, wenn A. sie überhaupt gekannt hätte.

2) Freilich haben sich die kartesischen Physiker, dann Huyghens, Leibniz u. a., ja auch Newton selbst gegen diese Konsequenz der Fernwirkung aus philosophischen Gründen gesträubt. Aber diese ist doch für die exakte Physik bis ins 19. Jahrh. hinein (bis auf Faraday und Maxwell) maßgebend geblieben.

3) Vgl. hierzu Cassirers schöne Darstellung, l. c. II, S. 339—57; für die metaphysisch-theologische Seite: II, S. 357—75. — L. Langes Anschauungen über Euler (l. c. S. 647—57) können wir nicht teilen.

vor allem auf dem Kontinent, ein System der Mechanik entwickelt, das sich auf Vorgänge beschränkt, die von den Schwierigkeiten des Bezugsystems nicht getroffen werden. Alle sog. »Prinzipien der Mechanik«, von Lagrange und d'Alembert bis zu Gauß und Hamilton, beziehen sich nur auf Nahwirkungen und deshalb auf Relativbewegungen.

Andrade[1]) hat dies zum Ausgangspunkt einer prinzipiellen Kritik der klassischen Mechanik genommen und Enriques[2]) hat später gezeigt, daß man diesen Gedankengang auch an Newtons »leges motus« selbst anknüpfen kann. Es ergibt sich nämlich, daß man die Mechanik einteilen kann in einen allgemeinen, von der beliebigen stetigen Bewegung des räumlichen Koordinatensystems unabhängigen Bestandteil und einen speziellen, auf ein ausgezeichnetes Bezugsystem angewiesenen. Andrade unterscheidet: den »natürlichen Lauf der Dinge«, wofür er keine mechanischen Kräfte ansetzt, den er nur rein deskriptiv behandelt, und den auf diesen ausgeübten Zwang, aus dem die eigentliche Leistung der mechanischen Kraft besteht. (Sie ist proportional der Änderung der Beschleunigung, die sie an der »natürlichen Bewegung« hervorbringt.)[3]) Der »natürliche Lauf« besteht in sämtlichen Gravitations- und Trägheitsbewegungen. Damit kehrt Andrade also im wesentlichen zur aristotelischen Anschauung zurück; nur ist natürlich der moderne Kraft- und Ursachenbegriff nicht aufgegeben. Diese Andradesche Formulierung ist zwar für das universelle Kausalbedürfnis unbefriedigend, aber sie ist an Klarheit der Newtonschen überlegen. Denn sie weist von vornherein das Verlangen nach kausaler Erklärung dort zurück, wo es nicht befriedigt werden kann. Newtons Raumbegriff dagegen ist eine Erschleichung; der Raum hat bei ihm insgeheim doch eine physische Wirksamkeit. — Mach[4]) hat die universelle Kausalforderung seinerseits von neuem erhoben und ist so konsequent gewesen, für die Zentrifugalkräfte, die bei der sog. »absoluten Rotation« auftreten, kausale Wirkungen seitens der Fixsterne, gegen die der betr. Körper sich dreht, anzunehmen. Aber er konnte irgend etwas Näheres über jene Wirkung nicht sagen.

---

1) Leçons de mécanique physique. Paris 1898.

2) Probleme der Wissenschaft, Teil II, Kap. V, § 21. (Leipzig 1910.)

3) Bei Newton selbst kann man die lex I (Trägheitsgesetz) und die lex II (bezogen auf die »beginnende Bewegung« relativ zu dem beeinflußten bewegten System) unterscheiden. Die lex I ist kein spezieller Fall der lex II. — Vgl. Enriques, l. c. II, S. 413—23.

4) Die Mechanik in ihrer Entwicklung (Leipzig 1883), Kap. II, 6.

Damit haben wir die historische Entwicklung der Dynamik bis zur Gegenwart verfolgt und wir wenden uns nun dem systematischen Gehalt des Prinzips der Relativität der Bewegung zu.

B. Der systematische Gehalt des Prinzips der Relativität der Bewegung.

Sowohl Andrade wie Mach, wenn sie auch in dem Punkte des Geltungsbereichs, den sie der Kausalität einräumen, verschiedener Meinung sind, sind doch beide von der kinematischen Relativität der Bewegung überzeugt. Eine in kinematischer Hinsicht absolute Bewegung ist unmöglich.

Eine kurze phänomenologische Überlegung bestätigt dies. Ein gegebener Raumpunkt, ein bestimmter Ort ist immer nur in einer gewissen Orientierung zu mir gegeben. Direkt wahrnehmbar ist überhaupt nur ein Ort im orientierten Raum. Obwohl sich der homogene Raum im Wandel der orientierten Räume als seiner »Aspekte« konstituiert, so ist damit doch nicht jede Abhängigkeit des Ortes von der Orientierung aufgehoben. Nur kann an Stelle des »ichlichen« Orientierungssystems des orientierten Raumes ein auf ein beliebiges Ding als Zentrum bezogenes treten. Irgend ein Koordinatensystem muß indessen stets vorhanden sein. Um Weyls plastische Ausdrucksweise zu gebrauchen: »Das Koordinatensystem ist das unvermeidliche Residuum der Ichvernichtung in jener geometrisch-physikalischen Welt, welche die Vernunft aus dem Gegebenen unter dem Namen »Objektivität« herausschält, – letztes dürftiges Wahrzeichen noch in dieser objektiven Sphäre dafür, daß Dasein nur gegeben ist und gegeben sein kann als intentionaler Inhalt der Bewußtseinserlebnisse eines reinen, sinngebenden Ich«.[1]) Darin kommt nichts anderes zum Ausdruck als das Prinzip des transzendentalen Idealismus.

So ist es verständlich, daß die Polemik, die A. Reinach gegen das Prinzip der Relativität der Bewegung führt, durchweg auf der Verkennung des idealistischen Grundprinzips beruht.

Einige kurze Zitate werden dies beweisen.[2]) »Gegenüber der naturwissenschaftlichen Behauptung, daß alle Bewegung relativ wäre, stellen wir die philosophische auf, daß alle Bewegung absolut ist. . .« »Setzen wir in anschaulicher Vorstellung einen beliebigen Körper als bewegten, . . . so haben wir da einen Körper, der mit beliebig

1) Das Kontinuum, Leipzig 1918, S. 72.

2) Reinach, Gesammelte Schriften (Halle 1921); in Frage kommt der posthume Aufsatz »Über das Wesen der Bewegung.« (S. 406ff.) – Die Zitate stehen auf S. 420.

anzusetzender Geschwindigkeit einen anschaulich mitgegebenen Raum durchmißt. Die Bewegung ist Bewegung dieses Körpers und sonst nichts.« Das sind zwei einander direkt widersprechende Behauptungen. Der »mitgegebene« Raum ist eben nichts anderes als das Orientierungssystem mit »mir« als Zentrum. Weiter sagt Reinach (l. c. S. 421): »Da die Bewegtheit von Körpern sich nur in Rückbeziehung auf ruhende Körper oder ein körperlich ruhendes Ich als wirklich ausweisen kann, . . . so scheint es nicht möglich zu sein, in irgendeinem Falle der realen Welt die tatsächliche Bewegtheit... eines Körpers festzustellen. . . . In keiner Weise aber darf, was für die Feststellung von Bewegung und Ruhe in der realen Welt gilt, auf das Wesen von Bewegung und Ruhe selbst übertragen werden.« Hier spricht er selbst seinen Glauben an eine absolute Bewegung an-sich, die prinzipiell nicht feststellbar ist, aus. Er befindet sich damit in Widerspruch mit der von uns vertretenen idealistischen Grundanschauung, und wir können ihm hier nicht folgen, ja seiner Behauptung streng genommen keinen faßbaren Sinn abgewinnen.

Reinach geht in seinem platonisierenden Realismus sogar über Newton hinaus, denn für diesen ist der absolute Raum als sensorium Dei wenigstens (in allerdings nicht näher faßbarer Weise) für das unendliche Subjekt Gott da und somit nicht ein ganz isoliertes Ding-an-sich.

Einen anderen Einwand könnte man gegen das Prinzip der Relativität der Bewegung von dem Phänomen der »subjektiven Bewegung« aus erheben. Eine kinästhetisch oder sonstwie als subjektiv charakterisierte Bewegung ist prinzipiell vor der Ruhe ausgezeichnet. Man denke außer an das »kinästhetische« Bewußtsein der Gliederbewegungen an die »Bewegungstäuschungen«, wie die, die wir erleben, wenn wir von einer Brücke ins Wasser des Flusses sehen und plötzlich, durch ruckweisen Apperzeptionswechsel, vermeinen, daß das Wasser stillsteht und wir selbst samt der Brücke uns bewegen.[1]) Der Wechsel der Auffassung setzt nun voraus, daß es einen Sinn hat, bei sich gleichbleibender Relativbewegung von der Bewegung oder Ruhe meines Leibes zu reden, also im absoluten Sinn. Hier haben wir tatsächlich einen haltbaren, weil in einem konkreten Phänomen sich ausweisenden, Sinn des Ausdrucks »absolute Bewegung«. Aber diese absolute Bewegung ist physikalisch nicht von Bedeutung. Denn

1) Vgl. darüber Mach, die Analyse der Empfindungen. (5. Aufl. 1906, S. 103–105.) Mannigfache Deskriptionen solcher Bewegungstäuschungen finden sich bei R. Hamann, »Über die psychologischen Grundlagen des Bewegungsbegriffs«, Zeitschr. f. Psychologie, Bd. 45, S. 231 ff., 341 ff.

gerade jene Bewegungstäuschungen zeigen, daß es eine intersubjektive Wahrheit über jene Bewegungsphänomene nicht gibt. Von zwei gegeneinander sich bewegenden Personen kann jede sich zu bewegen meinen auf Grund ihres subjektiven Bewußtseins der Eigenbewegung und eine Entscheidung ist auf Grund des phänomenalen Tatbestandes nicht möglich. –

Nachdem wir nun das Prinzip der Relativität der Bewegung genügend gegen Angriffe gesichert haben, müssen wir uns noch über seine Bedeutung für unsere prinzipielle Problemstellung klar werden.

Wir standen am Schlusse des II. Abschnittes vor der Aufgabe, eine Scheidung der strukturalen und kausalen Naturgesetze vorzunehmen, auf Grund unserer Kenntnis der mathematischen Form der für die infinitesimalgeometrische Metrik grundlegenden Gesetze. Unsere historische Betrachtung hatte uns bis zu Andrade und Mach geführt. Beide waren zu ihrer Grundposition wesentlich veranlaßt worden durch die Annahme des Prinzips der Relativität der Bewegung. Dieses verbot die Annahme absoluter Gravitations- und Trägheitsbewegungen. Trotzdem blieb die Schwierigkeit der Zentrifugalkraft bei der »absoluten« Rotation usw. Andrade formulierte klar, was er von diesen Erscheinungen wußte: daß sie nicht kausal vor sich gehen; daß sie selbst ein bestimmtes Bezugssystem (bis auf eine Translation) festlegen, das aber nicht weiter irgendwo verankert ist. D. h. er hob die Gravitations- und Trägheitsbewegungen, »le cours naturel des choses«, als Strukturgesetz scharf ab gegen die mechanischen Kausalgesetze (wie das »Prinzip des kleinsten Zwanges«). Mach hat das Verdienst, die Relativität der sog. »absoluten« Rotation gegen die Fixsterne hervorgehoben zu haben, aber seine Versuche, sie kausal zu interpretieren, müssen wir als verfehlt ansehen.

So bleibt Andrades Auffassung als die abgeklärteste bestehen. Sie deutet hin auf die Gravitations- und Trägheitsgesetze als die Strukturgesetze der Welt. Wir müssen uns nun fragen, ob diese in ihrer mathematischen Form geeignet sind, den affinen und metrischen Zusammenhang des Raumes darzustellen. Dann hätten wir ja die physikalische Grundlage für unseren metrischen Ansatz auf Grund der Infinitesimalgeometrie gewonnen.

Das ist in der Tat der Weg, den Einstein gegangen ist, und in dessen Verfolgung es ihm gelang, Gravitationsfeld und affinen Zusammenhang des Raumes zu identifizieren. Allerdings bedarf es dazu der Hineinnahme der Zeit in das metrische Problem und der Revision der »klassischen« Ansichten über die Verbindung von Zeit und Raum, wie sie sich im Begriff der Gleichzeitigkeit ausdrückt.

Um hier weiterzukommen, bedarf es eben der Erweiterung der Betrachtungen über den Rahmen der Mechanik hinaus. Die Frage der Fortpflanzung einer Wirkung in die Ferne spielt herein. Dies führt uns zu optischen (feldphysikalischen) Untersuchungen.

§ 20. Die optische Wurzel der Relativitätstheorie. (Das Problem der Gleichzeitigkeit.)

A. Zur Phänomenologie der Gleichzeitigkeit.

Nichts ist dem unbefangenen Menschen evidenter als die Gleichzeitigkeit zweier voneinander beliebig weit entfernter Ereignisse.[1]) Gehen wir aber zurück auf die phänomenologische Konstitution dieses alltäglichen Tatbestandes, so stehen wir bald vor schwierigen Problemen.

Erinnern wir uns zunächst daran, daß sich der homogene Raum, an dessen Stellen wir jene »beliebig weit entfernten Ereignisse« lokalisieren, aus einer Mannigfaltigkeit von Aspekten, den »orientierten Räumen« konstituiert und zwar in der Weise, daß keine originäre und momentane Erfassung des gesamten homogenen Raumes möglich ist. Dagegen ist sehr wohl eine originäre momentane »Wahrnehmung« des orientierten Raumes möglich; indem nämlich ein gewisser konischer Ausschnitt direkt gesehen wird, und das etwa Verdeckte und in meinem Rücken Befindliche »mitwahrgenommen« wird. Größere Raumstücke als die in Sehweite befindlichen sind nur durch sukzessives Durchwandern originär zu erfassen; also nicht momentan, sondern während einer gewissen Zeitdauer. Man darf hiergegen nicht einwenden, daß uns etwa die Sterne, die wir am Himmel sehen, trotz ihrer ungeheuren Entfernungen doch zugleich mit unserer Umgebung gegeben sind. Denn die Sterne sind uns nicht in der »wahren« Entfernung gegeben, sondern in der Entfernung des »Horizonts« (des sog. »Sehunendlich«), als bestimmte limesartige Horizont-Phantome, die uns von den »wirklichen« Sternen im Sinne der Astronomie keine Vorstellung, geschweige denn ein originäres Bewußtsein geben.

Untersuchen wir nun näher, inwiefern im orientierten Raum verschieden entfernte Dinge zugleich gegeben sein können, so haben wir im Sehraum den ausgezeichneten Fall der eigentlichen simultanen Wahrnehmung verschieden weit entfernter Gegenstände. Dies beruht darauf, daß das Sehen ein Fernsinn ist.

1) Wir denken dabei zunächst an Phantomereignisse.

Im Taftraum find dagegen nur fimultan berührte Gegenftände wahrgenommen und fie können nur vermöge der verfchiedenen Entfernung der Glieder vom Rumpf etwas näher oder ferner fein. Ebenfo können die »mitwahrgenommenen« Gegenftände innerhalb der »Sphäre der Erreichbarkeit« etwas näher oder weiter vom Orientierungszentrum abftehen. – Für uns ift daher nur der Gefichtsraum, wo größere Entfernungsunterfchiede möglich find, von Bedeutung.

Um nun dem Problem der Metrik von Zeit und Raum in ihrer Verbundenheit, in der fie als principia individuationis des Weltgefchehens fungieren, näher zu kommen, wollen wir uns zunächft über die Konftitution des Phantomgefchehens klar werden.

Wenn wir die Konftitution der reinen Phantomräumlichkeit als Leitfaden benutzen, fo haben wir drei wichtige Stufen zu unterfcheiden; das okulomotorifche Feld, den orientierten Raum, den homogenen Raum.

Hinfichtlich der Größenbeftimmung durch Schätzung haben wir ebenfalls drei Stufen: die »okulomotorifche Entfernung« (die wir hier mit der »finnlichen« zufammennehmen wollen), die »fkiagraphifche Länge« und die »Phantomlänge«. Die erfte gibt fich als Abfchattung der zweiten und diefe wieder als Erfcheinung der dritten. D. h. wir haben das Phänomen der perfpektivifchen Verkürzung fchräger Strecken, und der perfpektivifchen Verkleinerung in der Ferne.

Gibt es dazu im Zeitlichen Analoga? Ändern fich zeitliche Abftände mit der Entfernung? D. h. gibt es eine Zeitperfpektive? Solange man an der direkten Fernwahrnehmung durch das Geficht fefthält, offenbar n i c h t. Beim reinen Phantomgefchehen müffen wir zwei Ereigniffe, die, von einem gewiffen Standort aus gefehen, einen beftimmten zeitlichen Abftand haben, von allen Seiten und aus allen Entfernungen in demfelben zeitlichen Abftand wahrnehmen. Treten Differenzen auf, fo konftituiert fich kein interfubjektives Phantomgefchehen, obwohl es ein in fich durchaus einftimmiges fkiagraphifches Gefchehen von jedem Punkt des Raumes aus geben kann. Aber das »orientierte« (fkiagraphifche) Gelchehen von den einzelnen Standorten aus hat dann nicht die Eigenfchaft, als Afpekt für ein (alle von den verfchiedenen Standpunkten aus fichtbaren Ereigniffe zufammenbindendes) Phantomgefchehen dienen zu können. Es gibt doch auch (bei gewiffen »optifchen Täufchungen«) Mannigfaltigkeiten von Skiagraphen, die fich nicht in einftimmiger Weife zu einem Phantom zufammenfchließen. –

Gehen wir nun zum materiellen Geschehen über, zunächst ganz im Sinne der klassischen Physik, so ergibt sich uns eine Möglichkeit, auch in Fällen, wo sich kein einstimmiges Phantomgeschehen konstituiert, zu einem widerspruchsfreien Dinggeschehen zu kommen. Indem wir die Wahrnehmung durch die Fernsinne (Gesicht, Gehör) als kausale Wirkung auf unseren Leib betrachten, die sich im Raume fortpflanzt, können wir die Fortpflanzungsgeschwindigkeit dieser Wirkung in Rechnung stellen und damit den »gesehenen« oder »gehörten« Zeitabstand des skiagraphischen Geschehens korrigieren.[1]) Wir erhalten damit ein Dinggeschehen, das als Phantomgeschehen vorstellbar ist; ganz analog, wie auch sonst die klassische Physik den Phantomen Dinge substruiert, die, wenn sie auch in den räumlichen Eigenschaften (»primären« Qualitäten) von diesen abweichen, doch wie Phantome räumlich vorstellbar sind. Man kann sich also in der klassischen Physik ein Bild von den »wirklichen« Vorgängen machen, das ein »idealer Beobachter«, der alles durchschauen könnte, genau wie ein Phantomgeschehen vor Augen hätte.

Es handelt sich also bei der Einführung und Berücksichtigung der endlichen Fortpflanzungsgeschwindigkeit des Schalls und des Lichts nicht eigentlich um eine »Zeitperspektive«, sondern um den Übergang vom immer nur beschränkt allgemeinen Phantomgeschehen zum schlechthin intersubjektiven materiellen Geschehen.

Wie in anderen Punkten, ist aber auch hier die klassische Physik nicht wirklich radikal und kritisch vorgegangen. Sie schleppt auch hier eine Voraussetzung mit, die wir in ganz ähnlicher Form schon bei ihr angetroffen haben (s. o. S. 503). Wie sie nämlich für das dem wahrgenommenen Phantom substruierte Ding den anschaulichen Charakter fordert, also im Grunde nur ein (von »sekundären Qualitäten« entblößtes) Phantom an die Stelle des ersten setzt, ganz ebenso substruiert sie jetzt dem Phantomgeschehen (bzw. dem skiagraphischen Geschehen, falls gar kein Phantomgeschehen sich konstituiert) ein »Dinggeschehen«, das im Grunde nur ein zweites Phantomgeschehen ist. Dieser »Bildcharakter« des »wirklichen« Geschehens, d. h. diese vollendete Anschaulichkeit, die gestatten würde, von ihm ein »Modell« herzustellen, ist nicht begründbar. Er ist keine notwendige Eigenschaft des materiellen Geschehens. Ja, man kann noch mehr sagen:

1) Es wären hier nähere Ausführungen notwendig über die Art, wie man jene Fortpflanzungsgeschwindigkeit messen kann, und auch darüber, wie man sich durch objektiv registrierende Apparate von dem Hineinspielen der psychophysischen Faktoren weitgehend frei machen kann. Dies alles gestattet seiner prinzipiellen Methodik nach eine phänomenologische Untersuchung.

er ist, sofern man alle Konsequenzen der endlichen Fortpflanzungsgeschwindigkeit des Lichtes zieht, unmöglich. Diese Konsequenzen hat zuerst Einstein radikal gezogen; sie bilden den Inhalt seiner »speziellen Relativitätstheorie«.

B. Über die phänomenologische Bedeutung der sogenannten »speziellen« Relativitätstheorie.

Den prinzipiellen Inhalt der Einsteinschen »speziellen« Relativitätstheorie von 1905 kann man, von allen technischen Einzelheiten befreit, kurz so charakterisieren:[1]) während es durch Einführung einer endlichen konstanten Fortpflanzungsgeschwindigkeit des Lichtes möglich ist, für eine Reihe von an verschiedenen Orten befindlichen Beobachtern, die Zeitverhältnisse eines bestimmten von jenen Beobachtern entfernt stattfindenden Vorgangs eindeutig festzulegen, solange die Beobachtungsorte und der Ort des Vorgangs sich gegeneinander nicht bewegen, geht dies nicht mehr an, wenn jene Orte sich einander nähern oder voneinander entfernen. D. h. für eine Reihe von gegen den Ort des zu beurteilenden Ereignisses ruhenden Beobachtern, verhält sich dieses wie ein Phantomgeschehen, für bewegte Beobachter aber nicht mehr.

Dazu ist noch zu bemerken, daß dabei von Einstein vorausgesetzt ist: 1. daß eine Übertragung von Uhren von einem Ort zum anderen nicht einwandfrei möglich ist; daß also Gleichzeitigkeit nur durch Signale mit endlicher Fortpflanzungsgeschwindigkeit festgestellt werden kann; 2. daß die verwendeten Signale die größte bekannte Fortpflanzungsgeschwindigkeit haben (denn sonst könnte man durch schnellere Signale, die sich für die in Frage kommenden Entfernungen fast momentan übertrügen, die Zeitverhältnisse kontrollieren); 3. daß die Fortpflanzungsgeschwindigkeit endlich und konstant ist.

Es bedürfte einer genaueren axiomatischen Untersuchung um zu konstatieren, welche von diesen Voraussetzungen prinzipielle sind. Hier sei nur so viel gesagt, daß die erste notwendig ist, die zweite dazu erforderlich, um zu vermeiden, daß sich eine Ereignisfolge bei

---

1) Aus der reichen Literatur nennen wir nur die Originalabhandlungen: A. Einstein, Zur Elektrodynamik bewegter Systeme. Ann. d. Phys. (4) 17, S. 891 (1905). – H. Minkowski, Die Grundgleichungen für die elektrischen und magnet. Vorgänge in bewegten Körpern. Göttinger Nachrichten 1908, S. 53ff. – H. Minkowski, Raum und Zeit; Vortrag geh. auf d. Naturf. Vers. in Köln 1908; und von neuen Darstellungen: Weyl, Raum, Zeit, Materie, Kap. III, S. 134ff., H. Reichenbach, Relativitätstheorie und Erkenntnis a priori. Berlin 1920. S. 9–11; F. Enriques, Probleme der Wissenschaft. Teil II, Kap. V, § 8. (Prinzipielle Untersuchung der Unabhängigkeit der Zeit vom Ort.)

Benutzung verschiedener Signale umkehrt; die dritte dient zur Gewinnung bestimmter Formeln und ist für diesen Zweck die einfachste, wie weit sie notwendig ist, ist zweifelhaft.[1]) — Wir können uns eine genaue Untersuchung, deren Schwierigkeit nicht zu unterschätzen ist, dadurch ersparen, daß wir später die »spezielle« Relativitätstheorie von der »allgemeinen« aus nach ihrem positiven Gehalt interpretieren werden. Isoliert genommen ist sie vielleicht überhaupt nicht einer prinzipiellen Deutung fähig.[2])

Wir beschränken uns also auf die negative Aussage, daß bei Bewegung der Beobachter ein materielles Geschehen mit »bildhaftem« Charakter, dem man ein Phantomgeschehen substruieren kann, nicht mehr existiert, — aus wesensmäßigen Gründen.[3]) Damit vollziehen wir einen Schritt, der über die klassische Physik prinzipiell hinausführt. Denn für diese ist gerade die »Bildhaftigkeit«, die ein Substruieren der materiellen Welt durch eine von sekundären Qualitäten gereinigte Phantomwelt ermöglicht, charakteristisch.[4]) Denselben Gedankenschritt vollzogen wir beim Übergang von der euklidischen Metrik zu der nicht-euklidischen. Mit der Einführung der Raumkrümmung schwand die Möglichkeit, für die räumlichen Verhältnisse der materiellen Welt ein Modell herzustellen. Eine in ihrem Raum »gekrümmte« Welt ließ sich nicht in einen euklidischen Raum hineinbauen. Trotzdem blieb damals die Phantomwelt in ihrem inneren Bestand davon unberührt, nur traten in ihrem Geschehen nichtkausale »Strukturgesetze« auf, die als Äußerung der Raumkrümmung anzusprechen waren. Ähnlich sind die Verhältnisse jetzt. Auch jetzt bleibt die Phantomwelt als solche unberührt, zum wenigsten ihrer

---

1) Man vgl. darüber die Untersuchungen von Ph. Frank und H. Rothe, Ann. d. Physik (4) 34, S. 825.

2) Daher sind auch alle »elementaren« Ableitungen der speziellen Relativitätstheorie in der Literatur in prinzipieller Hinsicht unbefriedigend. (Vgl. Reichenbach l. c. S. 105, Anm. 3). Am besten ist die Weylsche Darstellung, weil diese die spezielle R.-Th. sofort in die gesamte Elektrodynamik hineinstellt, aber auch seine Darstellung ist nur von »hinten«, von der allgemeinen R.-Th. aus, verständlich.

3) Man wird sich vielleicht wundern, daß wir die sog. empirische Grundlage der speziellen Relativitätstheorie, den Michelsonschen Versuch u. a. nicht erwähnt haben. Es handelt sich aber für uns gar nicht um empirische Tatsachen, sondern um Wesenszusammenhänge, die anläßlich der Beschäftigung mit einem gewissen empirischen Material zutage treten. Über die Bedeutung, die die »empirischen Bestätigungen« der Einsteinschen Theorie in unseren prinzipiellen Zusammenhängen spielen, siehe unten (§ 21, S. 556).

4) Vgl. dazu J. Cohn, Relativität und Idealismus, Kantstudien 21, 222 (1916) und unsere eigenen Ausführungen in § 13 A.

Möglichkeit und ihrer inneren Gesetzlichkeit nach. Allerdings erleidet sie eine Einschränkung in ihrem Umfang, nämlich auf die Nahsphäre. Aber auch das ist strenggenommen bei gekrümmten Räumen so, auch da ist in großen Raumbezirken keine euklidische Phantomwelt intersubjektiv eindeutig feststellbar: Die Desorientierung zerstört ihre innere Konsequenz.

Für dieses Fehlen der sonst die orientierten »skiagraphischen« Welten zusammenbindenden Phantomwelt tritt nun eine genau bestimmte, aber abstrakte, anschaulich nicht vorstellbare Regel ein, die als Strukturgesetz der Welt alle jenen subjektiven Aspekte zu einem intersubjektiven »Gegenstand« vereinigt.

Diese Regel ist mathematisch gegeben durch das Gesetz der Transformation der Koordinatensysteme ineinander, d. h. durch die sogenannte Lorentz-Transformation (für geradlinig-gleichförmige Bewegungen). Der symbolische Gegenstand, der sich im Wechsel der Koordinatensysteme (der Aspekte) als identischer durchhält, ist die Minkowskische »Welt«, die »Union von Raum und Zeit«. Es muß scharf betont werden, daß diese vierdimensionale Mannigfaltigkeit nur symbolisch ist, trotzdem sie mathematisch eine ebenso geschlossene Struktur zeigt, wie der euklidische Raum.

Allerdings darf man diese Minkowskische Welt in ihrer prinzipiellen Bedeutung nicht überschätzen. Isoliert angesehen, hängt überhaupt die spezielle Relativitätstheorie sozusagen in der Luft. Sie ist abhängig von gewissen nicht geklärten Hypothesen (Konstanz der Lichtgeschwindigkeit usw.), ferner bezieht sie sich auf geradlinige gleichförmige Bewegungen allein.

Wir halten daher nur die negative Seite der speziellen Relativitätstheorie fest, die Unmöglichkeit eines anschaulichen Phantom-Modelles für das Geschehen in der materiellen Welt. Wir untersuchen nur, was für Möglichkeiten für die Weltstruktur durch diese negative Feststellung prinzipiell sich eröffnen. Damit kommen wir aber in den Problemkreis der allgemeinen Relativitätstheorie.

§ 21. Versuch einer phänomenologischen Interpretation der allgemeinen Einsteinschen Relativitätstheorie.

Wenn wir, wie wir im § 18 dargelegt haben, die apriorisch-sachhaltigen Bestandteile heraussondern und in den Gesamtzusammenhang der Konstitution der Natur hineinstellen müssen, um der prinzipiellen Bedeutung einer physikalischen Theorie gerecht zu werden, so bedürfen wir eines prinzipiellen Leitfadens, um diese Aufgabe zu erfüllen. Dieser wird uns für die Relativitätstheorie geliefert durch die radikale Fassung des metrischen Problems, zu der wir in § 17, E gelangt waren. Wir werden sehen, daß der prinzipielle Gehalt der allgemeinen Relativitätstheorie geradezu darin besteht, das Problem des Messens räumlicher und zeitlicher Größen zu lösen.

Wir nehmen daher den Gedankengang wieder auf, den wir bis zum Schluß von § 17 verfolgt hatten.

Die infinitesimalgeometrische Lösung des metrischen Problems im beliebig gekrümmten Raum bestand darin (§ 17, E), daß es gelang, ausgehend von dem Prinzip der Ebenheit des Raumes in den kleinsten Teilen, das sich selbst noch weiter gruppentheoretisch verstehen ließ, den formal-mathematischen Ansatz für den affinen und metrischen Zusammenhang zu finden, der die Metrik des gesamten Raumes vom Unendlichkleinen aus determiniert. Die speziellen Werte dieses affin-metrischen Zusammenhanges in jedem Punkte des Raumes sind aber, wie wir sahen, bestimmt durch die materielle Erfüllung, genauer durch deren Strukturgesetzlichkeit. Es entstand nun weiter die Frage, wie dieser strukturale Bestandteil der Naturgesetze von dem kausalen zu sondern sei, da doch beide von der zufällig im Raum verteilten Materie abhängen. Die allgemeine Relativitätstheorie gibt uns nun das Mittel an die Hand, diese Aufgabe zu lösen.

Fassen wir noch einmal ganz kurz zusammen, was sich in dieser Hinsicht bis jetzt ergeben hatte.

1. Andrade war, als Erbe der jahrhundertelangen Entwicklung des Bewegungsbegriffes, zu einer Scheidung der »natürlichen« Gravitations- und Trägheitsbewegungen (»le cours naturel des choses«) und der »gewaltsamen« Bewegungen unter der Einwirkung von mechanischen Kräften (Zug und Druck; das Gaußsche Prinzip des »kleinsten Zwanges«) gelangt. Das deutete darauf hin, daß wir in den Gravitations- und Trägheitsgesetzen die gesuchte Strukturgesetzlichkeit der Welt vor uns haben. — Doch zeigte sich, daß diese noch nicht den formalen Anforderungen, die man an die Gesetze des affin-metrischen Zusammenhangs stellen muß, genügen. Dies lag, so vermuteten wir, an der mangelnden Berücksichtigung der zeitlichen Metrik und der Möglichkeiten der raum-zeitlichen Koppelung.

2. Die spezielle Relativitätstheorie gab uns die negative Feststellung, daß i. A. dem materiellen Geschehen, bei der Annahme der endlichen Fortpflanzungsgeschwindigkeit von Fernwirkungen (Licht

usw.), ein Phantomgeschehen als Modell *nicht* mehr substruiert werden kann. Dadurch werden wir von der objektiven Bedeutung der Gleichzeitigkeit befreit, und es erhebt sich die Frage nach den prinzipiellen Möglichkeiten, die sich darbieten.

In dieser letzten Bemerkung liegt nun der Schlüssel zu einer wahrhaft radikalen Auffassung der Metrik.

Wir können jetzt nur noch von einer Zeit an einem bestimmten Orte reden; wenn wir etwas »jetzt, dort« (in der Ferne) wahrzunehmen glauben, so ist wegen der möglichen (ganz unbestimmten) Fortpflanzungszeit, die die Wirkung jenes Ereignisses braucht, um zu uns zu gelangen, uns die »wahre Zeit« seines Eintretens prinzipiell nicht bekannt. Einen »Fernvergleich« der Zeit in verschiedenen Orten können wir nicht mehr vollziehen. Ein Vergleich der Uhrzeit verschiedener Orte erscheint ganz konventionell.

Wir können uns nur durch denselben Gedanken der »infinitesimalen Metrik«, den wir beim Raume verwendeten, aus diesem resignierten Konventionalismus retten. Wir fassen Raum und Zeit zu einer vierdimensionalen Mannigfaltigkeit zusammen und begründen in ihr eine »reine Infinitesimalgeometrie«. Aus dem *Weyl*schen Ansatz folgt *für alle Dimensionen* die Notwendigkeit der quadratischen Form des Linienelements.[1])

Jetzt können wir nun in dieser vierdimensionalen Raum-Zeit-Mannigfaltigkeit die Gesetze des affinen und metrischen Zusammenhangs berechnen und nun unter den bekannten Naturgesetzen Ausschau halten, ob wir analoge Formeln finden können.

Da zeigt sich nun – und das ist der eigentliche Inhalt der allgemeinen Relativitätstheorie *Einsteins* in der erweiterten Form, die ihr *Weyl* gegeben hat, – daß die Gesetze des affinen Zusammenhangs den Gravitations- und Trägheitsgesetzen, die des metrischen den elektromagnetischen Feldgesetzen entsprechen.[2]) Das heißt: Der *affine* Zusammenhang bestimmt, wie sich eine bestimmte Weltrichtung (und allgemeiner irgendein Vektor) von einem bestimmten Punkt P nach dem benachbarten P_1 überträgt, während der *metrische* Zusammenhang dasselbe für eine infinitesimale Strecken-

1) Die Ebenheit des Raumelements ließ sich *transzendental* begründen. Für das Raumzeitelement scheint eine analoge transzendentale Grundlage nicht zu bestehen. Wahrscheinlich wird es aber gar keine »inhomogene« Metrik, in dem drei Dimensionen ein quadratisches Linienelement haben und die vierte nicht, geben können. (Über *Weyls* Beweis s. o. S. 531 ff.)

2) Zum Folgenden vgl. *Weyl*, die physikalischen Grundlagen der erweiterten Relativitätstheorie. – Physikalische Zeitschrift Bd. 22 (1921), S. 473 ff.

größe (in besonderen Fällen: einen räumlichen Abstand oder eine zeitliche Periode) leistet. Dabei handelt es sich zunächst um Vektoren und Strecken im (vierdimensionalen) »Äther«, die noch nicht mit den an materiellen Gegenständen zu beobachtenden Vektoren und Strecken zusammenfallen. – Die Beziehung zwischen dem affin-metrischen Feld und den beobachtbaren Vektoren und Strecken ist verwickelt und durch die Art der »Wirkungsfunktionen«, welche in das die (strukturalen) Naturgesetze zusammenfassende »Wirkungsprinzip« eingehen, bestimmt. Diese sind bis zu einem gewissen Grade willkürlich, d. h. jedenfalls nicht eindeutig a priori bestimmt. (Das wird sogleich noch näher erläutert werden.) Die in der Natur geltenden Wirkungsfunktionen sind nun so beschaffen, daß der affine Zusammenhang zwar sich in dem »Führungsfeld«, (das die nach alter Auffassung unter dem Einfluß der Gravitation und der Trägheit vor sich gehenden Bewegungen regelt, – also insbesondere die Gestirnbewegungen), unmittelbar widerspiegelt, daß dagegen die Übertragung materieller Strecken (z. B. der Gitterabstände in einem kristallinischen Medium) und von Zeitperioden (z. B. den Frequenzen der Spektrallinien) sich vermöge ihrer nicht ohne weiteres durchsichtigen Beziehung zum an sich nicht integrablen metrischen Feldzusammenhang schließlich doch als integrabel erweist. In der »Körpergeometrie« gibt es daher zwar wohl eine Richtungskrümmung (im »Führungsfeld«) aber keine Streckenkrümmung. Physikalisch ausgedrückt liegt das daran, daß die Übertragung der »Richtungen« im »Führungsfeld« durch »Beharrung«, die der »Strecken« im elektromagnetischen Feld durch »Einstellung« (auf den konstanten Krümmungsradius der Welt) zustande kommt. Der affin-metrische Zusammenhang drückt nämlich unmittelbar nur die Übertragung durch »Beharrung« aus.

Aus alledem ergibt sich, daß die Gesetze des Gravitations- und Trägheitsfeldes und die des elektromagnetischen Feldes bis auf die Wahl der Wirkungsfunktion a priori sind. Welcher Feldzustand aber numerisch an einer bestimmten Feldstelle herrscht, ist von der das Feld »erzeugenden« Materie und ihrer Verteilung abhängig und diese ist zufällig und nur empirisch zu bestimmen. –

Damit haben wir die Strukturgesetze der Welt endgültig gewonnen, die also wenigstens ihrer allgemeinen Form nach a priori sind.

Über die bis zu einem gewissen Grade willkürliche Wirkungsfunktion ist zu sagen: Bei ihrer Wahl läßt man sich vom Prinzip der Einfachheit leiten, d. h. man wählt die einfachsten möglichen Funktionen und vergleicht die mit ihnen gewonnenen Resultate mit den experimentellen Ergebnissen. Dabei handelt es sich um eine methodische Notwendigkeit. Man operiert mit einer Art Reihenentwicklung, die sich dem beobachteten Weltlauf soweit anschmiegt, als es die Beobachtungsgenauigkeit erfordert. Bei dieser Entwicklung beginnt man mit den einfachsten Gliedern (von niedrigster Ordnung) und führt dann nach und nach Glieder höherer Ordnung ein, so weit man sie braucht, um einen genügenden Grad der Approximation zu erzielen.[1])

Hier zeigt sich die Bedeutung, die die Erfahrung in der Relativitätstheorie besitzt. Nach ihr richtet es sich, wie weit man in der Approximationsreihe gehen muß; vielleicht kann sie auch die Wahl zwischen mehreren gleich möglichen »Wirkungsfunktionen« treffen. Die Perihelverschiebung des Merkur, die Ablenkung der Lichtstrahlen durch die Sonne usw. zeigen also, daß man mit einer bestimmten einfachen Funktion und der Annäherung bis zur zweiten Ordnung in der Gravitationstheorie (der Theorie des affinen Zusammenhangs) zur Zeit auskommt. Dies kann sich u. U. in Zukunft ändern, wenn man die Beobachtungsmittel verschärft. –

Der Umfang der von uns jetzt mit zwingender Notwendigkeit aufgestellten Strukturgesetze der Welt ist außerordentlich umfassend. Er begreift sämtliche Äußerungen des Gravitations- und des elektromagnetischen Feldes in sich; d. h. alle bekannten exakten (nicht statistischen) Naturgesetze. Denn Gravitation und Elektrizität sind die einzigen ursprünglichen »Naturkräfte«. Damit scheint es also, als ob die Kausalität aus der Welt verbannt wäre. Alles löst sich

1) Diese Auffassung vom Zusammenhang einer mathematischen Theorie mit den Beobachtungsergebnissen in der Physik stammt von F. Klein (Vorlesungen über die Anwendung der Differential- und Integralrechnung auf Geometrie. Leipzig 1902, autographiert) und ist von H. Dingler weiter ausgebaut worden. (»Die Grundlagen der angewandten Geometrie« Leipzig 1911 und »Die Grundlagen der Physik« Leipzig und Berlin 1919.) Dingler bezeichnet diese »Exhaustionsmethode« der empirischen Beobachtungen als »Synthese«. Seinen allgemeinen Ausführungen über die Idee der Synthese stimmen wir zu. Dagegen halten wir Dinglers Idee der »reinen Synthese« für verfehlt. Er meint, daß man für die gesamte Physik a priori aus Gründen der »Einfachstheit« einen Algorithmus bestimmen könne, der allen Naturgesetzen zugrunde zu legen sei. Dabei verwendet er das Kriterium, eine Reihe sei dann am »einfachsten«, wenn alle ihre Glieder einfachste sind. – Dies können wir nicht anerkennen. Diejenige Reihenentwicklung halten wir für die »durchsichtigste« (»rationalste«), die in möglichst wenig Gliedern eine gute Annäherung gibt. In ihr können sehr wohl die einzelnen Glieder ziemlich kompliziert sein. Damit richtet sich die Wahl der Reihe und die Art der »Synthese« nach der Natur des einzelnen Problems, es gibt keinen universellen »synthetischen Urbau«.

scheinbar in Strukturgesetzlichkeit auf, die Physik wird zur vierdimensionalen Geometrie.[1])

Dies würde aber zu unhaltbaren Konsequenzen für das Wesen der Zeit führen. In den Formeln, die den affin-metrischen Weltzusammenhang (das gravi-elektrische Feld) beschreiben, sind erstens unter den vier Koordinaten x_1, x_2, x_3, x_4 die Raumkoordinaten x, y, z und die Zeitkoordinate t in keiner Weise ausgezeichnet, und zweitens gibt die Ersetzung von $+t$ durch $-t$ ebenfalls eine gültige Formel. D. h. die Eigenart der Zeit gegenüber dem Raum und die Einsinnigkeit (Nichtumkehrbarkeit) der Zeit geht verloren. Dies erscheint absurd. So sehr auch das »materiale« Geschehen vom Phantomgeschehen abweichen mag, der Grundcharakter der Zeit muß in ihm erhalten bleiben.

Wir müssen, um dies einzusehen, noch einmal auf den Übergang von der Infinitesimalgeometrie des Raumes zu der der vierdimensionalen Raum-Zeit-Mannigfaltigkeit zurückkommen. Die für uns wichtigste Konstitutionsstufe ist das »Richtungsbündel« des orientierten Raumes, von dem aus einerseits sich der euklidische Phantomraum konstituiert, das andrerseits in der »materiellen Dingwelt« als Raumelement (von ebener Art) auftritt, von dem aus die Metrik vermöge des metrischen Zusammenhangs sich entwickelt. Diese infinitesimale Natur unserer »Konstruktionsbasis« im Raum hat, nach Einführung der Zeit, zur Folge, daß die Gleichzeitigkeit entfernter Ereignisse aufgegeben werden muß, und man zu einem Begriff von »örtlicher Zeit« gelangt. Aber damit wird die Zeit doch nicht zum infinitesimalen Element im Sinne eines räumlichen Linienelements. Sie behält vielmehr in ihrer eigenen, rein zeitlichen Richtung eine unbegrenzte Ausdehnung nach Vergangenheit und Zukunft.

»Ich« bin zwar mit meinem Leib im Raum nur sehr beschränkt ausgedehnt, im Verhältnis zum Kosmos nur infinitesimal. Aber in der Zeit daure »ich« unbegrenzt (im Prinzip). Vermöge des ursprünglichen Zeitflusses wechselt »meine« Orientierung in der Zeit beständig und zwangsläufig. Ein Zeitteil ist niemals in demselben Sinn isoliert, wie ein Raumteil. Es bestehen immer Beziehungen zwischen der Ver-

1) Dieser Standpunkt ist in der Tat von W e y l noch in der 3. Auflage von »Raum, Zeit, Materie« (1920) vertreten worden. In der 4. Auflage (S. 237–238; 273–276; 279; 282–284) hat er ihn dann in der Art des Gedankengangs des Textes modifiziert. – Vgl. dazu auch den Aufsatz »Feld und Materie«, Annalen der Physik (4) Bd. 65, S. 541 ff.

gangenheit und Gegenwart, indem sich etwas Identisches zeitlich durchhält.

Mein »Ich« mit meinem Leib gibt mir die Idee eines Beharrenden (einer »Substanz«) in der Zeit, das von einem Punkte des Raumes aus in den Raum hinein »wirken« kann. Nach dieser Idee formen wir die isolierten Systeme der Physik, die Atome, Elektronen usw. Diese haben ihre Diskretion im Raum, in ihm sind sie einzelne; in der Zeit sind sie kontinuierlich dauernd.

Dies drückt sich in der vierdimensionalen Weltmannigfaltigkeit dadurch aus, daß nicht »Punkte« (Raumelemente), sondern »Weltlinien« die eigentlichen Elemente der Wirklichkeit sind. Das sind Gebilde, die in einer, der »zeitlichen« Richtung unendlich ausgedehnt, in den drei anderen Dimensionen, den räumlichen, aber infinitesimal sind.

Ebensowenig verliert die Zeit auf der Konstitutionsstufe des »Richtungsbündels« ihren ausgezeichneten Charakter gegenüber den Raumdimensionen. Zeit und Raum sind auch da primäres und sekundäres principium individuationis[1]) und wohl geschieden.

Das besagt für das vier-dimensionale Weltkontinuum: Eine Weltlinie hat in jedem Punkte eine Tangente, diese gibt die »zeitliche« Richtung an. Die vier Koordinaten sind also nicht mehr willkürlich vertauschbar; in jedem Punkt einer Weltlinie ist eine bestimmte »Zerspaltung« der Welt in Zeit und Raum vorgeschrieben.[2]) Diese Tangente und ebenso die Weltlinie besitzt eine bestimmte Richtung: Vergangenheit → Zukunft. »Ich« lebe an einer bestimmten Weltlinie »entlang«,

1) Genauer: Zeit und Richtungsbündel; die Elemente des sekundären principium individuationis sind die einzelnen Richtungen.

2) Dazu kommt: Um auch nur die relative Bewegung von Teilchen gegeneinander beschreiben zu können, genügt es wegen der allgemeinen Invarianz der Bewegungsgleichungen in der allgemeinen Relativitätstheorie nicht, in die Welt ein willkürlich wählbares »universelles« Koordinatensystem U hineinzulegen, sondern es muß außerdem noch für jedes Teilchen in jedem Zeitmoment ein »lokales« Koordinatensystem K gegeben sein, in dem das Teilchen selbst momentan ruht. Genauer gesagt: es muß die Transformationsformel, die den Übergang von U nach K gestattet, für alle betr. Teilchen in allen betr. Zeitmomenten gegeben sein. (Dies ist allerdings nur möglich bei »quasistationärer Beschleunigung« des Teilchens, d. h. wenn seine Weltlinie von der durch das Führungsfeld bestimmten geodätischen nicht allzu sehr abweicht.) Dieses Koordinatensystem K gibt dann in der Umgebung des Teilchens dem Linienelement die euklidische Form, es gestattet die »Spaltung in Raum und Zeit«, und in ihm hat das elektromagnetische Feld des Teilchens eine gewisse »Normalform«. (Vgl. Weyl, Annalen d. Physik [4] 65, S. 553, 561.)

der »Jetztpunkt« verschiebt sich auf ihr ständig: Das ist das Symbol des »ursprünglichen Zeitflusses«.

In ähnlicher Weise »dauert« ein Elektron und sendet dann und wann »Wirkungen« in die Welt, die sich dann gemäß den Gesetzen des gravi-elektrischen Feldes verbreiten. Mie hatte die Theorie aufgestellt, die Elektronen, d. h. die letzten Bestandteile der Materie, seien eine »Ausgeburt des Feldes«. Aber damit verzichtete er auf das Verständnis der kausalen Wirkungen des Elektrons, z. B. als Lichtquelle. Lichtwellen gehen von einer (punktuellen) »Quelle« aus und verbreiten sich im Raum, nicht aber gibt es, wie es nach den Feldgesetzen, die ja die Umkehrung der Zeitvariablen gestatten, ebensogut möglich wäre, einlaufende Wellen.

Somit wird die Kausalität und die »Materie« wieder in ihre Rechte eingesetzt. Das gravi-elektrische Feld sinkt zum kraftlosen Übermittler von Wirkungen herab und seine Gesetzlichkeit beschränkt sich auf die metrische Struktur der Welt. Es entsteht für die Physik von Neuem das Problem, die kausalen Naturgesetze zu finden und sie hat in der »Quantentheorie« damit begonnen.

So ist der eigentliche »Erregungsvorgang« an der Erregungsquelle (z. B. Lichtquelle) kausal und nicht mehr beschreibbar in den Formeln der Feldgesetze. Weyl hat, da diese Erregung ja immer »im Elektron« lokalisiert ist, dieses selbst aus dem Feldkontinuum herausgenommen. D. h. er denkt sich die Weltlinien der Elektronen als Kanäle, die im metrischen Weltkontinuum ausgebohrt sind. Die »Welt« hat also »innere Grenzen«, jenseits derer die Materie existiert und kausal in die Welt hineinwirkt. Die Weltlinien werden damit zu topologischen Strukturen. (Vgl. über diese »Agens-Theorie« der Materie: Weyl, »Feld und Materie«, Ann. d. Phys. [4] 65, S. 541 ff.) –

So können wir nun zum Schluß unserer Ausführungen die prinzipielle Bedeutung der allgemeinen Relativitätstheorie dahin kennzeichnen, daß sie eine radikale Lösung des metrischen Problems gibt in seiner allgemeinsten mit den phänomenologischen Wesensgesetzen vereinbaren Form. Sie gibt uns die entscheidende reinliche Trennung der strukturalen und kausalen Weltgesetze und löst damit das durch den Ansatz eines frei variabel gekrümmten Raumes gestellte Problem. Damit stellt sie eine notwendige methodische Grundlage der Physik fest und darin liegt ihre von dem augenblicklichen empirischen Bestand der Forschung unabhängige grundsätzliche Bedeutung. –

Damit haben wir alle bekannten nicht-euklidischen Raumformen phänomenologisch untersucht und ihre Anwendungsmöglichkeiten in der Physik festgestellt. Wir haben so das Verhältnis, in der sie zur euklidischen im konstitutiven Aufbau der Natur stehen, beleuchtet. Nachdem der I. Teil dieser Arbeit die prinzipielle Möglichkeit einer rationalen Bearbeitung des Raumes gezeigt hatte, hat nunmehr dieser II. Teil eine vollständige Übersicht über die formalen Gestaltungen gegeben, die das sachhaltige Wesen der Räumlichkeit beherrschen, und hat sie in das große Gesamtsystem der Konstitution der Natur eingeordnet und sie von aller ihnen zunächst anhaftenden Kontingenz befreit. – Damit ist aber das Problem, das wir uns gestellt hatten, die Überwindung der Kontingenz der geometrischen Axiome, grundsätzlich gelöst.

Berichtigungen und Zusätze.

Zu S. 19, Z. 10 v. u. und S. 39, Z. 7 v. u.: Der Ausdruck »in sich dicht« ist nicht ganz korrekt; besser wäre »überall dicht«, wenn man es, entgegen G. Cantors Sprachgebrauch (s. Math. Ann. Bd. 23, S. 472) absolut gebrauchen darf, also in dem Sinne des englischen Terminus »compact« (siehe Russell u. Whitehead, Principia Mathematica [Cambridge 1912], Vol. II, S. 514 f.).

Zu S. 28, Anm. 1, Z. 1: Es muß heißen: S. 405 (nicht 403).

FSC
www.fsc.org
MIX
Papier | Fördert gute Waldnutzung
FSC® C083411

Kolibri 360 GmbH
Ferdinand-Jühlke-Straße 7
99095 Erfurt, Deutschland
produktsicherheit@kolibri360.de